# 매일 매일의 진화생물학

# 매일 매일의
# 진화 생물학

## 진화는 어떻게
## 인간과 인간의 문화를 만들었는가

롭 브룩스 | 최재천·한창석 옮김

바다출판사

나의 직계 조상 패티Patti와 벤Ben,

나의 후손 벤Ben과 릴리Lily,

그리고 나의 파트너, 재키Jacqui를 위해

만일 우리가 우리의 본성보다 '위'에 있다면, 그것은 다리가 후들거리는 서퍼surfer가 바다의 파도 '위'에 있다는 의미에서 그렇다.

○ 크리스토퍼 라이언Christopher Ryan & 카실다 제타Cacilda Jethá

생태학은 포괄적인 과학이고 경제학은 그것의 작은 전문 분야다.

○ 개럿 하딘Garrett Hardin

나는 세계 모든 여성과 남성이 평등equity하다고 믿는다. 동등equality과는 다르다. 평등이란 공평함, 편견으로부터의 자유, 각자가 그들의 최선을 다할 수 있는 기회를 부여받는 것이다. 동등함이란 단지 일률적 기준에서의 동일함을 의미할 뿐이다.

○ 아이린 팅커Irene Tinker

# 차례

이 책은 진화에 관한 책이다. 원서에는 "어떻게 진화가 현대를 다 듬어냈는가"라는 부제가 붙어 있다. 실제로 저자는 비만과 노화에 서 소비와 경제, 그리고 사랑과 음악, 그중에서도 특히 로큰롤에 이르기까지 현대 사회의 거의 모든 이슈들을 종횡무진 넘나들며 명쾌한 진화적 해설을 제시한다. 같은 진화생물학 분야에 종사하 는 동료 학자로서 일찍이 그의 연구 논문은 여러 편 읽어왔지만 이 처럼 흥미로운 대중과학서를 써내리라고는 미처 상상하지 못했다. 《연애The Mating Mind》라는 책으로 우리 독자들에게도 잘 알려진 진 화심리학자 제프리 밀러Geoffrey Miller가 말한 대로 "진화에 관심이 있는 사람evo-curious이라면 반드시 읽어야 할 필독서"이다.

남의 책을 추천하면서 은근슬쩍 자기 책을 얹으려 하느냐는 비난이 두렵긴 하지만, 이 책은 그동안 내가 저술하거나 번역한 여 러 책의 내용을 한데 버무려 한 권에 담았다. 그것도 전혀 부담스럽지 않게, 아주 맛깔스럽게. 다윈은 1859년 《종의 기원》에서 자연선택natural selection이라는, 언뜻 들으면 지나칠 정도로 단순한 메커니즘을 소개하며 세상에서 벌어지는 거의 모든 진화 현상들을 설명했다. 나는 《다윈 지능》(2012)과 《최재천의 인간과 동물》(2007)에서 이런 다윈의 이론과 사상을 나름 상세하게 설명했다.

하지만 다윈은 《종의 기원》 출간 이후에도 성性과 관련된 특이한 현상들과 몇몇 인간 고유의 속성에 대한 설명이 미진한 점을 고민하다가 드디어 1871년 《인간의 유래》를 출간하며 새로운 메커니즘인 성선택sexual selection 개념을 꺼내 놓았다. 다른 나라, 특히 서양에 비해 자연선택은 물론 성선택에 대해 몰라도 좀 지나칠 정도로 모르는 우리나라 독자들을 위해 나는 2003년 《여성 시대에는 남자도 화장을 한다》라는 책을 출간했다. 그 책을 읽은 독자라면 이 책의 저자와 내가 상당히 비슷한 주장을 펼치고 있음을 눈치챘을 것이다. 저자는 "성선택은 가장 빠르고 극단적인 진화적 변화를 일으킬 수 있다."라고 전제하고 "자연선택은 대개 단순한 기능을 선호한다. 치아는 일생 동안 매일같이 음식을 자르고 부수는 데 사용된다. 뼈는 활동적인 신체를 지탱할 만큼 튼튼하지만 지나치게 단단해져 너무 무거워지지는 않는다. 장은 모든 음식물에서 가능한 한 많은 영양분을 얻어내려 한다. 그러나 매력은 다르다. 계속 진화한다. 개체를 매력적으로 만드는 유전자는 단 몇 세대 만에 널리 퍼질 수 있고, 겨우 열 세대 전에 매력적이었던 형질이 오늘날에는 평범한 것이 될 수도 있다."고 설명한다. 나 역시 내 책에서 비슷한 설명을 시도했지만 이보다 더 명확하게 표현할 수는 없었다.

이 책은 표면적으로는 진화에 관한 책이지만 내면적으로는 사실 로큰롤에 관한 책이라 해도 크게 지나치지 않는다. 이 책의 원제인 '섹스, 유전자, 그리고 로큰롤Sex, Genes & Rock 'n' Roll'에서 보듯이 비록 로큰롤이라는 단어가 맨 나중에 나오지만 저자는 줄기차게 로큰롤을 향해 내달린다. 저자의 로큰롤 사랑과 지식은 책 곳곳에 흥건히 묻어난다. 책 전반에 걸쳐 단원의 제목과 소제목들의 상당수가 로큰롤 가사나 제목에서 가져온 것들이다. 우선 6장의 제목 '꼼짝없이 잡혔네Wrapped around your finger'는 스팅Sting이 작곡해 1983년 폴리스The Police가 발표한 곡의 제목이다. 8장의 '어린 소녀들은 다 어디로 갔나?Where have all the young girls gone?'는 그 유명한 1955년 핏 시거Pete Seeger의 노래 〈Where have all the flowers gone〉에서 단어만 바꾼 것이다. 소제목 '당신 가까이Close to you'는 1970년 카펜터즈The Carpenters가 부른 노래의 제목이고, '세월이 흘러도 불평등은 여전히Still unequal after all these years' 역시 1975년 폴 사이먼Paul Simon의 히트곡 〈Still crazy after all these years〉와 단어 하나만 다를 뿐이다. '상상해보라, 모든 사람들이…Imagine all the people'는 당연히 존 레넌John Lennon의 그 유명한 〈Imagine〉 도입부이며, '섹스가 아니라 전쟁을 하라Make war, not love'는 1960년대 반전 슬로건으로 유명했고 역시 레넌이 〈Mind games〉에서 노래한 구절 'Make love, not war'의 어순을 바꾼 것이다. 2014년에는 호주의 록밴드 캡쳐 더 크라운Capture the Crown이 아예 〈Make war, not love〉라는 제목으로 노래를 발표하기도 했다. 영화와 소설에서 따온 소제목도 있다. '아버지의 이름으로'는 대니얼 데이 루이스Daniel

Day-Lewis가 주연한 영화 제목 그대로이고, '섹스하면 떠오르는 것 What I think about when I think about sex'은 무라카미 하루키의 책《달리기를 말할 때 내가 하고 싶은 이야기What I talk about when I talk about running》를 패러디한 듯 보인다. 책의 곳곳에 숨어 있는 상징과 비유를 발견하는 일도 퍽 흥미롭다.

나도 한때 로큰롤에 푹 빠져 살았다. 고등학생 시절 입시 공부를 한답시고 밤늦게까지 책상머리에 앉아 있었지만 실제로는 한밤중에 방송하는 음악 프로그램 〈별이 빛나는 밤에〉를 듣느라 공부는 늘 건성건성이었다. 재수 시절에는 허구한 날 죽치던 음악다방의 디제이 형이 당시 유행하던 아폴로 눈병에 걸려 음반 위에 바늘을 제대로 올려놓을 수 없게 되자 내게 며칠간 대신 하라고 해서 좁은 유리방에 앉아 느끼한 목소리로 사연을 읽어주고 음악을 들려주는 일도 해봤다. 대학에 다닐 때에는 친구들과 종종 찻집에 모여 앉아 스피커를 통해 흘러나오는 음악을 누가 먼저 맞추나 내기도 많이 했다. 제대로 시동이 걸린 날에는 로큰롤 음악의 첫 음만 듣고도 가수와 제목을 맞추곤 했다. 그러던 나와 내 또래들은 나이가 들어서도 여전히 로큰롤을 즐긴다. 평소 시간이 없어 TV를 거의 보지 못하지만 아마 내가 한 회도 거르지 않고 열심히 보았던 음악 프로그램 〈나가수〉에서 유독 록 가수들이 득세한 까닭이 나는 여기에 있다고 본다. 김범수와 박정현이라는 멋진 발라드 가수를 재발견한 성과도 있지만 전체적으로는 록 가수들의 재부상이 가장 두드러진 현상이었다. 로큰롤에는 뭔가 특별한 게 있다. 그게 다 섹스와 관련이 있기 때문이란다. 다윈 선생님이 살아 계셨으면 그도 영락없이 로큰롤에 열광했으리라.

　　이 책의 또 하나 흥미로운 점은 주제는 물론 설명의 방법론으로서 경제학이 논리 전개의 전반에 깔려 있다는 것이다. 사실 이건 전혀 이상한 일이 아니다. 유명한 생태학자 에블린 허친슨G. Evelyn Hutchinson은 일찍이 "진화라는 연극은 생태 극장에서evolutionary play, ecological theatre" 벌어진다는 명언을 남겼다. 진화 현상들은 실제로 생태학 영역에서 발현된다는 뜻이다. 그런가 하면 이 책에도 인용되어 있듯이, '공유지의 비극tragedy of the commons' 개념을 설명했던 생태학자 개럿 하딘Garrett Hardin은 "생태학은 포괄적인 과학이고 경제학은 그것의 작은 전문 분야"라고 했다. 진화의 거의 모든 분석은 기본적으로 손익분석cost-benefit analysis이다. 나는 대학 시절 경제학에 전혀 관심도 없었고 배워본 적도 없었다. 그러나 미국에 유학해 생태학과 진화학을 전공하려는데 거의 모든 논의가 경제학적으로 벌어지는 게 아닌가? 그래서 하는 수 없이 경제학 수업을 청강했고 급기야 미시건대 교수 시절에는 산업경제학 이론과 진화생물학 현상을 접목하는 연구를 시작했다. 그러나 귀국한 이후로는 여러 사정 때문에 이른바 경제생물학Economic Biology 연구는 더 이상 지속하지 못했는데, 그 시절 만일 이 책이 나왔더라면 내 연구 역정도 사뭇 달라졌지 않았을까 생각해본다. 진화에 관심이 있는 사람뿐 아니라 경제에 관심이 있는 사람eco-curious도 이 책에서 뜻하지 않게 많은 영감을 얻을 수 있으리라 확신한다.

　　책도 나름의 운명을 타고난다. 내게는 아쉬운 점이 있지만 이 책은 지금 잘 태어났다고 생각한다. 음악이라면 거의 밥 먹는 것보

다 좋아하는 우리나라 사람들이지만 솔직히 경제만큼 더 중요한
이슈가 어디 있겠는가? 이 책은 모두가 한 번쯤 읽고 음미할 가치
가 충분하다고 생각한다.

최재천

나는 내가 꿈에 그리던 일을 하고 있다. 이 일은 내가 사춘기 시절부터 꿈꾸던 일이다. 나는 섹스에 대해 생각하는 것으로 밥 먹고 산다. 나는 사람을 비롯한 동물의 형태와 행동이 자연선택에 의해 어떻게 다듬어져 왔는지를 연구하는 진화생물학자다. 내가 하는 일은 자연에서 곤충이나 열대 어류를 관찰하고 실험실에서 키우는 일이다. 하지만 내 일은 은행일보다 재미있고, 웨이트리스보다 급여가 좋고, 록 밴드에서 활동하는 것보다 대체로 더 안정적이다. 진화생물학자들에게—또 많은 청소년에게—섹스만큼 흥미진진하고 오묘한 주제도 없다. 이것은 진화가 일어나는 과정인 자연선택이 모두 번식과 관련이 있기 때문이다.

　'최적자 생존survival of the fittest'에 대해 당신이 알고 있던 것은 잠시 내려놓자. 생존은 단지 진화라는 큰 이야기의 일부일 뿐이다. 동물, 식물, 균류, 박테리아, 바이러스들은 모두 그의 부모, 조부모를 비롯한 모든 조상이 자손을 적어도 하나라도 성공적으로 낳고 길러냈기 때문에 오늘날 존재한다. 단순하게 말해서, 어떤 개체는 번식을 하고 다른 개체는 번식을 하지 못하면 자연선택이 일어난다. 자연선택은 무언가를 설계하기에는 소모적이고 비효율적인 과정이지만 설계가 자연선택의 전부는 아니다. 잠자리의 섬세한 날개부터 사람의 언어 능력까지, 생명체에서 기능적으로 화려한 모든 형태는 정말 지루한 과정—매 세대마다 어떤 개체가 다른 개체보다 성공적으로 번식하는 과정—의 부산물이다. 이런 이유로 나와 같은 진화생물학자들은 번식과 섹스에 푹 빠져 있다.

내가 이 책을 쓰는 여러 이유 중에서 가장 중요한 이유는 진화가 정말 흥미롭고 중요하다는 사실 때문이다. 나를 비롯한 내 동료 학자들과 학생들은 인간을 포함한 동물들이 현재의 모습으로 살아가는 이유에 대한 호기심 때문에 진화를 연구하고 있다. 최근 우리 연구진은 수컷 거피guppy를 매력적으로 만드는 유전자가 어떻게 그 유전자를 지닌 수컷을 단명하게 하는지, 최고의 몸 상태를 위해 왜 수컷 귀뚜라미는 탄수화물을, 암컷 귀뚜라미는 단백질을 필요로 하는지, 암컷 쇠똥구리는 어떻게 자신의 며느리들의 양육 행동을 통제하는지를 밝혀냈다. 우리는 또한 진화생물학이라는 도구를 이용하여 크리켓 좌타자가 세계 최고의 수준으로 성공할 수 있는 이유, 개발도상국에서 여성이 남성보다 비만 위험이 높은 이유를 설명해왔다.

이 모든 물음에 대한 답은 대부분 섹스로 귀결된다. 직접적이지는 않아도 섹스와 번식은 언제나 진화의 핵심이기 때문에 섹스는 모든 것을 바꿔버린다. 시드니의 뉴사우스웨일즈 대학에서 우리가 행한 연구들은 오늘날 전 세계의 과학자들이 대학, 박물관, 동물원, 자연보호구역에서 행하는 일의 일부에 불과하다. 이 모든 훌륭한 연구를 통해, 우리는 우리가 사는 세계와 우리 자신을 좀 더 잘 이해할 수 있다. 그리고 이러한 이해를 통한 경이로움은 내가 이 책을 통해 독자들과 공유하고 싶은 것이다.

진화는 매력적이며, 정말 중요하다. 자연선택은 별것 아닌 것처럼 보일지 모르지만, 철학자 대니얼 데닛Daniel Dennett은 자연선택이 '인류가 생각해낸 가장 중요한 아이디어'라고 했다. 또 자연선택은 대단한 주장인 것도 같지만 현실 속에서 항상 일어나는 일이다. 결국 자연선택이라는 정말 간단한 과정은 빵곰팡이에서 인간의 의식consciousness에 이르기까지 생물계 전부를 만들어냈다. 하지만 불행하게도 교육 수준이 높은 국가에서조차 일부의 사람들만이 대니얼 데닛의 주장에 동의하고 있다. 동네 서점에는 진화에 관한 좋은 책들이 늘어나고 있지만, 그 밖의 대부분의 책들은 자기계발서, 데이트 기술, 점성술, 다이어트, 잡다한 경영 관련 책처럼 뭔가 미심쩍은, 일부는 정말로 유해한, 책들이다. 사람들은 대중과학 분야의 책보다 사이언톨로지 책에 더 많은 비용을 지불하지만, 그들이 그 책에서 얻는 것은 결국 어리석은 자는 돈을 잃게 된다는 불행한 사실 외에는 아무것도 없다.

생물을 연구하는 전문가도 그 생물이 지금의 모습이 되기까지의 과정에 대해 너무 쉽게 생각하곤 한다. 다윈 의학의 열렬한 옹호자 중 하나인 랜돌프 네스Randolph Nesse에 따르면, 미국과 영국의 여러 의과대학에는 아직 진화생물학 전공 교수가 없고, 이미 꽉 찬 커리큘럼에 진화에 관한 수업을 억지로 끼워 넣는 것을 꺼린다고 한다. 하지만 다윈 의학의 통찰력은 암과 알츠하이머병의 기원이나 우리 몸이 감염에 대응하는 방법, 우울증과 정신분열증 schizophrenia의 근원, 임신합병증을 유발하는 부, 모, 자식 간의 복잡한 갈등 양상을 설명한다. 우리가 **어떻게** 감염이 되고, **어떻게** 질병에 걸리고, 다른 정신적·신체적 고통을 겪는지를 더 잘 이해하게 되면서 의학이 발전했다. 하지만 **왜** 우리가 아프고, **왜** 우리 몸과 마음이 병원균과 스트레스에 반응하는지를 이해하게 되면, 의학은 한 발 더 나아갈 수 있다.

진화적인 통찰의 중요성은 의학에서 그치지 않는다. 진화는 농업, 어업, 바이오테크놀로지, 환경 보전, 탄소 계산 문제와 같이 생물이 관여된 모든 부분에서 유용하게 쓰인다. 무엇보다, 진화는 삶의 의미와 이유를 알려준다. 진화심리학이라는 새로운 과학은 인간의 행동과 동기에 대한 통찰을 제시했고, 프로이트가 노트를 쫙 펼치면서 "자, 이제 당신의 어린 시절에 대해 말해봐요."라고 물은 이후로 심리학을 가장 크게 발전시켰다.

이 책의 목적은 종합적이고 완벽하게 진화를 가르치기 위해서가 아니라 진화생물학자의 시각에서 바라본 세계를 살짝 보여주기 위한 것이다. 나는 주로 작은 동물을 연구했지만 최근에는 학생들과 함께 인간을 대상으로 몇 가지 가설을 실험하고 있다. 결국 진화에 대한 내 관심은 인류의 역사와 삶을 이해하고픈 욕구에서 비롯되기 때문에 나는 인간을 대상으로 한 연구들이 정말 재미있다. 이 책에서 나는 어떻게 진화적 관점이 우리에게 익숙한 문제들에 대해 실용적이고 흥미로운 통찰을 제공할 수 있는지 설명할 것이다. 하지만 문제 하나를 해결함으로써 어떤 주장을 이끌어내는 것이 이 책의 목적은 아니다. 여기서는 단지 진화적 관점을 맛볼수 있는 몇 개의 주제를 다룰 뿐이다. 만약 이 주제에 대해 더 궁금한 독자가 있다면, 현대 사회의 진화에 대한 나의 글을 읽을 수 있는 웹사이트 www.robbrooks.net 를 방문해도 좋다.

## 지금도 진화는 일어나고 있다 Recent history happened too

현대 인류는 오늘날 우리가 마주하는 환경과 매우 다른 환경에서 진화했다. 지금 우리 모두가 적응하고 있는 환경은 우리 조상들이 살았던 환경의 범주에 들어간다. 따라서 누가 우리의 조상이며, 그들이 어디에서 살았고, 어떻게 번식을 했는지가 중요하다. 왜냐하면 바로 그 조건들이 지금의 우리를 만들어냈기 때문이다.

이 책을 읽기 위해서 인류 역사에 대해 알아야 할 사전 지식은 다음과 같다. 7백만 년 전부터 5백만 년 전까지 우리 조상은 그 일부가 지금의 침팬지(보노보와 침팬지)로 진화한 아프리카 숲에서 살아가던 유인원이었다. 그 이후로 단속적인 과정을 통해 우리 조상들은 모든 면에서 현생 인류와 점점 닮아갔다. 뇌는 점점 커졌고, 직립 자세가 되었고, 피부에는 털이 사라졌다. 2백만 년 전까지 우리 조상은 초식생활을 주로 하던 유인원에서 잡식생활을 하는 사냥꾼 또는 식물을 먹는 채집인으로 변했다. 호모 에렉투스*Homo erectus*라고 불리던 당시 우리 조상은 현생 인류와 많이 닮아서 비전문가는 구분하기 어려울 정도였다. 호모 에렉투스는 아프리카에서 벗어나 유럽과 아시아 대부분(중국 동부 및 인도네시아) 지역까지 뻗어나갔다.

20만 년 전까지 아프리카의 호모 에렉투스는 점차 현생 인류인 호모 사피엔스*Homo Sapiens*로 진화했다. 인류의 조상을 찾아 거슬러 올라가면 비교적 최근이라고 할 수 있는 대략 6만 년 전까지 아프리카에 살았던 현생 인류 집단에 이어진다. 이 집단의 후손은 아프리카 전역뿐 아니라 소아시아로도 이동했고, 결국 전 세계로 퍼져나갔다. 이들은 사냥하고 낚시를 할 수 있는 새로운 땅을 찾아서 해마다 움직였고 인구도 점차 늘어났다. 이미 외형적으로는 현생 인류인 이들은 호모 에렉투스나 다른 전현생pre-modern 인류를 멸종시켰다. 어떤 곳에서는 네안데르탈인과의 교잡도 이루어졌다.

오늘날 모든 이의 조상은 인류가 아프리카에서 뻗어나가던 6만 년 전의 아프리카 수렵채집인이다. 이들은 아프리카의 거대한 서식지에서 살았다. 이르면 12,000년 전까지 모든 인류는 여전히 수렵채집 생활을 하고 있었다. 그들이 점유한 지역은 해마다 넓어졌다. 하지만 모든 수렵채집인들이 다 똑같은 생활을 하지는 않았다. 그들은 자신의 서식지에서 얻을 수 있는 식량의 종류나 조건에 따라 서로 다른 방식으로 살아갔다. 아프리카 칼라하리 사막의 !쿵족은 포유류를 사냥하고 식물을 먹으며 살아갔다. 그리고 북극의 이누이트 족은 바다 포유류들을 사냥하고 물고기를 잡아 먹었으며 식물은 거의 먹지 못했다.

지난 12,000년 동안 세계 곳곳의 사람들은 나무를 키우고(원예), 농작물을 재배하며 가축을 길들이는 법(농업)을 배워나갔다. 원예와 그로부터 이어진 농업은 인류 역사상 가장 엄청난 변화를 일으켰다. 농업으로의 전이는 수백, 수천 년이 걸린 어수선하고 혼란스러운 과정이었다. 어떤 지역에서는 6,000년 전까지 거의 모든 사람들이 농사를 지었다. 다른 지역에서는 농부와 수렵채집인이 수 세기 동안 서로 어울리며 함께 지냈다. 아마존 부족과 같은 일부 현대 부족 사회에서는 나무를 키우긴 해도 작물이나 가축은 키우지 않았다. 심지어 소수의 현대 부족 사회에서는 여전히 사냥과 채집이 유일한 생계 수단으로 남아 있다.

우리 조상은 대부분의 역사를 수렵채집인으로 살았지만 오늘날 많은 이의 조상은 수백만 년 동안 농부였다. 농업이 인간의 삶에 초래한 엄청난 변화들과 그로 인해 일어난 중대한 진화적인 영향을 간과해서는 안 된다. 예를 들어 젖이 나오는 동물을 가축화했던 조상의 후손은 유제품을 잘 소화시킬 수 있다. 그리고 농사를 지었던 조상의 후손들은 그렇지 않았던 조상의 후손에 비해서 알코올을 더 효과적으로 분해할 수 있는 유전적 회로를 지니고 있다. 이는 오로지 농부들만이 술로 발효시킬 수 있는 여분의 곡물을 획득할 수 있었기 때문이다.

우리는 우리의 조상이 모두 아프리카의 사바나와 같은 곳에서 수렵과 채집을 하며 오래도록 즐거운 시간을 보냈다고 상상하고 싶겠지만, 심지어 아프리카 내에서도 우리 조상이 맞닥뜨렸던 환경은 당혹스러울 만큼 다양했다. 마치 오늘날 사람들이 북아프리카의 아틀라스 산맥, 중국 동부의 인구밀도가 높은 대도시, 그린란드의 동토(얼어붙은 땅), 브라질 아마존의 무성한 열대 우림 등 너무나도 다른 환경에서 살아가는 것처럼, 우리 조상도 온대 우림, 열대 산호섬, 남극 툰드라, 사바나 초지, 타는 듯한 사막 등의 다양한 환경에서 생활했다. 심지어 같은 생활 환경에서도 찾아 먹을 수 있는 음식, 식수의 질, 주변의 인구밀도, 생활을 유지하는 데 필요한 노력 등 주변 환경이 서로 달랐다. 주변 이웃의 사회적 지위나 스트레스 수준도 서로 달랐을 것이다. 한 사람이 성장하면서 여러 환경을 경험할 수도 있기 때문에 우리의 성장 과정과 행동에 영향을 주는 유전자들은 대개 이런저런 환경들 속에서도 잘 작동한다. 인간 진화의 이야기 중에서 다양한 환경에 대처할 수 있도록 자연선택이 우리를 어떻게 만들어왔는가에 대한 것은 아직 대부분이 베일에 싸여 있다. 그리고 그것은 이 책의 주요 주제이기도 하다.

## 사회에서 진화의 입지 Evolution's place in society

150년 전에 찰스 다윈Charles Darwin이 자연선택을 처음 설명한 이래로 우리는 정말 많은 것을 알게 되었다. 하지만 사람들은 아직도 '인류가 생각해낸 가장 중요한 아이디어'를 제대로 모르거나 평가절하하고 있다. 이런 이유는 세 가지로 정리할 수 있다. 첫째는 과학과 종교 사이의 해묵은 갈등, 둘째는 세상을 바라보는 다른 방식들과 진화가 어떻게 어울릴지에 대한 불확실성, 마지막으로는 진화 과정에 대한 고루한 관점이다.

신앙faith과 이성reason 사이의 갈등은 적어도 역사가 기록된 이래로 우리와 함께 해왔고, 앞으로도 조만간 사라지지 않을 것이다. 사람들은 이런저런 방식으로 이 갈등을 해소하기도 하며, 또는 그냥 둔 채 살아가기도 한다. 무신론자는 신앙이 없기 때문에 내적 갈등에 시달리지 않는다. 종교인들 또한 신앙의 영역과 이성의 영역을 구분하고, 이성과 과학으로 세상을 이해하고자 한다. 하지만 어떤 종교인은 이성을 거부하려고 한다. 그들은 세상을 설명하려고 할 때 여전히 과학 이전의 설명 방식을 고수하려고 하기 때문에, 이러한 고집이 이성과 서로 부딪히는 것이다. (심지어 21세기에도 미신이 퍼져 세상이 어떻게 움직이는지에 대한 무지가 지속되는 모습을 보면 안타깝다.) 이런 잘못된 믿음을 퍼뜨리는 사람들은 그들의 가르침과 리더십에 의존하는 추종자들을 잘못된 길로 인도한다.

이러한 갈등은 사회에도 피해를 끼친다. 왜냐하면 과학자들이 세상이 실제로 어떻게 움직이는지 밝히고 그것을 진정으로 궁금해하는 이들에게 그 원리를 설명해주는 데 집중하지 못하고, 고리타분한 관점들을 바로잡는 데 시간과 에너지를 쏟아야 하기 때문이다. 그래서 나는 이 책을 읽고 있는 독자들이 주변 세상에 대해 호기심이 많다고 가정하고, 창조 신화나 신앙, 이성 간의 갈등 따위에 대한 지루한 논의는 피했다. 나는 우리가 알고 있는 세계가 어떻게 만들어졌는가에 대한 고루한 믿음을 떨쳐내는 데 괜한 시간을 허비하지 않고서도 과학이 제공하는 흥미로운 아이디어를 이야기할 수 있다고 믿는다.

진화적 사고가 생각만큼 권위를 갖지 못하는 두 번째 이유는 진화가 세상을 바라보는 다른 방식들과 어떻게 어우러지는지 명확하지 않기 때문이다. 자연선택은 상상할 수도 없는 긴 시간 동안 작용하며 오늘날의 생물들을 만들어냈다. 그래서 우리는 지나온 그 시간들이 중요하지 않다고 생각하고 우리에게 즉각적으로 보이는 경제적 또는 문화적인 과정에만 집중한다. 이 책에서 나는 경제나 문화에 대한 연구가 진화와 어떻게 어우러질 수 있는지를 보이고 싶다. 또한 진화를 통해 우리가 우리의 삶, 인류의 역사, 사회를 개선하는 방향에 대해 더 잘 이해할 수 있다는 것을 보이고 싶다. 오늘날 진화학과 경제학의 관계는 사랑이 싹트는 연인과 같다. 하지만 진화와 문화—여기서 문화는 우리가 성장하고 살아가면서 사회적으로 배우고 얻게 되는 모든 것을 의미한다—의 관계는 오랫동안 상처받고 소원해진 연인 같다. 하지만 아직 완전히 갈라선 것은 아니다. 그래서 나는 진화와 문화가 완전한 화합은 아니더라도 적어도 화해는 할 수 있다는 희망을 갖고 긍정적으로 바라본다.

○ ○ ○

시드니에서 로스엔젤레스를 거쳐 뉴욕으로 가는 24시간 동안의 비행은 학대와도 같다. 모든 일이 잘 풀리면 집에서 출발한 지 약 24시간 뒤에 어딘가의 호텔에 체크인하겠지만 날짜는 바뀌지 않는다. 2008년 어느 따분한 여행의 초입, 콴타스 클럽과 보딩게이트의 중간 즈음에서 나는 스티븐 레빗Steven Levitt과 스티븐 더브너 Stephen Dubner의 유쾌한 베스트셀러《괴짜경제학Freakonomics》이라는 책을 읽기 시작해, 비행기가 태평양을 건너기도 전에 다 읽어버렸다. 나는 이 책이 우리의 일상 행동에 주는 통찰력에 매료됐다. 그 중에서도 나에게는 행동경제학과 진화생물학이 놀라울 만큼 비슷하다는 사실이 가장 인상 깊었다. 예전부터 진화생물학은 경제학에서 통계적 접근 방법이나 아이디어를 차용했고, 그 지식은 양쪽에 모두 영향을 주었다. 나는 '세상의 숨겨진 이면'에 대해 대담하게 묻고 유쾌하고 진지하게 답한 베스트셀러를 읽고 있었지만, 그 책의 물음들은 나와 내 동료 생물학자들이 수십 년 동안 실험을 통해 답해왔던 것이었다.

진화학과 경제학은 인간 행동을 이끄는 보상과 비용을 이해하는 두 개의 큰 틀이다. 행동경제학은 사람들이 돈 또는 시간, 행복, 지위, 그리고 (모호하지만 매우 중요한 모든 것을 지칭하는) 효용성 등의 조건을 저울질한 뒤 보상에 어떻게 반응하는지 연구하는 학문이다. 이것은 진화학의 출발점이기도 하다. 진화생물학자는 사람을 비롯한 생물들이 왜 다른 것보다 어떤 특정한 보상에 반응하는지 궁금해한다. 왜 사람은 돈을 벌고자 하는가? 왜 우리는 도박을 즐기고 필요하지 않은 물건을 사들이는가? 그리고 왜 행복과 지위는 우리에게 그렇게 중요한가?

경제학은 위의 '왜?'라는 질문에 답을 줄 수 있다. (우리가 돈을 좋아하는 이유는 어떤 물건을 사고 싶기 때문이고, 물건을 사고 싶은 이유는 그것이 우리를 행복하게 만들기 때문이다.) 하지만 이런 식으로 답해진 모든 문제들은 또 다른 문제를 낳는다. 진화를 공부하면 우리는 '왜?'라는 질문에 가장 근본적인 대답을 할 수 있다. 진화는 '개인이 극대화시키고 싶어하는 무엇'으로 해석될 수 있는 경제학적 개념인 '효용성'을 설명할 수 있기 때문이다. 본능적으로 사람들은 행복, 재산, 안전, 따뜻함, 웰빙, 영양가 있는 음식, 지위, 멋진 섹스 등을 원한다. 왜냐하면 이것들은 자연선택이 우리를 위해 만들어 낸 보상이기 때문이다. 이러한 보상을 위해 우리는 진화적 적합도evolutionary fitness를 극대화시킬 수 있는 방법을 생각하고 행동한다. 또는 그러한 행동을 통해 우리 조상들이 살던 환경에서 적합도는 최대가 됐을 것이다.

진화학과 경제학은 가까워지고 있지만 (마이클 셔머는 이것을 새로운 합성어 '이보노믹스Evonomics'라고 칭했다), 인간 행동에 대한 진화적 설명과 문화적 설명 간의 관계는 아직 싸늘하다. 그 이유 중 하나는 우리가 우리 행동을 설명하는 방식에 있다. 유전자와 환경, 생물과 문화가 마치 경쟁적인 선택지인 것처럼 둘의 영향을 구분 짓는 방식 말이다. 유전자와 환경의 영향이 서로 깔끔하게 구분되는 것인 양, 행동이 전부 유전적이라거나 혹은 완전히 문화에 의해서만 형성된다는 말을 듣는 게 드문 일은 아니다.

일반적으로 행동은 컴퓨터에 비유한다. 본성은 하드웨어로, 문화는 소프트웨어로 비유한다. 행동이 '배선되었다wired', '고정되었다hardwired', 또는 '프로그램되었다programmed'는 글을 얼마나 많이 접했는가? 이런 관점은 여러 문제를 일으킨다. 먼저 우리의 본성을 하드웨어로 간주하면 그것이 결정되어 있거나 고정적이라고 생각하기 쉽다. 만약 본성이 우리 유전자 안에 새겨져 있다면, 누가 그에 거역할 수 있겠는가?

어떤 사회학자는 아직도 교조적으로 환경, 학습 그리고 다른 사회적 과정이 인간 행동을 결정짓는 단연코 가장 중요하고 유일한 요소라고 주장한다. 또 일부 사회학자는 어떠한 형태의 생물학적인 설명도 거부한다. 그들은 우리 모두가 거의 같은 표준 컴퓨터를 지니고 있으며 개개인의 차이는 우리 경험이 기계를 어떻게 프로그래밍 하느냐에 달려 있다고 생각한다. 이 컴퓨터는 쉽게 다시 프로그램 될 수 있다. 하지만 인간의 뇌라는 하드웨어를 바꾸는 것은 거의 불가능하다.

하지만 정말 그럴까? 우리의 뇌는 경험에 따라 변하며 배움에 따라 정밀하게 발달한다. 학습에 의해 뇌 세포 간에 연결이 생기고 강화('재배선re-wire'이 아니라)되는 것이다. 결국 뇌 또한 신체 기관이다. 오늘날 신경과학에 따르면, 우리의 사고와 의식은 뇌의 신경 세포에서 일어나는 물리적 반응에 의한 것이다. 따라서 우리는 진화에 따른 생물학적 본성을 경험, 문화 및 학습의 영향과 구분짓지 말아야 한다. 본성은 곧 문화의 물질적 기반이다.

하버드 대학교의 심리학자 스티븐 핑커Stephen Pinker는 그의 뛰어난 저서 《빈 서판: 인간의 본성은 타고나는가The Blank Slate: The Modern Denial of Human Nature》에서 본성과 양육, 유전과 환경, 진화와 문화 간의 잘못된 이분법을 완전히 붕괴시킨다. 그는 이러한 구분이 '지식의 지평을 가르는 마지막 벽'이라고 주장한다. 이 책에서 무언가를 얻기 위해서는, 나와 함께 이 벽을 넘어 유전이나 진화를 결정론적이고 고정된 것으로 보고 문화나 환경은 한없이 유연한 것으로 보는 경향을 거부해야 한다.

'마지막 벽'은 그 둘의 싸움을 즐기는 여러 매체들 때문에 아직도 존재한다. 진부하게도, 그들은 여전히 본성과 양육, 유전과 환경, 진화와 문화를 대치시킨다. 언론에서는 마치 매우 중요한 유전자 하나가 발견되었다는 것처럼 대대적으로 광고한다. 심장병 유전자, 비만 유전자, 게이 유전자, 바람둥이 유전자처럼 말이다. 이러한 유전자는 단지 심장병에 걸리고, 비만이 되고, 게이가 되고, 배우자를 속일 확률을 정말 작은 확률로, 그것도 어떤 특정한 조건 아래에서 변화시키는 것이다. 하지만 인간 게놈의 몇만 개의 유전자는 서로 다른 형질에 영향을 주며, 결국 우리 삶의 여러 측면에도 영향을 준다. 주어진 형질은 우리 게놈 전체의 유전자들이 수많은 상호작용을 거친 결과물이다. 그런데도 우리는 아직도 '무슨 무슨' 유전자 이야기에 빠져 있고, 이런 현상 때문에 유전자와 운명은 구태의연하고 그릇된 방향으로 연관된다.

이 책에서 다뤄지는 대부분의 형질들은 전체의 게놈에서 수백, 수천 개의 유전자의 지침에 따라 만들어진다. 결국 하나의 유전자는 아주 작은 영향만 미칠 뿐이다. 이러한 이야기를 이해하기 위해서 독자들은 어떤 유전자가 관련되어 있고 그들이 어떻게 작동하는지에 대한 세부 과정은 알 필요가 없다. 이 책에서는 단일 유전 과정의 한 부분만 다룰 것이다. 이것만 보아도 유전자 하나의 영향이 얼마나 복잡하고 정치적으로 위험한지, 또 유전자를 결정론적으로 바라보는 것이 얼마나 어리석은지에 대해서 분명히 알 수 있을 것이다.

　SRYSex-determining Region Y라고 불리는 유전자는 사람의 절반 정도가 지니고 있다. 이 유전자를 갖고 있는 사람은 살인자, 또는 살인 피해자가 될 확률이 높으며, 교도소에서 죽음을 맞거나 사고로 사망하거나 또는 노년기에 온갖 질병에 걸려서 죽을 위험이 높다. 하지만 SRY가 나쁜 영향만 주는 것은 아니다. 진화적 적합도의 측면에서, SRY를 소유한 사람과 그렇지 않은 사람 간에 차이는 없다. 비록 자손을 남기지 못한 사람들 중에는 SRY를 소유한 사람이 그렇지 않은 사람에 비해 더 많지만, 역사적으로 후손을 정말 많이 남긴 사람들은 모두 SRY를 지닌 사람들이다. 그런 점에서 그들은 진화적으로 최고의 승리자라고 할 수 있다.

　SRY 유전자는 남성의 Y 염색체에 존재하는 성을 결정하는 유전자다. SRY 유전자는 분자 수준의 복잡한 연쇄 과정을 거쳐 궁극적으로 배아를 수컷으로 발생시키는 핵심적인 유전적 지침을 암호화하고 있다. 이러한 지침이 없다면 우리의 신체는 초기 설정을 따라서 암컷으로 발생하게 된다. 오로지 남성들만이 SRY 유전자의 복제본들을 지니고 있다는 점에서, SRY 유전자의 영향은 정말 결정론적이다. 왜냐하면 SRY를 지닌 배아는 모두 생물학적인 수컷으로 발생하기 때문이다. 하지만 SRY 유전자가 수컷 신체를 형성시키는 데 필요한 모든 일을 하는 것은 아니다. SRY는 또 다른 유전자들에게 신체를 남성으로 만들 준비를 하라는 신호만 보낼 뿐이다. 만약 SRY로부터 신호가 없다면, 몸은 여성이 될 준비를 한다. 각 유전자들이 어떻게 맡은 바를 수행할 것인지의 여부는 또 다른 수많은 신호의 세기와 타이밍에 달려 있다. 각각의 신호를 주고 받는 데 연관된 유전자가 있으며, 이 유전자의 발현과 그 신호의 효과는 유전자가 존재하는 환경의 영향을 받는다.

SRY 유전자는 남성성을 결정하지만 그 마지막 결과물은 정말 다양하다. 근육 크기, 체모의 양, 목소리 굵기, 공격성 등 남성과 관련된 모든 특징들이 남성들 간에 얼마나 다양하게 나타나는지 한번 생각해보라. 남성들처럼 여성들도 같은 형질이 개인마다 다양하게 발현되며, 그 형질의 분포 범위는 남성의 것과 다르지만 겹치는 부분 또한 존재한다. 따라서 SRY처럼, 남성다움이란 단지 큰 키와 두꺼운 근육과 많은 체모를 갖출 가능성이 증가하는 것이며, 한편으론 살인을 저지를 위험성도 커지는 것이다. 하지만 남자가 된다고 해서 반드시 그가 살인마가 되는 것은 아니며, 마찬가지로 여자가 된다고 해서 살인마가 되지 않는 것도 아니다. 결정된 것은 아무것도 없다.

남성다움 또는 여성다움도 운명이 아니다. 남성과 여성은 바비 인형처럼 가장 여성스러운 성향부터 지아이조처럼 가장 남성스러운 성향까지 다양한 모습을 가질 수 있을 뿐만 아니라, 우리가 일반적으로 여기는 남성다운 또는 여성다운 형질을 모두 가질 수도 있다. 극단적인 경우에만 사람들은 그들의 생물학적 성 정체성을 따라 매우 전형적인 남성 혹은 여성의 신체와 행동을 보인다.

진화생물학자는 복잡한 남녀의 차이 그리고 성 정체성의 복잡한 정의를 다루기 두려워하며, 자신들의 연구가 성차별, 소외, 탄압 등의 현상에 조금이라도 정당성을 부여할 수 있다는 점에서 그

연구를 꺼린다. 하지만 성을 결정하는 발생 단계의 단순한 스위치 하나는 분명 우리의 삶에 지속적이고 매우 예측 가능한 영향을 준다. 나는 이 책에서 생물학적인 성차가 어떻게 발생하고, 그 생물학적인 차이가 우리의 삶에 어떤 영향을 주며, 문화, 경제 등과 어떻게 상호작용하고 어떻게 남성-여성 간의 권력 관계를 만들어내는지 살펴볼 것이다.

### 존재, 당위 그리고 희망 Is, ought and wishful thinking

창조론자와 종교 근본주의자가 진화생물학을 경멸하는 이유는, 진화생물학이 우리가 누구이며 삶을 어떻게 살아가야 하는지에 대해 묻기 때문이다. 창조 신앙은 순종적이고 호기심 어린 신도들에게 생물이 어떻게 지금의 모습이 되었는지를 설명하고 신도들이 어떻게 행동해야 할지 지시하는 우화일 뿐이다. 이에 반해 과학은 완전히 다른 방식으로 세상을 설명한다. 과학자는 그들이 진심으로 답을 원하기 때문에 묻는다. 그리고 때때로 그들은 그 답이 다소 불편할 것이라고 예상한다.

　고생물학자이며 진화 대중서의 거장 중 한 명인 스티븐 제이 굴드Stephen Jay Gould는 나의 지적 영웅 중 하나다. 1979년, 그는 유전학자인 그의 동료 딕 르원틴Dick Lewontin과 함께 인간 행동에 대한 진화생물학적 연구가 '그럴싸한 이야기just-so storytelling' 또는 '팡글로시즘Panglossism'의 위험성이 짙다며 신랄하게 비판했다. 그들이 말하는 '그럴싸한 이야기'란 특정 형질들이 어떻게 진화하고 현재의 모습이 되었는지에 대한 이야기를 과학적인 설명인 것처럼 꾸며내는 것을 말한다. 이는 러디어드 키플링Rudyard Kipling의 《그럴싸한 이야기Just-so stories》에서 나오는 이야기와 다를 바 없다. 키플링의 작품 《코끼리 코는 왜 길어졌을까요?The Elephant's Child》에서는 '온통 피버 나무로 둘러싸여 있는, 잿빛의 림포포 강둑에서' 호기심 많은 꼬마 코끼리가 그의 코를 문 악어와 오랫동안 밀고 당기다 보니 코가 길어진 것이라고 이야기한다.

팡글로시즘은 모든 것이 최적의 상태라고 믿는 낙관적인 세계관이다. 볼테르Voltaire의 소설 《캉디드Candide》에서, 팡글로스 박사는 어린 학생이었던 캉디드에게 사람들은 모든 가능한 세상들 중 가장 훌륭한 세상에서 살고 있다고 가르친다. 코는 안경을 쓸 수 있도록 디자인되었고, 다리는 브리치즈(무릎 아래를 여미는 반바지의 일종—옮긴이 주)를 입을 수 있도록 디자인되었다. 심지어 팡글로스는 자신의 매독조차 순조롭게 진행되는 거대 계획의 일부분이라고 이야기한다. 팡글로시즘은 자연주의적 오류—존재로부터 당위 또는 선善을 이끌어내는 오류—를 겉만 번지르르하게 치장한 것일 뿐이다. 이러한 오류는 현상을 자연 속의 질서, 심지어 신성 세계의 질서로 단정짓는 데 자주 이용되는 성의 없고 상상력이 떨어지는 사고 방식이다.

나도 굴드나 르윈틴의 주장처럼 존재로부터 당위를 이끌어내는 것은 옳지 않다고 생각한다. 인간 행동에 대한 진화적 접근은 인간 본성의 선한 모든 부분들—협동, 이타성, 기부, 사랑, 호의, 겸

손—을 설명하려 한다. 하지만 이 덕목들보다 더 대중적 관심을 불러 일으키는 주제가 있다. 살인, 형제 살해, 영아 살해, 폭력, 강간, 노예 제도, 문란한 성관계, 육식 습관, 속임수, 복수, 체벌 등이 그것으로, 진화생물학자들은 이런 분야에 대해서도 연구하고 있다. 사람들은 위대한 일을 해내고 또 한편으로는 극악무도한 일들도 행하며, 인간으로서 존재하는 동안 그러한 행동을 계속 해왔다.

진화생물학적 연구를 '팡글로시즘'이나 '그럴싸한 이야기'에 불과하다며 경멸하는 굴드와 르윈틴의 마르크시즘 추종자들과 골수 사회구성주의자들social constructionists은 그들이 진화에 대해서도 같은 공포를 갖고 있었다는 것을 깨닫고 당황해할지도 모른다. 그들은 인류의 흉측하고 악독한 부분이 적응적일지 모른다는 주장에도 똑같이 몸서리친다. 왜냐하면 그들은 인간 본성의 어두운 면을 이해하는 것과 그런 면들을 정당화하고 면죄부를 주는 것의 차이를 깨닫지 못했기 때문이다. 그들에게는 인간 본성 이면의 진정한 기원을 밝히는 것보다, 단지 우리가 갖고 있는 끔찍한 성향들을 사악하다고 치부하고 언론 매체, 가부장제, 계급 갈등과 같은 정체불명의 사회 속 악령들을 비난하는 편이 훨씬 쉬울 것이다.

하지만 귀찮으니까 악령을 내세우는 것이다. 언론이 탄압의 도구라면 우리는 탄압을 일삼는 사람들이 왜 언론을 이용하는지에 대해 물어야 한다. 만약 가부장제가 여권을 실추시킨다면 우리는 왜 가부장제가 존재하며 그 제도 속에서 누가 이득을 얻는지를 찾아야 한다. 이에 대한 답은 명확하지도 단순하지도 않다. 이 책에서 나는 사회적 권력과 갈등이 개인의 서로 다른 진화적 이해관계에서 어떻게 유래하는지를 살펴볼 것이다. 또 진화가 왜 인간 행동이라는 퍼즐의 잃어버린 한 조각이 되는지를 다시금 강조할 것이다. 진화를 제대로 이해하면, 모든 덕목과 악덕, 왜 평범한 사람들이 흉측하고 도덕적인 일을 함께 행하는지, 또 왜 우리가 우선적으로 그러한 것들에 관심을 가지는지도 이해된다. 예를 들어 이 책의 8장에서는 세계 여러 나라에서 여아를 대상으로 한 낙태가 일반적인 유산 빈도 이상으로 일어나는 이유, 그리고 갓 태어난 여아들이 살해 당하는 이유를 알아볼 것이다. 하지만 진화가 여아 낙태 및 영아 살해의 근원을 설명한다고 해서 극악한 범죄가 수용되어야 한다는 것은 아니다.

나는 자연주의적 오류를 주의하라고 경고했다. 왜냐하면 매일 같이 누군가는 '어떤 행동은 본능적이다.'라는 주장으로 그들이 선택한 삶의 방식을 그럴듯하게 합리화하곤 하기 때문이다. 교회의 수장과 보수주의 정치가들은 이성애자로서 평생 일부일처로 사는 게 가장 자연스러운 것이라고 주장한다. 이에 반해 어떤 사람들은 인간의 가장 자연스러운 모습은 성적으로 문란한 것이라며 맹렬히 항의한다. 어떤 이들은 동성애가 자연스러운 모습이 아니라고 주장하는 반면, 다른 이들은 동성애도 이성애와 똑같이 자연스럽다고 주장한다. 진화는 우리가 이러한 행동을 이해하는 데 도움을 줄 수 있지만, 진화적 역사가 성적 문란함이나 성 정체성 같은 복잡하고 까다로운 문제들에 어떤 도덕적 서품을 부여하는 것은 아니다. 우선 우리는 우리가 어떻게 현재 모습이 되어왔는지 이해하고, 인간 행동이 표현되는 범주의 폭을 이해하는 데 초점을 맞추어야 한다. 우리는 이러한 아이디어를 우리 사회 속에서 그릇된 것들을 바로잡는 더 넓은 과정에 지혜롭게, 또 조심스럽게 반영해야만 한다.

## '그럴싸한 이야기'의 가치 In defence of just-so stories

'그럴싸한 이야기'는 굴드와 르원틴이 팡글로시즘을 비꼬던 것과는 다른 시각으로 읽혀야 한다. 어렸을 적에 나는 어머니가 남아프리카의 크루거Kruger 국립공원에서 만났던 동물들의 습성에 대해 이야기를 들려주는 것을 좋아했다. 실제로 어떤 이야기들은 과학적으로 입증되기도 했다. 이것은 '그럴싸한 이야기'의 가치를 뜻한다. 우리가 누구이며, 어디에서 왔는지에 대한 이야기를 상상 속에서 그냥 그려볼 수 있다. 하지만 이런 종류의 그럴싸한 이야기와 과학이 다른 부분은 과학은 단지 사사로운 것이 아닌 증명 가능한 가설이라는 점이다. 무엇보다 과학은 아이디어를 분류하고 구분하는 방법이기 때문에, 과학적인 방법을 이용하여 가설을 검증하는 한 올바르지 않은 가설이 입증될 일은 없다. 틀린 아이디어는 기각된다. 바로 당장은 아닐지라도 언젠가는 말이다.

진화생물학이 경제학이나 문화연구학 등과 함께 놓일 때 인간 본성을 더 잘 이해할 수 있다는 점에서 진화생물학이 지닌 힘을 다음의 11장에 걸쳐서 전달하고자 한다. 그러기 위해서는 때때로 '그럴싸한' 이야기를 꾸며내볼 필요도 있다. 이 책에 담긴 대부분의 아이디어는 훌륭한 증거에 기반했다. 하지만 일부는 아직 초기 증거를 바탕으로 했고, 또 일부는 새로운 가설인 것도 있다. 나는 이러한 주장의 대부분이 옳다고 밝혀질 것이며, 나머지 부분도 앞으로 논파될 것이라고 확신한다. 일단 이러한 사고를 하지 않고서는 과학이 진보할 수 없기 때문에 그럴싸한 이야기는 하나의 중요한 단계이다. 생태학의 선구자인 로버트 맥아더Robert MacArthur는 "세상에는 틀린 것보다 안 좋은 것들이 많다. 그중 하나는 진부한 것이다."라고 말했다. 따라서 내가 이 책에서 인간의 진화에 대해 서술하는—그리고 앞으로 다른 저자들도 사용하리라고 희망하는—방식은 만일 그것이 진부함을 넘어설 수 있다면 틀릴 것을 지나치게 두려워하지 않고 과감하게 서술하는 것이다.

# ❶

---

# 우리 조상의 몸무게

The weight of our ancestry

가장 부유한 선진국들을 포함하여

많은 국가들이 지금 엄청난 비만 위기를 겪고 있다.

그 원인 중 하나는 현대 인류가 수렵채집인

또는 자급자족적 농부였던

그들 조상의 식습관에 적응되어 있기 때문이다.

우리 조상들은 비만보다는

오히려 굶는 것이 항상 더 큰 문제였을 텐데.

케임브리지의 호기심 많은 한 청년이었던 찰스 다윈은 세계 일주 항해를 떠나기 몇 년 전에, 그리고 《종의 기원The Origin of Species》을 펴내기 몇십 년 전에 어떤 이상한 단체에 가입했다. '식신 클럽Glutton Club'이라고 불리던 그 단체에서는 매주 모여서 매나 해오라기처럼 '인간이 아직 맛보지 않은 조류 및 짐승'을 야심 차게 요리해 먹었다. 결국 그들은 나이 든 솔부엉이brown owl까지 맛보고 나서야 요리 기행을 그만두었다. 다윈은 나중에 그 맛을 "말로 표현하기 어렵다."라고 회고했다. 하지만 새로운 식재료를 탐하는 다윈이나 식신 클럽의 특별 회원들조차도 21세기 우리의 식단을 보면 기이하다고 생각할 것이다.

　　다윈이 오늘 내 연구실을 방문한다고 상상해보자. 다윈과 나는 그가 세상을 떠난 1882년 이래 진화생물학의 주요 발전들에 대하여 이야기를 나눌 것이다. 또 빅토리아 시대의 신사들과 오늘날 과학자들의 식습관에 대해 수다를 떨 수도 있다. 그의 무한한 호기심을 채워주기 위해, 나는 어제 먹었던 것들을 이야기할 것이다. 아침으로 루비자몽, 삶은 달걀과 토스트, 간식으로 사과, 점심으로 소고기 빈달루 카레 라이스, 간식으로 마카다미아 너트와 아몬드, 저녁으로 브로콜리, 안초비, 마늘, 올리브가 들어간 파스타, 디저트로 딸기와 다크 초콜릿. 아마도 다윈은 나의 이상한 식습관에 대해 혐오감을 느끼는 한편, 여덟 가지 서로 다른 과일, 견과류, 채소, 세 가지의 곡물, 두 가지의 육류, 그리고 달걀과 초콜릿을 곰곰이 세어볼 것이다.

그리고 다윈은 물을 것이다. 어떻게 매일 이런 식사를 준비할 형편이 되는지, 아니면 하인은 어디서 어떻게 그 식재료들을 다 구하는지, 어떻게 시드니의 한 겨울 날씨에 브로콜리, 딸기, 자몽, 사과 등의 제철 과일을 구하는 것이 가능한지 궁금해할 것이다. 아마도 다윈은 현대 진화론의 논쟁에는 익숙하겠지만—그리고 유전학의 발전상에는 크게 기뻐하겠지만—우리의 식탁 위에 오른 음식 몇 가지는 도저히 적응하지 못하고 저녁을 거르려고 했을 것이다. 다윈은 겨우 한 세기 전에 살았던 부유한 신사였음에도 불구하고 말이다. 하물며 아이작 뉴턴Issac Newton(1727년 사망), 알 콰리즈미Muhammad ibn Musa Al-Khwarizmi(850년 사망), 아르키메데스Archimedes(기원전 212년 사망) 등 유명한 과학자와 수학자들은 현재 매일같이 펼쳐지는 내 만찬을 보고 무슨 생각을 할까? 또 고대 수렵채집인들은 어떻게 생각할까?

○ ○ ○

21세기의 첫 10년이 흐르는 동안, 위험할 정도로 살이 찐 사람의 수가 처음으로 영양실조에 걸린 사람의 수를 넘어서기 시작했다. 세계보건기구에 따르면 약 6억 명의 성인이 비만이며, 20억은 정상 체중을 초과한 상태라고 한다. 해마다 많은 나라에서 과체중 및 비만 인구의 비율이 늘어나고 있고, 심지어 어린이 비만율도 높아지고 있다. 비만 인구의 증가는 건강 및 사회 문제로도 이어진다. 21세기 들어 처음으로 기대 수명이 짧아지는 비극이 나타났고, 현대 사회는 높아지는 건강관리 비용과 낮아지는 노동 생산성이라는 이중고를 겪고 있다. 미국은 비만을 흡연처럼 생각한다. 에릭 슐로서Eric Schlosser의 《패스트푸드의 제국Fast Food Nation》 그리고 모건 스펄록Morgan Spurlock의 〈슈퍼사이즈 미Supersize Me〉와 같은 매체들은 주류 문화에 도전하고 있다. 먹거리 운동가들은 주기적으로 비만과의 전쟁을 선언한다. 학교의 구내식당과 패스트푸드 공급체인은 그들의 대표적인 전쟁터다.

지난 2~30년 동안 대부분의 선진국에서는 허리살이 두툼해지는 경향이 늘고 있다. 그리고 비슷한 현상이 개발도상국에서도 나타나고 있다. 간단하게 우리는 BMIbody mass index(몸무게[킬로그램]를 키[미터]의 제곱으로 나눈 것)를 통해서 과체중 여부를 판별할 수 있다. BMI가 25를 넘으면 과체중이고, 30을 넘으면 비만으로 판정한다. 따라서 신장이 1.78미터인 나의 경우에는, 몸무게가 79킬로그램 이상이면 과체중, 95킬로그램 이상이면 비만이다. 호주 여성은 평균 신장이 1.6미터에서 몸무게가 64킬로그램을 넘으면 과체중, 77킬로그램을 넘으면 비만이다. 이것은 단지 대략적인 가이드일 뿐이다. 예를 들어, BMI는 근육량을 고려하지 않는다. 헬스장에서 흉하게 벗고 다니는 친구들의 경우에는 체지방이 적고 복부에 식스팩이 있어도 BMI가 25를 넘기도 한다.

하지만 당신이 헬스장에서 줄창 사는 게 아니더라도 밥을 잘 먹고 주기적으로 맥주나 와인을 즐기는 사람이라면, 살아가면서 언젠가는 BMI가 25에 근접해가는 것을 보게 될 것이다. 체중 증가에 따른 건강 문제는 일단 과체중에 접어들면 바로 나타나며, 살이 찔수록 그 문제는 더 심해진다. 제2형 당뇨병이나 고혈압, 뇌졸중, 관상동맥성 심장질환, 다낭성 난소 증후군이 나타날 가능성이 엄청나게 증가한다. 또한 비만에 따른 사회적 차별이나 자부심 하락 때문에 정신적, 신체적 손실도 나타난다.

비만 위기는 갑작스레—겨우 몇 세대 만에—시작되었으며 아직 사라지지 않고 있다. 우리가 비만을 이해하려 한다면, 사회적, 문화적, 환경적, 경제적 요인을 무시할 수 없다. 어떤 학자들은 비만 위기가 갑자기 나타났다는 사실 때문에 비만의 진화적 또는 생물학적인 이유는 들으려 하지도 않는다. 그들은 진화는 수천 세대를 거쳐야 일어난다고 주장한다. 분명히 우리가 뚱뚱해지는 방향으로 진화하고 있는 것은 아니다. 하지만 비만의 원인에는 분명히 진화적인 요인이 있다. 사실, 비만은 다른 문제들과 마찬가지로 유전자와 환경이 얼마나 밀접하게 상호작용하는지를 보여주는 예다.

비만의 사회경제적 원인은 우리의 진화사에서 유래했다. 조상에게 물려받은 우리의 유전자는 조상이 살아온 환경에는 적응했지만 현재의 환경에는 적응하지 못하고 있다. 이 유전자들은 환경에 따라 유연하게 반응한다. 우리는 기근에 시달릴 때, 풍족할 때, 단백질을 충분히 섭취하지 못했을 때, 또는 염분이 필요할 때 무엇을 해야 하는지 우리의 몸에게 알려주는 유전자를 지니고 있다.

자연선택은 우리의 삶이 지금과는 너무도 달랐을 때부터 수많은 세대에 걸쳐 이러한 유전적 지침을 만들어왔다. 이케아에서 조립식 책상을 구입했다고 생각해보자. 그런데 집에 도착해서 박스를 열어보니 그 안에는 책상이 아니라 책장을 조립하는 설명서가 들어 있었다. (단지 가정하는 것이다. 이케아의 꼼꼼한 직원들은 이런 실수는 하지 않을 것이다.) 이 책장 조립 설명서는 아무것도 없는 것보다는 나을 수도 있다. 하지만 조립에 전혀 도움이 되지 않는 부분도 있을 것이다. 이러한 상황은 지금 오늘날을 살아가고 있는 우리의 신체와 비슷하다. 우리의 유전적 지침이 우리의 환경과 항상 어울릴 수는 없다.

비만은 생물학적인 문제다. 왜냐하면 우리의 생물학적 신체에 지방 덩어리가 위험한 수준으로 쌓여가고 있기 때문이다. 비만은 또한 진화적 문제이기도 하다. 왜냐하면 우리가 과거에 에너지와 영양분을 어떻게 처리하도록 진화했는지를 파악하면 우리의 신체가 오늘날 환경에 반응하는 방식을 이해할 수 있기 때문이다. 체중이 느는 것은 우리의 진화적 과거와 현재의 환경 사이의 복잡한 상호작용 때문이다. 그리고 비만 위기를 이해하기 위해서, 우리는 그 상호작용의 접점을 파악해야 한다. 이 장, 그리고 다음 장에서는 왜 세계 여러 나라 사람들의 체중이 엄청나게, 비극적으로 증가하고 있는지에 대해 살펴볼 것이다. 이를 통해 진화적인 관점이 얼마나 유용한지 이야기할 것이다. 하지만 비만 위기의 근저에 있는 복잡한 환경적, 경제적, 사회적, 문화적 요소들에 대한 인식을 진화와 생물학적인 요소와 경쟁시키는 것이 아니라, 서로 보완할 수 있는 요소라는 점을 보일 것이다.

## 에너지 비축자 Energy hoarders

체중이 늘어나고 줄어드는 기본 원리는 복잡하지 않다. 하루에 먹은 음식의 총 에너지 양에서, 운동에 소모된 에너지, 화장실 변기 물내림 버튼을 누르는 일에 소모되는 소량의 에너지 등을 빼면 남는 수치에 따라 에너지 과잉 또는 부족이 된다. 즉, 체중은 사용한 에너지보다 더 많은 킬로줄kilojoule의 에너지를 먹었는지 아닌지에 달려 있다. 남은 에너지는 지방의 형태로 몸에 저장되며, 에너지가 부족하면 그 축적된 지방을 분해시켜서 사용한다. 이것은 흥미롭고도 복잡한 생리 과정을 아주 간단하게 설명한 것이다. 즉, 체중 증가 또는 감소는 결국 에너지 득실 차이다.

하지만 에너지 예산은 단순하고 수동적인 대차 대조표가 아니다. 사실 몸은 기억력이 좋은 회계사가 재무 예산을 관리하는 것보다 에너지 예산을 더 훌륭하게 관리하고 있다. 수백 년 동안 자연선택으로 다져진 복잡한 행동, 신경, 호르몬 시스템은 우리가 무엇을 얼마나 먹고, 소비해야 할 에너지는 얼마이며, 과잉 에너지를 어디에 어떻게 지방으로 저장할 것인지를 조절한다.

음식물을 통한 에너지 흡수에는 두 가지 기본적인 문제점이 있다. 흡수가 너무 적거나 너무 많은 경우가 그렇다. 이러한 문제가 닥쳤을 때 "좋은 것들이 넘치면 멋지게 될 수 있다."라던 풍만한 몸매의 매 웨스트Mae West의 말이 맞을지도 모른다. 우리가 얻는 에너지는 신체가 기관을 작동하고, 운동하고, 일을 하며 또 체온을 일정하게 유지시키는 데 사용된다. 탄수화물은 우리가 가장 쉽게 사용할 수 있는 에너지원이며, 지방은 탄수화물보다 두 배의 에너지를 지니고 있다는 점에서 매우 좋은 에너지원이다. 단백질은 탄수화물과 무게 당 같은 양의 에너지를 가진다. 하지만 단백질의 에너지는 분해시키기 어렵고 근육 및 조직을 만드는 데 아미노산이 사용되기 때문에, 단백질은 가장 나중에 사용되는 에너지원이다. 만약 우리가 한꺼번에 너무 많은 에너지를 섭취했다면, 간은 잉여 에너지를 지방으로 바꾸어 쉽게 소모되지 않도록 저장하거나, 일부는 에너지로 사용할 수도 있다.

자연선택은 동물이 과도한 에너지를 어떻게 처리해야 하는지에 대한 규칙을 만들어왔다. 이 규칙은 종마다 근본적으로 약간씩 차이가 있다. 예를 들어 쥐는 지방을 축적하지 않는다. 왜냐하면 뚱뚱하고 느린 쥐는 고양이, 새, 뱀들의 먹이가 되기 때문이다. 따라서 쥐는 잉여 에너지의 90퍼센트 정도를 열로 발산시키거나 더 많은 움직임을 통해 강제로 소모한다. 하지만 안타깝게도 인간은 이 수치가 25퍼센트밖에 안 된다. 왜냐하면 인간은 에너지를 가능한 한 절약하는 방향으로 진화했기 때문이다. 만약 우리가 쥐처럼 잉여 에너지를 강제로 소모시킬 수 있는 능력이 있다면 오늘날의 비만 위기는 아마도 다르게 진행되었을 것이다.

음식을 통해 획득한 에너지는 중요한 측면에서 돈과는 다르다. 에너지도 나중을 위해 일부를 저장할 수 있지만 저장하는 데는 한계가 있다. 그리고 아무리 좋은 것이라 해도 너무 많이 갖게 되면 나중에는 끔찍한 결과를 초래하기 마련이다. 돈은 은행에 보관하면 되지만, 우리 몸의 남는 에너지는 항상 몸에 지니고 다녀야 한다. 이는 실용적이지 않고, 또 완전히 치명적일 수도 있다. 비만과 관련된 많은 질병들은 높은 혈당과 인슐린 호르몬 때문이다. 인슐린은 포도당과 지방 대사를 조절하며, 성장 및 번식에도 영향을 준다. 살이 찌면 지방이 저장될 세포, 근육, 간은 인슐린에 대한 저항성을 키운다. 인슐린 저항성이 있는 조직들은 혈액에서 포도당을 흡수하고 지방을 분해하는 속도가 느리다. 따라서 인슐린 저항성이 있는 사람은 다른 사람보다 살을 빼기 어렵다.

요즘에는 젊은 사람들이 비만에 따른 성인병으로 사망하기도 한다. 인슐린 저항성 및 비만과 연관된 병인 다낭성 난소 증후군은 비만 환자의 가장 큰 사망 원인이며 여성 불임의 주요인이다. 진화는 수명을 줄여서라도 번식 성공도를 높이는 형질을 선호하기 때문에, 과체중 및 비만으로 인한 생식 문제는 이미 과거의 선택 과정에서 사라졌을 것이다. 영국으로 이주한 남인도인 같은 일부 종족에서 다낭성 난소 증후군 및 여성의 불임이 나타난다는 점, 그리고 그 종족이 심각한 비만 인구 증가 문제를 겪고 있다는 점을 미루어 볼 때, 현대인의 식단은 여성의 번식력에 대해 매우 강력한 선택압이 작용한 결과일 수도 있다.

하지만 우리의 진화 역사에서는 과체중보다는 오히려 굶주리는 것이 더 흔한 문제였다. 왜 몸무게를 줄이는 것보다 늘리는 것이 대부분의 사람들에게 더 쉬운지를 이해하기 위해서는, 우리 조상들—심지어 첫 포유류가 등장하기 이전의 조상부터 시작하더라도—이 항상 에너지 부족의 위험에 처해 있었다는 점을 기억해야 한다. 너무 많은 에너지를 섭취하는 일은 자주 일어나지도 않았고 심각한 문제도 아니었다. 심지어 오늘날에도 인류의 여섯 명 중 한 명인 11억 명의 사람들이 식사를 통해서 충분한 에너지를 섭취하지 못하고 있다. 2001년에 장 지글러Jean Ziegler 교수가 유엔에 보고한 바에 따르면, 해마다 사망 인구의 58퍼센트는 영양 결핍과 굶주림으로 인해 면역력 및 저항성이 떨어져서 질병이나 유행병에 걸려 죽었다고 한다.

진화적인 측면에서 굶주림의 '대가'는 분명하다. 신체는 항상 체온을 유지하고, 뇌를 활동시키며, 간을 작동시키고, 신장에서 투석을 지속하며, 소화기관에서 작은 음식 조각으로부터 영양분을 뽑아낼 준비를 해야 한다. 굶주리면 이러한 신체의 기본 대사에 필요한 에너지가 고갈될 위험이 생긴다. 게다가 영양실조는 기생충 감염 및 기타 질병에 걸릴 위험을 더욱 키운다. 설사병은 (여행을 즐기는 서양인이나 탁아소에 아이를 맡긴 부모에게는 하나의 골칫거리이며) 영양실조가 된 아이를 무자비하게 죽음으로 몰고 간다.

영양이 결핍된 자궁 속 아이 또는 유년기 아이는 성장이 늦고

초경 시기도 지연되며, 이른 폐경을 맞거나 배란이 안 되기도 한다. 영양 결핍이 된 남성은 그렇지 않은 남성에 비해 수가 적고 약한 정자를 가지고 있다. 또 영양실조 여성의 아이는 그렇지 않은 여성의 아이에 비해 정상적으로 달을 채우지 못하고 태어나거나 건강하게 성장하지 못하고 보살핌도 제대로 받지 못한다. 따라서 굶주린 사람들은 영양 보충이 제대로 이루어진 사람에 비해 번식에 불리하고 더 적은 수의 자손을 남기기 때문에, 굶주림으로 생기는 모든 일은 궁극적으로 진화적인 비용이 된다.

우리 조상의 대다수는 굶주렸다. 굶주림을 피하고 그에 따른 문제에 잘 대응했던 사람은 그렇지 못했던 그들의 친구, 이웃, 적에 비해 더 많은 자손과 손자를 남겼다. 바로 이 조상들이 우리에게 유전자를 물려주었고, 우리는 굶주림을 피하고 굶주림에 잘 대처할 수 있게 되었다. 하지만 이 유전자들이 지금은 좋다고 말할 수 없을 것 같다. 며칠 동안 충분한 에너지를 얻지 못하면 우리는 지방을 소모하여 축적된 에너지를 줄여나간다. 근육도 지방을 태워서 에너지를 낸다. 마치 부지런한 회계사처럼, 우리 신체는 저장된 에너지를 사용할 때 신중하고 알뜰해진다. 우리는 무기력해지고 덜 움직이게 될 것이다. 또한 우리 몸은 열을 발산하고 내부 기관을 유지하는 데 에너지를 덜 사용하게 된다. 소장은 수축된다. 여성의 경우 배란과 월경이 멈춘다.

렙틴leptin이라는 호르몬은 위에서 언급한 과정들의 많은 부분에 관여한다. 렙틴은 지방 세포에서 생산되는 가장 강력한 식욕 조절 호르몬으로서 신체가 굶주리면 그 농도가 줄어든다. 렙틴은 과

식보다는 굶주림에 더 즉각적으로 반응한다. 일반적으로 우리 몸은 에너지 과잉보다는 에너지 부족 또는 영양소 결핍을 더 긴급한 상황으로 받아들이곤 한다. 굶주릴 것 같은 상황이 오면 우리는 배고픔을 느끼고 신체는 즉시 절약 모드로 들어간다. 그리고 남는 에너지는 나중에 굶주릴 경우를 대비하여 재빠르게 저장한다. 굶주릴 때 렙틴의 조절 작용에 의해 나타나는 우리 몸의 절약 반응을 보면 마냥 굶는 다이어트가 왜 효과가 없는지, 그리고 그런 다이어트가 왜 갑작스런 과식으로 실패하는지를 진화적 관점에서 이해할 수 있다.


## 현대 사회의 에너지 사용 Spending energy in the modern world

사람들은 비만 위기가 폭식 때문인지 아니면 게으름 때문인지를 두고 다툰다. 이 책에서는 폭식과 게으름 중 무엇이 더 큰 문제인지 결정하는 것이 아니라, 오히려 비난을 나누는 것이 잘못되었다는 주장을 할 것이다. 연구에 따르면 비만 위기는 상당 부분 에너지 섭취의 증가에서 비롯되었지만, 각 개인은 에너지 입출의 균형을 맞춤으로써 체중을 조절할 수 있다고 한다. 즉, 운동을 해야 한다는 것이다. 여기서의 운동은 꼭 러닝머신 위를 달리는 것만이 아니라 일을 하거나 걷는 데 따른 운동도 포함된다.

오늘날 많은 사람들에게 '일'이란 단지 자동차, 버스 또는 지하철을 이용해 일터에 가서 사무실에 앉아 있는 것을 의미한다. 물을 마시고 싶다면 수도꼭지를 돌리면 된다. 끼니를 때우고 싶다면 냉장고를 열거나 레스토랑에 가면 된다. 그리고 '일'에 지쳐 집에 가면, 그저 텔레비전 앞에 누워 있거나 진화에 관한 책을 읽는다. 아이들에게 '놀이'는 21세기에 가장 인기 있는 가상의 친구를 만나는 것이다. 플레이스테이션, 위Wii, 닌텐도, 인터넷이 바로 그 친구들이다. 나는 러다이트Luddite나 테크노포브technophobe로 불리는 신기술 반대자도 아니다. 또 나는 이런 발명품들이 나쁘다고 생각하는 사람도 아니다. 하지만 여러분들이 이제 텔레비전을 볼 때, 가까운 곳으로 운전해 갈 때, 다섯 살짜리 아이에게 닌텐도DS의 사용법을 알려줄 때, 캄보디아, 인도 또는 에티오피아의 사람들은 무엇을 하고 있을지 한번 생각해 보라. 그러한 나라에서는 많은 사람들이 굶주림이나 영양실조를 적어도 한 번은 경험한다. 또 끼니를 때우려면 힘든 노동이 필요하며 우리가 생각할 수도 없는 거리를 걸어 다녀야 한다. 물을 구하려면 수 킬로미터 떨어진 곳까지 다녀와야 한다. 물을 길어오는 사람은 물 1리터당 1킬로그램이 나간다는 것을 알고 있다. 또 음식을 하거나 난방을 위한 연료는 동물의 분뇨나 나무를 사용하며, 이런 재료들은 외부에서 찾아낸 다음 자르거나 부숴서 집에 가져와야 한다. 농작물을 관리하고 가축들을 돌보고 물고기를 잡는 등 노동 집약적인 업무에 힘을 써야 하는 것이 그들의 일이다. 심지어 육체 노동을 하지 않는 이들도 많은 에너지를 소모한다. 방갈로어의 IT 종사자, 자카르타의 공무원, 나이로비의 사무직 종사자들은 각각 산 호세, 브리즈번, 맨체스터에서 같은 업무를 하는 사람들에 비해 통근을 위해 매일 더 먼 거리를 걸어야 한다. 개발도상국에서는 걸어서 등교하지 않는 부유한 학생들이 가장 먼저 비만의 징후를 보인다.

걸음 횟수를 측정하는 기계인 만보기 등을 이용하여 운동 양상을 관찰해보면, 활발한 생활 방식의 기준인 '만보 걷기'를 실천하기 위해서는 각별한 노력이 필요하다는 것을 알 수 있다. 일만 보를 걷기 위해 필요한 에너지량은 얼마일까? 내 신체조건에서는 일만 보를 걸으면 대략 1,500킬로줄의 에너지가 소모된다. 하지만 이것은 겨우 하루 에너지 소비량의 15퍼센트에 불과하다. 그렇다면 남은 에너지는 어떻게 사용될까? 대부분은 우리의 생명을 유지하는 데 사용된다. 우리의 뇌는 가장 비싼 하드웨어다. 신체에서 소비하는 에너지의 5분의 1을 뇌가 소비한다. 또 신체의 다른 기관도 많은 에너지를 필요로 한다. 체온을 유지하는 데도 많은 에너지가 사용된다. 인간의 체온은 항상 37도 정도로 유지되고 있다. 몸이 추워지면 우리는 따뜻하고 단열이 되는 곳을 찾아가며 무의식적인 메커니즘을 통해 에너지를 소모하고 열을 만들어낸다. 인간이 적절한 의복과 따뜻한 침구류를 마련하고, 난방이 잘되고 외풍을 막아주는 집을 지어 실내에 살기 시작하면서 우리의 신체는 체온 조절을 위해 열을 덜 만들어도 됐다.

현대의 생활 방식이 수렵채집인 또는 농업에 종사하던 조상들의 생활 방식에 비해 체내 에너지를 더 적게 사용한다는 점은 분명하다. 체온을 유지하기 위해 대사 과정을 통해 열을 덜 만들어도 되고, 또 생활 속에서 에너지의 사용 자체가 줄었기 때문이다. 오늘날의 생활 방식이 우리의 움직임을 줄이고, 우리를 따뜻하고 편리하게 해준다는 사실을 깨닫는 데 진화생물학이 필요하진 않다. 하지만 진화는 우리가 식단을 어떻게 조절하면 에너지 섭취와 소비 사이의 균형을 우리에게 유리한 방향으로 변화시킬 수 있는지를 가르쳐준다.


## 채식주의를 포기하다 Leaving vegetarianism behind

우리 조상들은 항상 변화무쌍한 환경에서 살아왔다. 그동안 몇 번이고 기후가 추워졌다가 따뜻해졌고, 습해졌다가 건조해졌으며, 새로운 식물 또는 동물 종이 나타났다. 우리 조상들은 다른 곳으로 이주할 때마다—단지 몇십 킬로미터 떨어진 곳이라도—완전히 다른 환경과 맞닥뜨렸을 것이다. 환경의 변화는 조상들의 먹거리 종류도 변화시켰을 것이다. 여러 세대가 흐르면서, 이용 가능한 먹거리와 필요한 영양소의 변화는 식욕을 자극하고 먹을 것을 고르는 데 필요한 인지 및 심리 메커니즘뿐만 아니라 신체가 에너지와 영양소를 다루는 방법의 유전적 변화를 이끌었다. 하지만 먹거리의 진화는 단지 환경의 변화와 자연선택 간의 합주를 넘어선다. 문화는 개인이 다른 개인에게 배운 것을 전달한다는 의미에서 환경 및 유전적 변화를 이끌고 이에 반응하는 제3의 요인이다.

인류 사회는 언제 어디서 최고의 먹거리를 찾고, 어떻게 그것을 채집하고, 사냥하고, 재배하는지, 어떻게 그것을 조리해서 먹는지에 대한 엄청난 양의 지식을 축적해왔다. 인간이 배우고 소통하는 데 뛰어난 역량을 보이는 것은 인류 사회가 먹거리에 대한 문화적 지식을 쌓아왔다는 것을 의미한다. 그리고 그 지식을 통해 각 집단은 먹을 수 있는 음식의 범위를 넓혀갈 수 있었고, 새로운 먹거리가 있는 서식지로 이주해서 잘 살아갈 수 있었으며, 먹거리를 생산하는 데 서로의 노동력을 잘 이용할 수 있었다. 동시에 우리의 몸과 유전자는 우리의 문화에 맞추어 계속 진화했다.

유전자, 문화 그리고 먹거리 환경은 지속적으로 서로가 서로를 변화시켰다. 인류 식습관의 진화 과정에는 먹는 방식을 완전히 바꾸어버린 세 가지 큰 전이가 있었다. 첫 번째는 채식 위주의 유인원에서 수렵채집을 하는 인류로의 전이고, 두 번째는 수렵채집인에서 농부로의 전이며, 마지막은 농부에서 제조업자로의 전이다. 각 전이 단계를 통해 우리는 오늘날 비만 위기의 궁극적 원인에 대한 단서를 찾을 수 있다.

우리 인류는 채식을 하던 유인원으로부터 유래했다. 침팬지, 보노보, 고릴라, 오랑우탄 등은 모두 대부분의 영양소(거의 99퍼센트)를 잎사귀, 열매, 씨앗, 뿌리 등의 식물을 통해 얻는다. 그들은 가끔씩 단백질이 풍부한 흰개미, 애벌레, 동물의 사체를 먹어서 채식 식단을 보충한다. 유인원들이 먹는 식물의 대부분은 함유된 에너지가 적기 때문에, 그들은 운 좋게 열량이 가득한 열매를 발견하면 게걸스럽게 먹어치우곤 한다. 따라서 먹이를 찾는 유인원들은 최대로 에너지를 섭취하기 위해 감당할 수 없을 정도의 강력한 충동을 느끼도록 진화했을 것이다. 그리고 아마도 그 충동은 우리 조상들도 공유하고 있었을 것이다.

인류와 침팬지의 공통 조상이 살았을 500만 년 전부터 200만 년 전 사이에, 인류의 조상은 점차적으로 채식 유인원에서 직립의 수렵채집인으로 진화했다. 새로운 조상인 호모 에렉투스는 이전의 다른 호미니드에 비해 큰 키와 큰 몸집, 큰 뇌를 지니고 있었다. 큰 몸집과 큰 뇌는 더 많은 에너지를 필요로 했고, 이러한 변화는 채식 위주의 식습관을 동물을 사냥해서 보충하는 방향으로 변화시켰다. 호모 에렉투스는 사냥을 통해 귀한 영양소인 단백질과 열량이 높은 지방을 섭취할 수 있었고 그 결과 더 크게 성장할 수 있었다. 그리고 큰 뇌를 지닌 몸집 큰 사냥꾼은 그들의 먹이가 되는 동물보다 더 힘이 세고 똑똑하게 될 수 있었다. 또한 호모 에렉투스는 직립을 통해 손을 자유롭게 쓸 수 있었으므로 도구를 만들고 사용할 수 있었다. 더 큰 뇌는 더 나은 도구를 만들어냈고, 사냥의 성공률을 높였으며, 뿌리 및 줄기 식물을 모으기 위한 협동을 이끌어냈다. 또한 불을 사용하게 되면서 다양한 요리가 가능하게 됐다. 불은 음식물을 분해시키므로 불에 익힌 고기나 야채는 소화시키기 쉽다. 즉, 불로 요리를 하면 우리는 음식물을 씹고 소화시키는 데 시간을 덜 써도 되며 음식물로부터 더 많은 에너지와 단백질을 흡수할 수 있다.

적어도 2백만 년 동안 인류의 조상은 수렵채집인으로 살았다. 따라서 인간은 9만 세대 동안 수렵채집인의 식단에 적응해왔다. 자연선택은 우리의 몸이 그 음식들을 이용하는 방법, 사냥꾼이나 어부가 잡은 동물들로부터 또 채집한 식물들과 작은 동물들로부터 에너지를 섭취하여 저장시키는 방법을 최적화시켰다. 하지만 모든 수렵채집인이 동일하다고 생각하면 오판이다. 우리의 조상은 아프리카를 떠나 전 세계로 퍼져나가면서 정착한 지역의 음식물과 공진화해 나갔다. 지역마다 음식물로 사용할 수 있는 식물과 동물의 종류는 차이가 있었고 집단마다 문화적 차이도 있었다는 점에서 오늘날 인류의 조상인 수렵채집인들의 식단은 집단마다 서로 너무나도 달랐다. 적도 부근 아프리카의 수렵채집인들은 견과류, 식물의 뿌리, 포유류의 살코기를 먹었고, 북극해 주변의 캐나다에 살던 수렵채집인들은 기름진 생선이나 고래 고기의 지방에서 대부분의 열량을 섭취했다. 이처럼 조상들의 식단이 지역마다 서로 천차만별이었다 하더라도 모두 자연에서 채집한 식물이나 야생동물이란 점에서는 동일했다.

오늘날 인류는 과거의 수렵채집인 조상들에 비해서 단백질이나 지방에서 얻는 열량은 줄었고 탄수화물로부터 얻는 열량은 늘었다. 최근 연구에서는 수렵채집인들이 탄수화물에서 열량의 35퍼센트를 얻는 반면 현대 인류는 탄수화물에서 50~65퍼센트의 열량을 얻고 있는 것으로 나타났다. 또한 어떤 경로로 탄수화물을 섭취하는지도 문제가 된다. 수렵채집인은 대부분의 탄수화물을 과일, 식물의 줄기, 채소 등에서 섭취했으며, 이런 음식물에는 오늘날 우리가 마켓에서 구매하는 농작물보다 서너 배는 많은 식이섬유가 들어 있다. 식이섬유가 포함된 음식물은 소화시켜 열량을 얻는 데 더 많은 활동을 필요로 하며 시간도 오래 걸린다. 왜냐하면 식이섬유처럼 복잡한 구조의 탄수화물은 포도당으로 분해시키기 어렵기 때문이다. 영양학적 용어를 사용하면, 수렵채집인 조상이 먹던 식물은 GI 지수glycaemic index가 매우 낮은 음식물에 속한다. 오늘날 미국인은 열량의 15퍼센트 정도를 당에서 얻고, 나머지는 정제된 곡물에 함유된 소화하기 쉬운 녹말에서 얻는다. 반면 수렵채집인은 단지 2퍼센트도 안 되는 열량을 벌꿀의 당에서 얻었고, 곡물은 존재하지도 않았다.

인류 역사의 대부분의 기간 동안 적도 부근의 아프리카에 살던 우리 조상은 아마도 열량의 35퍼센트 정도를 지방에서 얻었을 것이다. 이에 비해 오늘날 인류는 지방에서 얻는 열량은 줄었지만, 몸에 좋지 않은 포화 지방은 더 많이 섭취하고 있다. 오늘날 지방 섭취, 특히 몸에 좋은 지방의 섭취가 감소한 이유는 수렵채집인보다 고기나 견과류에서 섭취하는 에너지가 줄었기 때문이다. 같은 이유로, 수렵채집인들은 30퍼센트 이상의 에너지를 단백질에서 섭취했지만 오늘날 우리는 15퍼센트 정도만 섭취한다.


## 사상 최악의 실수 The worst mistake in history

현재도 아마존이나 칼라하리 등지의 야생에 수렵채집인 부족이 소수 존재하고 있긴 하지만, 현생 인류 대부분의 직계 조상은 농부였다. 농업은 동부 지중해의 레반트 지역(현재의 시리아, 요르단, 레바논, 이스라엘, 팔레스타인 영토)과 메소포타미아, 중국, 동남아시아, 아프리카의 사헬 지역, 아메리카 대륙, 파푸아 등 세계의 여러 지역에서 몇 번에 걸쳐 나타났다. 최초의 농부는 적어도 12,000년 전에 메소포타미아의 비옥한 초승달지대(현재의 이라크), 그리고 레반트 지역에서 나타났다. 그리고 800~1000년경 북아메리카의 어느 지역에서처럼 농업으로의 전이는 최근에도 일어났다.

인류는 농업을 일으킬 때마다 적어도 하나의 작물을 탄수화물 주공급원으로 삼았다. 레반트 지역, 메소포타미아, 인도, 온대 아시아에서는 밀과 보리, 아프리카에서는 조, 기장, 수수 등이었으며, 중국 남부에서는 쌀, 아메리카 대륙에서는 옥수수와 감자, 파푸아에서는 사탕수수였다. 다른 농작물과 가축도 계속 나타났다. 농업이 시작되면서 수렵채집인의 생활 방식은 점차 사라져갔다. 왜냐하면 농업으로 탄수화물 에너지를 다량으로 저장할 수 있었기 때문이다.

농업이 나타나고, 유목 수렵채집인이 정주성定住性 농부로 변화하는 데는 수백 또는 수천 년이 걸렸다. 농업이 그토록 느리게 전파된 이유는 작물들이 진화하는 데 시간이 걸렸기 때문이다. 인기 있었던 채집 식물들, 즉, 오늘날의 밀, 옥수수, 쌀의 조상 식물은 처음에 우연히 수렵채집인의 터전에서 자라났다. 쓰레기 더미에 버려진 씨앗, 또는 사람에게 먹혔지만 장을 통과해서 나올 수 있었던 씨앗들은 수렵채집인의 터전에서 발아하여 자라나곤 했다. 더 쉽게 수확하고 정제할 수 있는 돌연변이나 먹을 수 있는 부분이 더 많아지고 영양가가 향상되는 돌연변이가 일어난 곡물이 선택됐다. 그리고 사람이 뛰어난 곡물을 선별하고 다시 심기 시작하면서 곡물에 대한 전문지식이 형성되었고, 그러면서 우연히 일어나던 일들이 점차 빈번하게 나타나기 시작했다.

일부 사람들이 작물화와 가축화를 함께 진행시키면서 사회구조 또한 작은 유목 가족 집단에서 더 큰 정주성 집단으로 변해갔다. 곡물에서 상대적으로 저렴한 에너지를 대량으로 얻게 되면서 농부의 인구밀도는 수렵채집인의 열 배가 되었다. 농사를 짓는 집단이 다른 지역에서 농사를 짓기 위해 이주하기도 했으며, 그 과정에서 수렵채집인의 터전을 빼앗기도 했다.

농업으로의 전이가 인류 역사에서 가지는 중요성에도 불구하고, 이 전이 과정 동안 대부분의 농민들은 수렵채집인보다 못한 삶을 살았다. 톰 스탠디지Tom Standage는 《식량의 세계사An Edible History of Humanity》에서 농업의 발명이 '인류 역사상 최악의 실수'일 수도 있다고 말했다. 높은 인구밀도와 새로운 식량 생산 방식은 전례 없던 대규모의 사회 변화를 야기했다. 결과적으로 노동 시간은 길어졌고, 엘리트 지배 계층과 사제가 나타났으며, 홍역이나 천연두 같은 전염병이 나타났다. 농업 사회의 여성은 가족이나 부족과 함께 이동하기 위해 아이를 업어야 하던 수렵채집 시절의 수고를 잠시 덜 수 있었으나, 한편으로는 수렵채집 시절에 비해 임신 횟수가 두 배나 늘었고 사회에서의 영향력은 매우 줄어들었다.

먹거리도 나빠지긴 마찬가지였다. 현대의 수렵채집인은 수많은 필수 미량 영양소들과 서로 다른 조성의 단백질, 탄수화물, 지방을 포함한 백 가지 이상의 음식물을 섭취한다. 우리의 수렵채집인 조상도 아마 그만큼 다양한 음식물을 먹었을 것이다. 하지만 인류가 농업을 발명할 때마다 그들의 식습관은 엄청나게 단순해졌고 식단의 대부분이 곡물로 채워졌다. 열 세대도 지나기 전에 여러 음식물들이 문화의 기억 속에서 사라졌을 것이다. 정착민의 지역에서 야생동물의 개체수는 줄어들었다. 왜냐하면 값싼 탄수화물로 인구수가 늘어나긴 했지만 그들도 결국은 고기를 먹어야 했기 때문이다. 그 결과, 부유하고 힘이 있는 소수에게만 단백질 또는 미량 영양소가 공급되었다.

조상들은 농업을 통해 탄수화물의 에너지를 더 쉽게 얻을 수 있었지만, 인구 또한 폭발적으로 늘어나 이 에너지들을 다 써버렸다. 그 결과 대부분의 농민은 그들의 수렵채집인 조상보다 에너지 측면에서 더 열악한 형편에 있었다. 물론 수렵채집인도 식량이 부족했지만, 다양한 먹거리와 유목 생활의 생활 양식을 통해 오랜 기근 또는 흉작과 같은 재앙을 견딜 수 있었다. 하지만 자급자족하는 농민들은 매년 추수 이전마다 보릿고개를 겪었다. 흉작이 생기고 전염병이 돌고 날씨가 안 좋아지면 상황은 심각해져 갔다. 그리고 그로 인해 기근이 나타났다. 농사를 짓던 조상들은 주기적인 기근 위험에 대처하고 열량 및 단백질 필요량을 채우기 위해 땅을 버렸다. 이 기간 동안 자연선택은 고품질의 탄수화물과 지방을 과식하게 만드는 대사적 형질을 매우 선호했다. 그 영양소들을 지방으로 저장해 기근에 대비할 수 있기 때문이다.

심지어 다른 식량이 충분히 많을 때도 탄수화물 곡물에 의존하는 성향은 심각한 건강 문제를 일으켰다. 농업으로의 전이 과정 전후의 사람의 골격과 치아를 연구해온 고생물 병리학자들은 우리의 수렵채집인 조상 대부분이 상대적으로 좋은 치아를 지니고 키가 컸으며 건강했다고 말한다. 하지만 일단 농업 사회로 전이되면,

아이들은 더 느리게 자랐고 결국 성인이 되어서도 작았다. 철이 부족해지고 빈혈도 빈번해졌으며, 음식으로만 얻을 수 있는 몇몇 아미노산과 비타민 결핍증도 생겼으며, 뼈는 약해졌다. 오늘날 치과의사와 농부는 농업의 진화를 고마워해야 할 수도 있다. 탄수화물 먹거리가 갑작스럽게 증가함에 따라 박테리아가 입 속의 당분을 소화시킬 때 발생하는 산$_{acid}$의 양이 증가해 충치도 세 배 정도 늘어났을 것이다.

비록 우리 조상이 농업에 종사한 기간보다 수렵과 채집을 했던 기간이 백 배는 더 길지만, 몇몇 유행 다이어트 전문가들이 주장하는 것처럼 우리의 몸이 농사를 짓기 이전 홍적세에 완전히 고착되어 있다고 생각하는 것은 잘못된 인식이다. 자급자족 농업 경제는 비교적 최근에 나타난 것이긴 하지만, 진화유전학자에 따르면, 강한 자연선택이 작용하면 몇 세대 만에 큰 진화적 변화가 일어날 수 있다. 애벌레는 채 열 세대도 거치기 전에 탄수화물 함량이 높은 먹이에 적응하고 과도한 에너지를 사용하며 비만이 되지 않으려는 능력을 키운다는 사실이 실험적으로 증명되었다. 사람들도 당연히 농업에 따른 먹거리의 엄청난 변화에 맞춰 진화했다. 자연선택으로 가장 활기 없고 무력한 유전자가 사라지고 사람들이 새로운 환경에 더 잘 적응하도록 만드는 유전자가 선호되면 진화가 일어난다.

이러한 관찰로부터 다음과 같은 예측이 나온다. (우리는 이러한 예측으로부터 새로운 과학 연구를 시작할 수 있다.) 농업은 여러 세대에 걸쳐 농사를 지어온 사람들의 소화 메커니즘과 음식물 선택에 큰 영향을 주었을 것이다. 오랫동안 농사를 지으며, 어떤 현대인은 해마다 일어나는 식량 부족과 세대마다 한 번 이상 일어나는 대기근에 대처하기 위해 탄수화물이 많은 곡물 식단을 마련했을 것이다. 반면 현대의 수렵채집인들, 그리고 농업과 공진화한 기간이 짧았던 집단의 사람들은 탄수화물이 많은 식단에 잘 적응하지 못할 것이다. 그들이야말로 홍적세에 머물러 있는 이들이다. 다음 장에서 나는 이러한 가능성을 살펴볼 것이다. 그전에 일단 인류의 식단에서 마지막으로 나타난 주요 변화를 살펴보자.

## 탄수화물의 산업화 Industrialised carbohydrates

산업혁명과 기술 혁신은 농사를 짓고 식량을 저장하는 방법을 완전히 바꾸었고, 그 결과로 우리가 무엇을 얼마나 먹는지도 엄청나게 바꾸었다. 여기서의 변화는 자급자족 또는 작은 규모의 농업에서 대규모의 산업적 농업으로의 전이를 말한다. 산업적 농업을 통해 생산되는 식량은 대량으로 거래되며 전 세계로 운송되고 대형 슈퍼마켓이나 패스트푸드 아울렛에서 소비된다. 수렵채집에서 농업으로의 전이처럼, 산업적 농업으로의 전이도 점진적으로 일어났다. 어떤 곳에서는 이러한 전이가 일부만 진행됐고, 또 어떤 곳에서는 아직도 자급자족을 위해 농사를 짓고 있다.

기계화된 농업, 식량 생산의 공정화, 빠른 냉장 수송, 효율적인 상품 시장 시스템, 세련된 광고와 다국적 슈퍼마켓 및 레스토랑

체인의 부상 등의 산업 혁신으로 인해, 선진국의 사람들뿐만 아니라 개발도상국의 부유층도 인류 역사상 그 어느 때보다 풍부하고 다양한 식량을 쉽게 얻을 수 있게 되었다. 농업을 시작했을 때부터 오늘날까지 인류 식단의 역사에서는 탄수화물 에너지를 더 쉽고 값싸게 얻는 것이 관건이었다. 농업 때문에 우리 조상은 탄수화물에 훨씬 더 의존하게 되었지만, 실제로 녹말 및 당류 섭취량이 폭증한 것은 19세기부터였다.

사탕수수는 파푸아 및 동남아시아에서 재배되다가, 중동 지방 및 열대 지방 전역으로 퍼져나갔다. 그리고 신대륙에 설탕이 도입되면서 인류의 사회경제적 역사는 다시 쓰이게 된다. 카리브해의 설탕 식민지는 영국 및 유럽 국가들의 산업화를 이끌었다. 그곳의 햇살 가득한 따뜻한 기후와 적당한 강수량은 대규모 사탕수수 재배를 가능하게 했고, 노예 노동과 세계 최고의 기계식 생산 라인이 결합되면서 이전보다 훨씬 더 싸게 설탕을 만들 수 있게 되었다. 영국 및 유럽 노동자들에게 정제된 설탕은 값비싼 별미에서 누구나 먹을 수 있는 중요한 에너지원이 되었다. 뉴잉글랜드로 전해진 당밀molasse은 증류시켜 럼을 만드는 데 사용되었고, 럼의 대부분은 아프리카로 전해져서 서인도 제도의 사탕수수 밭이나 (뉴잉글랜드와 노바스코샤에서 제조된, 저품질의 소금에 절여 말린 대구포를 연료로 사용하던) 정제소에서 매일 16시간씩 일해야 했던 노예의 몸값으로 쓰였다. 따라서 설탕은 식민지 정부, 유럽의 제조업자, 노예 상인, 럼 밀수자, 대구를 낚는 어부 간의 필수적인 연관 요소가 되었다. 오늘날에도 설탕은 브라질과 아프리카의 열대 지방 국가들, 인도와 태평양 연안 국가들뿐만 아니라 카리브해 지역 국가들의 수출품으로 남아 있다. 또한 세계에서 가장 큰 규모로 사탕수수를 생산하는 브라질은 사탕수수에서 얻은 에탄올을 바이오 연료로 사용하고 있다. 오늘날 에너지 위기 속에서, 사람을 위한 연료는 점점 기계를 위한 연료가 되어가고 있다.

옥수수와 사탕수수, 사탕무와 단풍나무로부터 얻을 수 있는 설탕은 오늘날 인류 역사상 어느 시기보다 더욱 쉽고 저렴하게 구할 수 있다. 유럽, 일본 및 미국의 경쟁력 없는 설탕 제조 농장에 보조금을 주는 공시 가격 안정 제도government price subsidy 때문에 세계의 설탕 공급은 인위적으로 팽창하고 있으며, 그 결과 전 세계 시장에서 설탕 가격은 다른 상품과 비교가 안 될 정도로 낮아지고 있다. 이에 따라 설탕을 통해 흡수하는 에너지의 비율이 급격하게 증가했다. 가공식품, 패스트푸드, 제과, 제빵류, 그리고 거의 모든 음료수에는 설탕이 포함되어 있다.

설탕이 아닌 탄수화물도 이전보다 저렴하고 풍부해졌다. 20세기의 대량생산, 냉장 및 패스트푸드 운송 등으로 인해 탄수화물은 더 싸졌고, 더 널리 이용됐다. 예를 들어, 대형 식품 회사는 감자 농장과 프렌치프라이의 생산 및 분배를 모두 공장화하여 규모의 경제economies of scale를 만들어낼 수준까지 나아갔다. 즉, 주요 패스트푸드 체인은 프렌치프라이 1인분을 엄청나게 싼 가격으로 만들어서 이윤을 낼 수 있다. 감칠맛나게 짭짤하고, 지방이 가득하며, 탄수화물 에너지로 채워진 프렌치프라이는 패스트푸드 회사가 돈을 찍어낼 수 있는 허가증인 것이다.

현재의 다양하고 풍부한 먹거리는 비만을 일으키는 원인 중 하나다. 수렵채집 생활에 이어 자급자족 농업 생활에 의해 빚어진 우리의 유전자들은 여태껏 겪지 못한 현대 환경과의 상호작용으로 비만 문제를 일으켰다. 오늘날의 식품은 인류 역사 그 어느 때보다 저렴하고 풍부하며, 더 정제되고 달콤한데다, 포화 지방과 인공 향신료의 함량이 높다. 그리고 이 식품은 대량으로 만들어지고 저장되고 운송되며 거래되어서, 우리는 식품을 얻는 데 많은 시간을 절약할 수 있다. 그리고 언제나 시간은 금이다.

인류 역사를 통틀어 좋은 음식을 먹고 적당한 지방을 섭취하고 여분의 에너지는 사용해버린 사람만이 기근에서 살아남았다. 그들은 강하고 건강한 신체를 지녔으며, 가장 많은 자손을 남겼다. 이들이 바로 우리가 조상이라고 부르는 사람들이다. 우리의 수렵채집인 조상은 뿌리와 과실 등 식물성 먹이를 모으고 동물을 사냥하는 데 현대인들보다 월등히 뛰어났다. 그들은 이따금씩 발견되는 지방이 가득하고 달콤한 음식물을 잘 찾아내서 추가 에너지를 확보할 수 있었다. 그리고 그들은 추가 영양분을 접할 때마다 섭취하여 몸에 저장할 수 있었다. 이러한 조상을 생각할 때, 오늘날 많은 이들이 달콤하고 고소한 음식의 섭취를 마다할 수 없는 게 당연하지 않을까? 크리스피 크림 도넛은 아마도 우리 조상들에게 가장 희귀했을 음식물을 완벽하게 모방하고 있는 건지도 모른다. 지금 우리는 단지 99센트에 뜨끈뜨끈한 도넛을 얻을 수 있다.

우리는 조상의 식습관에 적응해 있다. 따라서 현대 인류에 대해 적응적인 설명을 하기 위해서는 이처럼 과거를 살펴보는 것이 필요하다. 왜냐하면 자연선택은 설계에 따르는 것이 아니라 생존과 번식 여부에 영향을 주는 무작위적인 작은 결과들의 총합이기 때문이다. 이렇게 예측할 수 없고 비효율적인 과정은 거대한 실수를 범할 수 있다. 또는 거대한 실수처럼 보였지만 결국 적응으로 판명될 수도 있다. 마치 기근이 바로 앞에 닥친 것처럼 과도한 에너지를 지방으로 축적해두는 우리 몸처럼 말이다. 하지만 기근은 꽤 자주 닥쳤기 때문에 인류의 역사에서 이것은 좋은 전략이었다. 굶주림과는 무관한 사회의 사람들이나 옆집에 도넛 가게가 있는 사람들을 제외하면, 기근은 정말 '재앙'이었다.

# ❷

# 모두가 비만 위험에
# 처한 것은 아니다

**Obesity is not for everyone**

진화는 동물을 주어진 조건의 범위에서
최적의 상태가 되도록 만든다.
진화된 우리의 신체가 서로 다른 경제 및 환경 조건에서
어떻게 반응하는지를 파악한다면,
우리는 왜 비만 위기가 특정 지역에서 더욱 심각한지,
왜 어떤 사람들은 더 쉽게 살이 찌는지 등을
이해할 수 있을 것이다.

코슈라이 섬은 태평양 한가운데 있는, 산호초로 둘러싸인 열대 우림 섬이다. 이곳은 지구에서 가장 아름답고 때묻지 않은 곳 중 하나다. 코슈라이 섬은 육지에서 멀리 떨어져 있기 때문에, 아직 오두막 스타일의 리조트도 들어서지 않았고 관광 산업으로 섬이 훼손되지 않았다. 몇 년 전 나는 휴가 기간 동안 코슈라이 섬에 들러 다이빙을 즐길 계획을 세우며 오랜 역사로 유명한 코슈라이 섬의 산호초를 보려고 했었다. 하지만 터무니없이 여러 경유지를 거치는 비행 여정 때문에, 섬을 오고 가는 데 든 시간이 코슈라이 섬에 머무는 시간보다 더 길어졌다. 물고기와 열대 과일이 넘쳐나고 햇살이 가득한 평화로운 코슈라이 섬은 건강하고 균형 잡힌 영양 생활을 누리기에 완벽한 곳일 것만 같다. 하지만 최근 조사에서, 안타깝게도 코슈라이 섬의 성인 거주자 열 명 중 아홉 명은 과체중 상태이며, 그중 여섯 명은 비만인 것으로 나타났다.

코슈라이 섬처럼 과체중 비율이 충격적으로 높은 곳이 또 있다. 코슈라이가 속해 있는 미크로네시아 연방공화국은 비만 인구의 비율이 세계에서 여섯 번째로 높다. 비만 인구 비율 상위 일곱 국가가 모두 태평양의 섬이라는 사실은 주목할 만하다. 하지만 태평양의 섬들은 예전에는 비만 문제가 없던 곳이었다. 예전의 유럽인 항해자들은 그곳의 사람들이 신체적으로 뛰어나고, 탄탄했으며, 강인한 체격을 갖고 있었다고 전한다. 하지만 비만은 다른 나라에서 그랬던 것처럼 태평양에서도 19세기 말부터 폭발적으로 증가했다. 다행스럽게도 우리는 비만의 원인일 수도 있는, 그 당시 일어났던 사회경제적 변화에 대한 자료를 살펴볼 수 있다.

비만 위기는 세계의 모든 국가에서 일어났지만 어떻게 그 위기가 나타났는지는 나라마다 또는 나라 내에서도 꽤 다르다. 국가별 성인 비만 인구 비율표는 놀라운 결과를 보여준다(73쪽). 성인 비만이 가장 높은 상위 일곱 국가는 모두 태평양의 섬이다. 그리고 그 아래 아홉 국가 중 여섯 국가는 중동에 있다. 미국은 모든 부분에서 크고 뛰어난 나라답게 비만에 있어서도 10위에 올랐다. 호주는 20위, 영국은 21위였다. 이 결과를 이용해 호주, 미국 등지의 비만 문제의 위험을 저평가하려는 것이 아니다. 이 국가들에는 다른 국가는 범접할 수 없는 '비만 국가'로의 전환기가 있었다. 지금 미국과 다른 선진국의 순위가 꽤 낮아진 이유는 최근 태평양의 섬나라들의 순위가 빠르게 상승했기 때문이다.

산업화된 국가 중에서 서유럽 또는 스칸디나비아 국가 출신 사람은 비만율이 10퍼센트 미만이라는 것에 만족할 수도 있다. 그

**국가별 성인 비만 인구 비율. 총 137국에 대한 세계보건기구(World Health Organization) 자료.**

| 순위 | 국가 | 성인 비만율 (%) | 순위 | 국가 | 성인 비만율 (%) |
|---|---|---|---|---|---|
| 1 | 나우루 | 78.7 | 118 | 니제르 | 3.2 |
| 2 | 사모아 | 74.8 | 119 | 일본 | 3.1 |
| 3 | 토켈라우 | 63.2 | 120 | 기니 | 3.0 |
| 4 | 키리바시 | 50.3 | 121 | 중국 | 2.9 |
| 5 | 마셜 제도 | 46.0 | 122 | 토고 | 2.5 |
| 6 | 미크로네시아 연방 | 44.0 | 123 | 부르키나파소 | 2.4 |
| 7 | 프랑스령 폴리네시아 | 40.4 | 124 | 말라위 | 2.4 |
| 8 | 사우디아라비아 | 36.1 | 125 | 인도네시아 | 2.4 |
| 9 | 파나마 | 33.9 | 126 | 대한민국 | 2.4 |
| 10 | 미국 | 33.7 | 127 | 인도 | 2.1 |
| 11 | 아랍에미리트 | 32.8 | 128 | 방글라데시 | 1.7 |
| 12 | 이라크 | 32.2 | 129 | 차드 | 1.5 |
| 13 | 멕시코 | 29.4 | 130 | 르완다 | 1.3 |
| 14 | 쿠웨이트 | 29.0 | 131 | 캄보디아 | 1.2 |
| 15 | 이집트 | 28.9 | 132 | 라오스 | 1.2 |
| 16 | 바레인 | 28.5 | 133 | 중앙아프리카 공화국 | 1.1 |
| 17 | 뉴질랜드 | 25.4 | 134 | 마다가스카르 | 1.0 |
| 18 | 마케도니아 | 25.3 | 135 | 네팔 | 1.0 |
| 19 | 세이셸 | 25.1 | 136 | 에티오피아 | 0.7 |
| 20 | 오스트레일리아 | 24.8 | 137 | 베트남 | 0.4 |
| 21 | 영국 | 24.0 | | | |

출처: 137개국의 순위를 모두 보려면 다음 사이트를 방문하시오. www.robbrooks.net/rob-brooks/1317

래도 열 명 중 한 명은 뚱뚱하다. 일본이나 한국은 성인 중 2~3퍼센트만이 비만이다. 하지만 매우 낮은 성인 비만율을 보이는 스무 개의 나라는 대부분이 가난한 개발도상국이다. 11억 명이나 되는 개발도상국의 국민, 특히 아프리카의 대부분 국가, 인도 아대륙 Indian subcontinent 그리고 가난한 아시아 국가의 사람들은 충분한 영양을 섭취하지 못하고 있다.

　개발도상국에서 비만은 오로지 부유층 사이에서만 전염병처럼 번지며, 최근까지 그렇게 나타나고 있다. 부와 비만 간의 관계는 분명한 것 같다. 부유한 사람은 더 잘 먹고, 생계를 위해 일을 열심히 하지 않아도 되고, 생필품을 사기 위해 먼 거리를 걷지 않아도 된다. 경제가 발전하고 가난이 사라지면서 과체중 비율 및 비만율이 증가하기 시작한다. 이러한 모습은 왜 비만이 경제 발전에 따라 증가하며, 부유한 나라일수록 높은 비만율을 보이는지를 설명할 수 있다.

　하지만 이상하게도 미국, 영국, 호주와 같이 부유한 선진국에서는 부와 비만 간의 관계가 거꾸로 나타난다. 이들 나라에서는 빈곤한 지역에 거주하는 가난한 사람이나 정치·경제적인 권력이 없는 사람일수록 비만이나 과체중이 되기 쉽다. 미국의 비만 성인은 정상 체중의 성인보다 정규 교육 과정을 덜 받고, 수입이 적고, 소수 민족 또는 소수 인종인 경우가 많다. 그리고 이런 위치의 사람들 중에서도 남성보다 여성이 비만인 경우가 많다. 또다른 사회 소외층인 토착민에게도 비만과 그 합병증이 현대화의 폐해로 나타났다. 예를 들어 호주 애보리지니aborigines와 북미 원주민에게 그들의 부모 혹은 조부모 세대에서는 없던 질병이 갑자기 늘었다. 같은 현상은 태평양의 섬 사람들에게도 일어났다.

　　가난한 사람, 토착민, 노동자들 사이에 나타나는 성차나 궁핍 상태는 성차별, 소외, 빈곤 등의 문제를 깊이 다루는 진화생물학자도 잘 다루지 않는 주제이다. 지금까지 생물학자들은 우리 사회가 직면한 여러 문제를 이해하고 해결하는 방법을 모색하기 위한 진화학적 주장을 강력하게 내세우진 않았다. 이 책에서 나는 진화에 대한 생각들을 바로 잡을 것이다. 자원의 조절과 에너지의 흐름은 사회과학 또는 경제학의 영역인 동시에 진화생물학의 영역이기도 하다. 개체군의 차이, 개체 간 차이, 남성과 여성의 차이 등은 현대 진화생물학에서 빈번히 다뤄지는 주제이다. 나는 여기에서 세계적 비만 위기의 원인을 파헤치기 위해 지리적, 사회경제적, 성적 패턴이 어떻게 사회적 권력, 돈, 섹스 그리고 200만 년 이상의 진화 역사에 영향을 줄 수 있는지 설명할 것이다.

## 굶주린 사람과 식성이 까다로운 사람 The hungry and the choosy

인간은 다른 동물처럼 언제 무엇을 얼마나 먹을지, 언제 그만 먹을지를 계속 선택해왔다. 선택이란 의식적인 선택 그 이상을 의미한다. 호화스러운 저녁을 먹고 자책하며 슬퍼해본 사람들이라면 우리가 하려고 하는 행동과 우리가 하면 좋은 행동, 그리고 실제로 우리가 행한 행동이 서로 다르다는 것을 잘 알고 있을 것이다. 인센티브와 보상이 복잡하게 뒤섞이며 우리의 선택을 지배한다. 이런 체계는 인류의 진화 역사 동안 자연선택에 의해 수정되며 만들어졌다.

왜 사람은 많이 먹을까? 이 질문에 대한 가장 확실한 답은 음식이 맛있기 때문이다. 오늘날 음식은 이전에 비해 훨씬 더 맛있기 때문에 우리는 이전보다 더 많이 먹고 있다. 내 친구는 뜨끈한 크리스피 크림 오리지날 글레이즈드 도넛과 빅맥, 딤섬이 인류 문화 진화의 정점이라고 주장한다. 음식이 맛있다는 사실은 우리가 왜 먹는지에 대한 부분적인 이유가 된다. 이러한 설명은 우리가 왜 과식을 하는지에 대해서도 적용된다. 배고프니까, 표준 분량이 너무 많으니까, 식품 광고에 끌리니까, 1리터의 더블 초코 아이스크림을 먹어야만 진짜 행복을 느끼니까, 우리는 많이 먹는다. 하지만 이러한 이유들은 '왜' 음식이 맛있는지, '왜' 사람들은 배고픔을 느끼는지, '왜' 우리가 음식을 먹을 때 즐거운지에 대한 명확한 답을 주지는 못한다.

'왜?'라는 종류의 물음은 정확하게 진화생물학의 영역이다. 인류의 가장 중대한 물음에 대한 궁극적인 대답인 것이다. 나는 1장에서 우리 조상들이 많은 자손을 남길 수 있도록 도움을 주는 음식을 즐기도록 진화했다고 주장했다. 자연선택은 우리가 배고픔 또는 배부름을 느끼는 메커니즘, 식욕을 조절하는 렙틴 신호와 신호 수용체, 체내 조직이 에너지를 관리하기 위해 인슐린에 반응하는 방식, 후각 또는 다섯 미각을 통해 음식을 학습하는 방식 등을 진화시켰다.

다섯 가지 미각? 나는 어렸을 때 학교에서 사람의 혀 그림에 네 가지 맛—단맛, 신맛, 쓴맛, 짠맛—을 느끼는 서로 다른 영역을 다른 색으로 칠하곤 했다. 기본적으로 혀에는 네 가지 맛에 대한 수용체가 흩어져 있다. 각 수용체는 서로 다른 분자 또는 이온에 의해 자극된다. 물론 그 수용체는 내가 학교에서 색칠한 것처럼 나눠져 있지 않다. 게다가 일본인들은 오래전부터 다섯 번째 맛을 알고 있었다. 그들은 이 맛을 우마미umami라고 부르는데, 우마미는 '맛있는', '고기 맛이 나는', '풍미 있는'의 뜻이다.

1909년에 일본의 식품학자 키쿠네 이케다는 해초 수프에서 독특한 풍미를 내는 화학물을 처음으로 분리해냈다. 그리고 이 화합물은 설탕과 소금 이래로 가장 성공한 조미료가 되었다. 이 조미료는 오늘날 MSGmonosodium glutamate로 알려져 있다. 2002년이 되어서야 우마미를 느끼는 수용체가 확인되었고, 이 수용체 또한 우리가 학교에서 배운 다른 미각 수용체와 같은 종류인 것으로 밝혀졌다. 기름진 맛, 금속성 맛, 떫은 맛(타닌tannin이 많은 레드와인이나 홍차 등에서 나는 맛)을 느끼는 또 다른 차원의 미각도 있지만, 그 미각 메커니즘의 대부분은 아직 밝혀지지 않았다.

단백질이 풍부한 음식은 우마미가 강하다. 우마미를 느끼는 능력은 단백질 섭취를 조절하기 위해 진화했을 것이다. 마찬가지로 단맛은 탄수화물, 특히 설탕과 단당류가 많은 음식을 찾아내는 것과 연관될 것이다. 비록 음식에는 서로 다른 요소와 맛이 혼합되어 있지만, 우리의 맛 수용체나 후각은 특정한 분자를 잘 찾아내도록 발달했다. 우리에게 필요한 음식인지, 정량의 음식인지, 건강에 해롭거나 독이 있거나 상한 음식인지를 구분하는 중요한 분자도 있을 것이다.

우리의 감각 기관은 혈당이 낮거나 몸이 지방을 소모하기 시작하는 시기를 인지하는 호르몬 및 신경 회로와 상호작용한다. 이러한 메커니즘들이 결합하여 식욕을 조절한다. 여러 세대를 거치면서 자연선택은 우리 조상이 먹을 수 있었던 음식에서 우리의 몸에 필요한 영양분을 충족시키기 위한 모든 연결 고리와 피드백 회로를 끊임없이 수정하며 만들어왔다.


## 에너지 확보 In pursuit of energy

동물들은 단순히 굶주림을 피하기 위해 먹이를 찾고, 먹이를 충분히 먹기 위해 힘써왔다. 어떤 잎사귀는 필요한 에너지와 영양을 듬뿍 담고 있지만, 어떤 잎사귀는 소화가 안 되는 섬유질을 갖고 있다. 특히 겨울이나 가뭄 때는 섬유질 함량이 더 높아진다. 따라서 아프리카 큰쿠두영양African greater Kudu antelope과 같은 초식동물은 식물을 잔뜩 먹고서도 굶어 죽는 일이 흔하게 일어난다. 일단 배를 채우기 위해 먹이를 닥치는 대로 먹었지만 섬유질만 가득한 먹이는 동물의 체내 기관을 구동시키는 데 필요한 충분한 에너지가 없기 때문이다.

많은 동물이 먹이를 구할 때 지키는 법칙은 간단하다. 가능한 많은 에너지를 소화시키는 것이다. 생물학자는 에너지를 화폐,

즉 반드시 얻고 저장하고 신중하게 써야 할 돈으로 간주한다. 에너지는 영양분의 섭취와 소비에 사용되는 편리한 화폐다. 뇌가 작동하기 위해, 심장이 뛰기 위해, 장이 소화 작용을 하기 위해, 간이 해독 작용을 하기 위해, 신경이 자극을 전달하기 위해, 근육이 수축하기 위해, 우리는 화학적 에너지를 사용한다. 따라서 삶을 지속하고, 먹이를 찾고, 포식자를 피하고, 짝을 찾는 데 드는 비용은, 원칙적으로 에너지의 형태로 측정될 수 있다.

몸무게가 느는 것은 우리가 소비하는 것보다 더 많은 에너지를 섭취하기 때문이다. 따라서 현대 사회의 과체중 문제는 에너지 섭취를 최대화하도록 하는 강력한 욕구가 진화했기 때문일 수도 있다. 실제로 오늘날 비만 위기에 대한 여러 진화적 설명들은 인류가 역사적으로 (지난 세기까지만 해도 희귀했던) 꿀과 기름진 고기같이 에너지가 풍부한 음식을 마구 먹도록 진화했다는 가설이 사실이라고 말한다.

언뜻 보기에 사람은 가능한 한 최대로 에너지를 섭취하려는 것 같다. 오늘날 우리에게 주어진 과제는 에너지를 저렴하고 과도하게 얻을 수 있는 상황에서 어떻게 우리의 진화적 과거를 극복하고 지나친 에너지 섭취를 제한하는지에 대한 것처럼 보인다. 다른 영장류의 섭식 행동에 대한 연구도 인류가 자연선택에 의해 에너지 섭취를 최대화하도록 진화했다는 아이디어를 지지한다. 야생 영장류에 대한 최근 연구들은 원숭이나 영장류가 먹이를 찾아다니는 주된 목적이 하루 에너지 필요량을 채우기 위해서라고 말한다. 영양생태학의 최근 연구들은 인간을 포함한 영장류가 고에너지 먹이를 지나치게 많이 먹는 이유를 파헤쳤으며, 그 이유로 단백질의 중요성을 부각시키고 있다.

## 단백질과 페루거미원숭이 Protein and the Peruvian Spider Monkey

페루거미원숭이Peruvian Spider Monkey는 전형적인 거미원숭이에 비해 팔이 길고 몸이 완전히 검은, 작고 멋진 동물이다. 페루, 볼리비아 또는 브라질 서부의 열대 우림에서는 거미원숭이들이 나무를 타고, 가지에 매달려 흔들리거나, 어린 잎, 씨앗, 꽃, 특히 열대 과일 등을 먹는 모습을 볼 수 있다. 거미원숭이처럼 작은 포유류는 역동적인 생활을 하기 때문에 많은 에너지가 필요하다. 또한 그들은 잘 익고 달콤하며 기름진 과일이 있을 때마다 게걸스럽게 먹어대며, 평소에 섭취하는 에너지의 몇 배를 섭취한다. 페루거미원숭이도 사람처럼 전형적인 에너지 먹는 하마인 것 같다.

캔버라의 호주국립대학에서 박사 과정에 있던 애니카 펠튼 Annika Felton과 애덤 펠튼Adam Felton은 볼리비아에서 9개월 동안 15마리의 페루거미원숭이를 쫓아다니며 그들이 무엇을 먹는지를 조사했다. 연구 결과, 페루거미원숭이는 84가지 종류의 먹이를 먹었다는 사실이 밝혀졌다. 펠튼은 캔버라로 돌아가서 각 먹이의 영양분 조성을 살펴보았다. 섭식 행동 기록에서 그들은 놀라운 특징을 발견했다. 원숭이는 여러 먹이에서 매일 190킬로줄 정도의 단백질을 섭취했다. 하지만 탄수화물이나 지방의 섭취량은 700킬로줄에서 6200킬로줄로 거의 9배 차이를 보이며 다양하게 나타났다. 아마도 이 원숭이들은 단백질 필요량을 채우는 것을 우선시하는 것 같다. 에너지가 가득하지만 단백질은 적은 과일이 있을 때, 원숭이들은 에너지를 과잉 섭취하더라도 그들의 단백질 필요량이 채워질 때까지 과일을 먹었다.

식습관을 살펴보면 거미원숭이의 행동이 이해된다. 과잉 에너지는 지방으로 저장되며, 에너지 부족분은 지방을 분해하거나 극단적인 경우에는 근육 단백질을 분해하여 얻을 수 있다. 단백질은 에너지로 사용될 수 있지만, 에너지가 단백질로 변환되진 않는다. 몸의 성장, 치료, 번식에 필요한 대부분의 단백질은 음식에서만 얻을 수 있고 탄수화물처럼 저장될 수 없다. 따라서 에너지를 극대화시키는 것보다는 몸의 단백질 필요량이 먼저 채워져야 한다. 그런데 잘 익은 무화과처럼 달콤하고 기름진 음식을 먹으면 원숭이는 에너지도 섭취하고 단백질 필요량도 채울 수 있다. 결국 거미원숭이는 에너지 먹는 하마가 아니었다.

과일을 좋아하는 작은 원숭이에 대한 애니카와 애덤의 발견은 그들의 결과를 함께 해석한 스티븐 심슨Stephen Simpson과 데이비드 라우벤하이머David Raubenheimer와 같은 영양생태학자에게는 정말 그럴듯한 내용이었다. 심슨과 라우벤하이머는 초파리에서 메뚜기, 쥐, 인간에 이르기까지 그들이 연구했던 각각의 동물 종이 '절충의 법칙'을 따른다는 것을 알아냈다. 즉, 먹이에 필요한 영양분이 균형있게 들어 있지 않은 경우 개체가 그 먹이를 얼마나 먹어야 할지 결정하는 데 따르는 법칙이 있는 것이다. 거미원숭이와 같은 동물들은 단백질 필요량을 충족시키다 보면 먹이에 포함된 탄수화물 또는 지방의 함량에 따라 탄수화물이나 지방을 때때로 과다섭취 또는 과소섭취하기도 한다. 이와 달리 어떤 동물들은 우선적으로 그들의 에너지 필요량을 충족시키며, 먹이에 포함된 단백질이 너무 적거나 많은 경우에도 그들이 섭취하는 에너지 총량은 변하지 않는다. 거미원숭이 관찰 자료에서 가장 흥미로운 사실은 그 결과가 심슨과 라우벤하이머가 인간을 상대로 최근 연구한 결과와 매우 비슷하다는 것이다.

심슨과 라우벤하이머는 대학 생활에서 가장 편할 수도 있는 일거리—6일 동안의 식사가 제공되는 스위스 알프스로의 여행—를 위해 열 명의 건강한 학생을 모집했다. 지원한 학생들이 해야 할 일은 아침, 점심, 점심 간식, 저녁을 먹는 것이었다. 그리고 나머지 일과는 자유시간이었다. 식사 때마다 그들은 단백질, 지방, 탄수화물 함량이 알려진 5~15가지의 음식이 놓인 부페에서 원하는 음식을 마음껏 가져다 먹을 수 있었다. 학생들이 음식을 고르면 고른 음식의 무게를 측정했고, 식사를 마친 뒤 남아 있는 음식의 무게도 측정했다. 처음 이틀 동안 부페의 음식 종류는 다양했다. 참치캔, 구운 흰살 생선, 햄처럼 단백질이 풍부한 음식도 있었고, 빵, 꿀, 쿠스쿠스처럼 단백질은 적고 탄수화물만 풍부한 음식도 있었다. 그리고 이틀 뒤에 참가 학생의 반은 단백질은 많지만 탄수화물은 적은 햄, 치즈, 달걀, 참치, 코티지치즈, 연어, 돼지고기 등의 음식만 제공되었고, 나머지 반에게는 탄수화물이 많은 빵, 잼, 파스타, 타르트, 구운 감자 등의 음식만 제공되었다. 이러한 식단으로 또 이

틀을 보낸 뒤, 마지막 이틀 동안은 처음의 이틀과 같은 방식으로 학생들에게 부페가 제공되었다.

중간에 단백질이 풍부한 식단이 제공된 학생들의 경우, 다양한 음식을 먹을 수 있었던 처음 이틀 또는 마지막 이틀보다 단백질 식단이 제공된 중간의 이틀 동안에 에너지 총량이 더 낮았다. 사실 제공된 음식의 종류와 상관없이 학생들은 언제나 거의 비슷한 양의 단백질을 섭취했다. 하지만 단백질 식단에서는 지방과 탄수화물의 함량이 적기 때문에 섭취한 총 에너지도 적었다. 이에 반해 중간에 탄수화물이 많이 포함된 식단을 제공받은 학생의 경우에는 탄수화물 섭취가 엄청나게 증가했다. 하지만 이 기간 동안의 단백질 섭취량은 처음 이틀 동안 음식을 자유롭게 고를 수 있을 때와 비슷했다. 결과적으로, 섭취한 에너지의 총량은 처음 이틀보다 45퍼센트나 높았다. 마지막 이틀 동안 다시 자유롭게 음식을 고를 수 있을 때, 학생들은 다시 12~15퍼센트의 단백질을 섭취했다. 이 양은 처음 이틀 동안 섭취한 에너지와 비슷한 양이다. 이 결과는 단백질 섭취가 탄수화물 섭취보다 포만감을 더 쉽게 안겨준다는 것을 의미한다. 아마도 크리스마스 저녁에 차려지는 다양한 종류의 고기 요리야말로 우리에게 포만감을 빠르게 안겨주는 식사일 것이다. 세계의 서로 다른 곳에서 사는 사람들의 식단을 비교했을 때, 단백질 섭취량의 차이는 지방 또는 탄수화물 섭취량의 차이에 비해 더 작았다.

이 모든 증거를 통해 심슨과 라우벤하이머는 현대 비만 위기의 중요한 원인이 단백질 부족 때문이라는 '단백질 영향 가설'을 제시했다. 이 가설에 따르면, 사람은 단백질 필요량은 채우되 에너지 과다 섭취는 피하기 위해 적어도 섭취 에너지의 15퍼센트를 단백질에서 얻으려고 한다. 어떤 음식에 단백질이 15퍼센트 이상 있다면, 우리는 탄수화물과 지방을 더 적게 먹어도 되므로 섭취 에너지의 총량은 줄어들 것이다. 실제로 우리가 1킬로줄의 단백질을 더 먹을 때마다, 11킬로줄의 탄수화물과 지방을 덜 먹게 된다. 문제는 우리의 식단이 15퍼센트 이하의 단백질을 함유하고 있을 때 나타난다. 식단에서 단백질이 1킬로줄 줄어들 때마다 우리의 몸은 포만감을 느끼기 위해 추가로 53킬로줄의 탄수화물이나 지방을 먹어야만 한다. 이 이론은 간단하지만 놀랍게도 우리의 직관과 상반된다. 포만감을 위해 섭취해야 하는 단백질 양의 작은 차이가 지방 및 탄수화물의 과도한 섭취로 이어지며, 결국 문제가 생긴다.


## 잘 먹는 데 드는 비용 The Price of eating well

자유 시장을 신봉하는 정치인은 나쁜 음식을 억지로 먹는 사람은 없다고 주장한다. 그들은 사람들이 먹을 것을 고르고, 시장은 사람들이 먹고 싶은 것을 배달하는 데 비용 측면에서 가장 효율적인 방법을 찾아낼 수 있다고 주장한다. 물론 선진국의 사람들은 이전보다 더 다양한 음식을 접할 수 있지만, 모든 사람이 자신에게 필요한 음식을 먹지는 못한다. 왜냐하면 우리 조상은 일단 설탕, 탄수화물, 지방, 소금이 잔뜩 들어간 음식에 끌리도록 진화했다. 또한 식품 생산 경제는 우리가 잘못된 식품을 구매하도록 만들 수 있다. 애덤 드루노스키Adam Drewnowski와 그의 연구진의 식품 가격 분석 연구는 식품 가격과 비만 간의 관계를 밝히고 있다. 에너지 밀도가 높은 식품(단위 무게 당 높은 에너지가 함유된 식품)은 1킬로줄의 에너지 당 가격도 낮았다. 과일, 야채, 살코기처럼 영양 성분은 풍부하지만 에너지 밀도가 낮은 식품은 상대적으로 더 비싸다. 그 가격은 지난 60년 동안 시리얼, 설탕, 기름, 또는 탄수화물, 당, 포화 지방이 많은 가공식품처럼 에너지 밀도가 높은 식품의 가격에 비해 빠르게 올랐다.

나는 우연히 드루노스키의 논문을 접하고 매우 놀랐다. 환경과 유전적 원인 간의 공통점에 관한 정량적 경제 분석이 가능할 것이라는 생각이 들었기 때문이다. 당시에 나는 심슨과 라우벤하이머의 단백질 영향 가설에 특별히 흥미를 갖고 있었다. 나는 슈퍼마켓과 아울렛의 111개의 일반 식품의 가격을 재빨리 비교해 보았다. 놀랍게도 단백질 1메가줄(=1000킬로줄=239칼로리)의 에너지 당 가격은 3.26미국달러인 반면에, 탄수화물 1메가줄의 가격은 0.38 달러밖에 되지 않았다. 값싼 탄수화물은 걱정 마세요. 슈퍼마켓은 탄수화물을 거의 공짜나 다름없이 나누어 주고 있으니까! 설탕 또는 전분이 듬뿍 들어간 가공식품과 과일 주스, 콜라 등 달콤한 음료수, 그리고 빵과 파스타, 옥수수 전분으로 만든 탄수화물 식품은 매우 저렴한 가격에 팔리고 있다. 적어도 야채, 렌틸콩, 고기, 유제품보다는 더 저렴하다. 단백질과 비교했을 때 설탕과 탄수화물의 가격은 인류 역사상 유래가 없을 정도로 저렴해졌기 때문에, 우리가 구매하는 음식은 에너지는 풍부하지만 단백질은 부족한 식품에 치우치게 된다. 선진국 내에서 이런 영향은 다양한 식품을 접할 수는 있지만 살 수 있는 식품은 제한되어 있는 가난한 사람에게 더욱 극단적으로 나타나는 것 같다.

하루 한 사람의 에너지 섭취량을 1600킬로줄까지 줄이고 1970년대 에너지 소비 수준으로 되돌리기 위한 비용은 0.72달러 이하로 예측된다. 결국 미국에서 비만인 한 명당 연간 262달러가 소요되는 것이며, 이것은 비만인에게 쓰이는 추가 치료 비용의 20퍼센트도 안 되는 비용이다. 미국 질병관리센터US Centre for Disease Control에 따르면 미국에서 비만인의 의료 비용은 한 명당 1,429달러로 정상 체중의 일반인에게 사용되는 의료 비용보다 훨씬 많다. 또 이 비용의 절반은 납세자가 부담하고 있다. 즉, 더 건강하고 단백질이 풍부한 식품으로 바꾸면 비만 치료 비용의 관점에서 훨씬 더 효율적인 개입이 될 수 있을 것이다.

이를 위해서, 탄수화물이 많은 값싼 식품에서 더 비싸지만 단백질이 풍부한 식품으로의 소비 형태 변화가 상대적으로 저렴한 비용으로 가능하다는 것을 보여야 한다. 그리고 그것을 실현시켜야 한다. 렌틸콩, 살코기, 생선 등 고단백질 식품에 보조금을 지원하는 것도 가능한 방법이다. 또 설탕이나 곡물 상품에 대해 보조금을 줄이거나 관세 보호 식품으로 지정할 수 있다. 생활용품 시장에 개입하려는 시도가 정치적으로 위험하다면, 대중 건강에 부담이 되는 상품에 세금을 부과하는 방식도 생각할 수 있다. 단백질 가격을 낮추는 것보다 탄수화물 에너지의 가격을 높이면, 더 효과적으로 탄수화물 섭취를 낮출 수 있다. 비만 위기에 놓인 사람들이 대부분의 에너지를 섭취하는 식품인 탄산음료, 프렌치프라이, 아이스크림에는 단백질이 거의 또는 전혀 들어 있지 않다. 값싼 탄수화물에 부과되는 특별세는 괜찮은 효과를 나타낼 수 있다.

이미 많은 증거들이 탄산음료, 에너지 음료, 심지어 과일 주스의 소비가 비만 위기의 가장 큰 요인이라는 점을 입증하고 있다. 미국, 호주 등의 소비자 보호 단체는 수년 동안 고설탕 음료에 세금을 부과해야 한다고 주장하고 있으며, 미국 두 개의 주에서는 이미 이러한 종류의 세금 목록을 제정했다. 탄산음료의 소비는 그 가격이 상승할 때 급격하게 떨어진다. 이러한 현상을 경제학자들은 '수요 탄력성demand elasticity'이라고 부른다. 경제학 이론에 따르면, 생필품 등의 상품에 대한 수요는 덜 탄력적이지만, 소비자들에게 꼭 필요하지 않은 상품은 가격이 올랐을 때 수요가 급감한다. 설탕이 가득한 음료는 분명히 생필품이 아니다. 탄산음료의 뚜렷한 수요 탄력성은 고설탕 음료 및 다른 저렴한 탄수화물 에너지원에 대한 세금이 에너지 섭취를 줄이는 데 도움이 될 수도 있다는 점을 시사한다. 아담 스미스Adam Smith는 그가 《국부론》(진화생물학에서 다윈의 《종의 기원》이 그랬던 것처럼, 경제학의 모든 부분에 초석이 된 책)을 펴내던 1776년에 이미 이것을 예견하고 있었던 것 같다.

'… 설탕, 럼 그리고 담배는 삶의 어디에도 필요치 않지만 폭넓게 소비되는 상품이다. 따라서 이 상품에는 당연히 세금이 부과되어야 한다. (중략)'

인류 역사에서 자연선택은 우리에게 다른 영양소보다 단백질 같은 특정 영양소가 더욱 필요하다는 것을 강조해왔다. 아직 이르지만, 나는 진화생물학와 경제학 간의 멋진 융합으로 우리의 진화된 욕구가 수요 탄력성과 같은 패턴을 설명할 수 있다고 예측한다. 현대 사회에서는 이미 담배와 술에서 발생하는 건강 관리 비용과 사회적 비용으로 인해 술과 담배에 '매우 적절하게 세금이 부과'되고 있다. 달콤한 음료들, 설탕 그리고 포화 지방에 대해서도 그렇게 되어야 하지 않을까?

### 세트 메뉴로 드릴까요? Do you want fries with that?

우리 부부가 첫 아이를 가졌을 때, 나는 아내에게 아이를 절대 맥도널드에 데려가지 않겠다고 약속했다. 그 이후 8년이 지났지만, 난 이 약속을 딱 한 번밖에 어기지 않았다. 하지만 나는 그 한 번의 경우는 예외로 두고 싶다. 왜냐하면 우리는 급한 상황에서 화장실을 이용했을 뿐이고 음식을 먹으러 간 것이 아니었기 때문이다. 하지만 숨기고 싶은 비밀도 있다. 몇 달에 한 번씩 나는 맥도널드 드라이브 스루에서 참기 어려운 갈망을 느끼며, 결국 버거와 프렌치프라이, 콜라를 주문한다. 그리고 항상 후회하곤 한다. 하지만 내가 음식을 신경 쓰기 시작한 것은 정말 최근이다.

현대의 서구인들은 그들의 단백질 측정기에 문제가 생기기 전까지는 에너지의 15퍼센트를 단백질에서 섭취하려고 한다는 사실을 되새기며, 나는 오늘날의 정크 푸드 식단을 비교해보기 위해 거리로 나갔다. 먼저 나는 나와 같은 키의 활동적인 사람은 하루에 10,000킬로줄의 에너지를 필요로 한다고 가정했다. 이것은 맥도널드가 일반 성인의 평균 일일 필요 에너지량을 8,700킬로줄로 계산한 것에 비하면 매우 관대한 수치다. 맥도널드의 착한 직원들은 그들의 웹사이트에 식품의 영양 정보를 제공하는데, 아마도 여러분은 세계에서 가장 인기 있는 버거인 빅맥이 21퍼센트의 단백질로 이루어져 있다는 것을 보고 놀랄 것이다. 여러분이 매일 빅맥 3개를 먹고 반쪽을 더 먹는다면 에너지 필요량을 초과하지 않고서도 단백질 섭취량을 충족시킬 수 있다!

하지만 패스트푸드를 사랑하는 우리에게 불행한 일은 세트 메뉴를 먹었을 때 일어난다. 프렌치프라이와 콜라를 함께 먹으면 하루에 2.4개의 빅맥 세트만으로 에너지 필요량을 맞출 수 있다. 하지만 단백질 필요량을 충족시키기 위해서는 여전히 하루에 3.5개의 세트가 필요하다. 3.5개의 빅맥 세트를 먹으면 단백질 양은 채워지지만 필요한 에너지보다 25퍼센트를 더 섭취하게 된다. 심지어 매일 그렇게 먹는다고 상상해보라. 게다가 가격 측면에서, 세트 메뉴의 프렌치프라이와 콜라는 이윤이 가장 많이 남는 상품일 것 같지만, 1000킬로줄의 에너지 당 가격을 생각해보면 빅맥의 경우는 2.30달러지만 세트 메뉴의 경우 1.77달러 정도까지 떨어진다. 따라서 정말 정크 푸드를 좋아한다면 프렌치프라이와 콜라는 피하라. 비록 그 음식이 참을 수 없을 만큼의 값어치를 지녔다 해도 말이다.

패스트푸드 음식점에서 단백질 필요량을 충족시키는 방법을 설명하는 것보다 더 중요한 문제가 있다. 프렌치프라이, 해쉬 브라운 포테이토, 감자칩 등을 먹으면서 렌틸콩이나 살코기로 단백질 부족을 상쇄하려는 노력을 하지 않으면, 상대적으로 높은 에너지 밀도에 비해 낮은 단백질 함량(에너지 당 4~5퍼센트)의 음식은 에너지 과다 섭취를 유발할 가능성이 매우 높다. 탄산음료는 더욱 그렇다. 탄산음료는 대략 하루 필요 에너지의 7퍼센트 정도를 포함하고 있으며, 영양소의 형태는 우리의 몸이 즉시 사용가능한 설탕으로 되어 있다. 소위 에너지 드링크라고 불리는 음료도 마찬가지다. 에너지 드링크는 운동을 하거나 마라톤을 하는 이들에게는 유용할 수 있다. 하지만 에너지의 과다 섭취에 따른 현대 비만 위기 속에서, 에너지 드링크의 확산과 마케팅은 분명 잘못되었다. 불행하게도 과일 주스 또한 좋을 것이 없다. 과일 주스에는 과일의 식이섬유나 풍부한 당류는 없고 오로지 설탕만 담겨 있기 때문이다.

많은 동물은 순 에너지 섭취율을 최대화하기 위해 하루 에너지 섭취량을 최대화하기보다는 필요 영양소를 충족시키기 위한 시간을 최소화한다. 나는 인간도 이런 측면을 지니고 있는지 궁금하다. 수렵채집인 조상은 대부분 단기간에 단백질과 에너지 필요량을 충족시키기 위한 방법을 찾았고, 도구나 무기를 만들고, 움막을 고치고, 돌벽을 색칠하고, 사람들과 어울리는 것처럼 더욱 재미있고 덜 힘든 일을 하며 시간을 보냈다. 농업으로의 전이는 여가 시간과 창조적인 행위를 빼앗았고, 오늘날의 업무에서는 그런 착취가 더욱 심각해진다. 현대의 가족은 탁아소와 패스트푸드로 유지된다는 말이 있는데, 나는 두 아이의 아버지로서 이 부분에 대해서는 고개를 끄덕일 수밖에 없다. 여기서는 필요한 영양소를 획득하기 위한 시간 비용은 고려하지 않았지만, 시간 또한 돈과 마찬가지로 소중한 재화다. 결국 패스트푸드의 편리함은 우리에게 패스트푸드가 매력적인 또 다른 이유이다.

## 삶의 의미 The meaning of life

고대 그리스의 연극에서, 먹보 오베수스obesus는 우스꽝스럽고 재미있는 인물로 묘사된다. 현대는 더욱 계몽된 사회라고 생각하겠지만 오늘날에도 뚱뚱한 먹보 캐릭터는 영화나 책에서 소모적이며 잔인한 유머의 대상으로 나타난다. 영화 〈찰리와 초콜릿 공장〉의 아우구스투스 글룹Augustus Gloop, 〈몬티 파이튼〉의 크레오소트 Mr. Creosote, 〈오스틴 파워 2: 나를 쫓아온 스파이〉의 팻 배스타드Fat Bastard를 떠올려보자. 텔레비전 뉴스에서는 비만인을 보도하며 뚱뚱한 사람들이 빅사이즈의 탄산음료를 마시거나 프렌치프라이를 허겁지겁 먹으며 일상 업무를 시작하는 모습을 담아 내보낸다. 이러한 모습은 역겨운 느낌, 게걸스럽고 나태한 모습에 대한 반감 등을 불러 일으킨다. 비만인에 대한 경멸은 여러 사회에 만연하며, 암묵적으로 받아들여지고 있다. 하지만 그들에게 책임이 있는 것일까? 아니면 그들도 피해자일까? 법정에서 이 질문을 다루는 경우가 늘어나고 있다. 왜냐하면 비만인들이 패스트푸드 사업체를 고소하고 있기 때문이다.

우리는 사람들이 비만이 되는 이유를 식단을 조절하고 규칙적으로 운동하려는 의지 또는 본능을 이겨내려는 의지가 부족하다는 측면에서만 바라본다. 이것은 환경과 본성, 문화와 진화를 양극화시키는 우리의 나쁜 습관 때문이다. 우리가 전 세계적으로 나타나는 과체중 문제를 진심으로 이해하고자 한다면, 그리고 그 문제를 완화하기 위해 어떤 일이라도 하려고 한다면, 우리는 우리의 본성과 환경이 명확하게 나눠지지 않는다는 점을 인정해야 한다. 우리의 생물학적 신체는 주위 환경에서 구할 수 있고 먹을 수 있는 음식에 반응하여 살이 찐다. 환경의 변화는 신체를 더 살찌게 하거나 마르게 할 수 있다. 또 그런 효과가 어떤 사람에게는 나타나지 않을 수도 있다.

비만에 대한 유전과 환경의 복잡한 상호작용을 설명하기 위해서, 태평양 섬에 거주하는 이들을 다시 살펴보자. 그들의 조상은 지난 8000년 동안 태평양의 섬들에 정착해왔고, 최근까지 그들의 주식은 싱싱한 산호초 어류들과 참치였다. 이러한 음식은 바로 이 사람들이 얻을 수 있는 가장 건강한 음식—단백질과 건강에 좋은 지방이 풍부한 음식—이다. 또한 그들은 식이섬유가 가득한 야채와 과일을 먹었고, 빵나무 열매(빵나무breadfruit tree라 불리는 열대 나무의 열매로서, 익히면 빵 맛이 난다.—옮긴이 주), 타로, 참마yam, 카사바cassava, 바나나 등 복합 탄수화물, 그리고 코코넛처럼 건강에 좋은 지방이 많이 함유되어 있는 음식을 섭취했다. 태평양 섬에서의 농경은 주로 이러한 과일과 뿌리 작물에 한정되어 있었다. 아마도 먹을 양식이 과도하게 넘치는 일은 없었을 것이며, 날씨 또는 해류의 문제로 고기잡이를 나가지 못하면 며칠간 음식을 먹지 못하는 굶주림이 주기적으로 나타났을 것이다. 그 결과 태평양 섬 거주민의 조상은 아마도 농업으로의 전이 결과로 나타난 고탄수화물 음식은 먹어보지 못했을 것이다. 그들은 도처에 널린 생선 먹거리에 적응해 있을 것이며, 세계 어느 곳의 사람들보다 단백질 함량이 높은 음식을 섭취하도록 진화한 사람일지도 모른다.

최근 태평양 섬에서는 현대화가 일어나면서 과거와는 달리 먹거리를 구하기 위한 신체 활동과 그에 대한 의존성이 줄어들었다. 동시에 포화 지방과 저렴한 탄수화물이 많이 포함된 짭짤한 가공식품의 수입은 증가했다. 1950년 이래로 미크로네시아에서의 생활은 미국으로부터의 보조금에 의해 촉발된 '현찰 경제cash economy'의 확산과 함께 일본에 참치 조업권을 팔게 되면서 엄청나게 바뀌었다. 그 결과, 과거의 먹거리들은 쌀, 밀가루, 설탕, 참치 통조림, 고기 통조림, 칠면조 꼬리 등의 식품으로 점점 대체되었다.

칠면조 꼬리에 대한 이야기는 정말 비극적이다. 칠면조 꼬리는 미국의 추수감사절이나 크리스마스 때 사용된 칠면조에서 잘려져 나온 연골이 포함된 지방질의 표피 부위이다. 칠면조 꼬리는 버려지거나, 애완동물의 먹이 제조에 사용되거나, 또는 미크로네시아처럼 가난한 국가에 냉동 상태로 수출된다. 참치 통조림, 고기 통조림과 밥으로 구성된 식단을 학교 급식으로 공급하려는 미국 농림부의 '보충 급식 프로그램' 또한 먹거리 의존성을 증가시킨다는 점, 그리고 신선한 지역 농산물의 생산과 소비를 덜 신선한 수

입품으로 대체하려 한다는 점에서 비난받았다.

　나는 음모 이론을 믿지 않는다. 또한 오늘날 식단 구성에 음모 이론이 작용했는지도 확실치 않다. 나에게는 코슈라이와 태평양 섬의 비만 현상이 그 어떤 음모 이론보다 더욱 흥미롭다. 전 세계적 경제 변화와 함께 대부분의 개발도상국이 직면한 새로운 도전들은 정치적·상업적 이해관계와 불행하게 뒤얽히면서, 코슈라이, 나우루, 쿡 아일랜드, 사모아 같은 곳에서는 먹거리의 변화에 따른 의도치 않은 영향이 나타났다. 어류 단백질, 건강에 좋은 지방, 복합 탄수화물 등이 함유된 신선한 지역 산물에서 저품질의 통조림 단백질, 곡물, 설탕 등으로 이루어진 식품으로의 먹거리 변화는 가난, 현찰 경제로의 전환, 개발도상국에 대한 선진국의 영향 증가 등으로 촉진되었다.

　이러한 이야기는 단지 태평양 섬에만 국한되지 않는다. 전통적인 식단에서 서구의 식단으로 영양 변화가 일어난 곳에서는 비만, 제2형 당뇨병, 대사 증후군의 불경한 삼위일체에 의해 갑작스럽게 삶이 황폐해졌다. 특히 그들의 조상이 태평양의 섬 정착민처럼 농업 혁명을 겪지 않았을 때, 먹거리 변화의 영향은 더욱 나쁘게 나타났다. 태평양 섬 거주민들, 호주의 애보리지니들, 북미 토착민들, 그리고 작물화된 탄수화물을 접하지 못한 조상의 후손들은 제2형 당뇨병이나 대사 증후군에 걸릴 위험이 특히 높다. 그들은 다량의 전분과 설탕을 섭취해서 나타나는 갑작스런 혈당 증가를 조절하지 못해서 고생한다. 그들은 농업으로의 전이와 굶주림 해소를 동시에 겪었고, 그들의 유전자는 그 상황에 대한 대처법을 갖고 있지 않았다.

문화와 기술이 자연선택의 잔인함으로부터 현대 인류를 지켜 줄 수 있다는 근거 없는 주장을 반박할 수 있는 전형적인 예는, 태평양 섬의 거주민들, 호주 애보리지니들, 북미의 토착민에서 찾을 수 있다. 작물과 설탕에 노출된 적 없는 사람은 저렴한 탄수화물과 지질을 지방의 형태로 저장하게 되고 인슐린 저항성이 증가한다. 태평양 섬 거주민들의 문제는 다른 사람들보다 더욱 심각할 것이다. 왜냐하면 풍부한 생선 자원에 따른 높은 단백질 섭취 역사로 인해 '단백질 측정기 효과'가 더욱 강력할 것이기 때문이다.

우리는 진화생물학으로 인류의 상태를 파악할 수 있다. 하지만 우리가 문제에 어떻게 대처해야 하는지를 판단하기 위해서, 우리는 진화생물학의 지식을 다른 개념적·철학적 도구와 융합시켜야 한다. 전 세계의 식품 생산, 거래, 마케팅, 분배, 그리고 영양소에 대한 우리의 지식은 위협적일 정도로 복잡해지고 우리의 선택은 무력해졌다. 이런 때 시끄러운 식품 광고 속에서 먹거리를 찾는 개인으로서 우리가 어떻게 행동해야 하는지를 다루는 것은 이 책의 범위나 나의 전문성을 넘어선다. 하지만 도움이 되는 몇 가지 통찰은 제시할 수 있다.

첫째, 고대 그리스의 경구를 따라 '네 자신을 알라'. 우리가 누구이며 어떻게 진화했는지를 아는 것은 우리가 무엇을 왜 먹어야 하는지 이해하는 데 도움이 된다. 개인유전체학personal genomics의 시대가 밝아오고 있는 시점에서, 우리 자신과 우리 조상에 대해 파악할 수 있는 능력은 그 어느 때보다 뛰어나다. 특정 개인마다 적응된 유전자에 따른 개별 맞춤 식단의 가능성이 머지 않았다. 이것은 사회구성론자가 두려워하는 유전자 결정론이 아니다. 단지 진화한 유전적 다양성에 대한 이해가 삶을 개선시키는 데 얼마나 유용한지 알 수 있는 것이다. 특히 가난한 사람이나 시민으로서의 권리를 누리지 못하는 사람, 비만과 그에 따른 합병증으로 고생하고 있는 사람의 삶을 개선시키는 데 유용할 것이다.

둘째, 일본의 어업 선단, 패스트푸드 체인, 탄산음료 회사처럼 상업적인 이해관계가 연관될 때, 고대 로마인들이 항상 묻던 것처럼 '누구에게 이득이 되는가cui bono'를 생각하라. 상업적 이해관계와 생물학적 이해관계는 종종 부딪힐 수 있다. 정보화 사회는 그 사회 구성원들이 어떤 상황이나 법 또는 거래에서 이익을 취하는 이가 누구인지 묻고 조정할 수 있는 사회다. 이러한 분야와 마찬가지로 식품에 대해서도 같은 질문을 할 수 있다.

여기서 여러분에게 오로지 하나의 메시지만 남겨야 한다면, 마이클 폴란Michael Pollan의 《행복한 밥상In Defense of Food》이란 책의 시작과 끝에 나오는 말 "음식을 먹되, 너무 많이 먹지는 말고, 식물 위주로 먹을 것."을 선택할 것이다. 그리고 나는 폴란의 간결한 충고에 다음을 덧붙일 것이다. "충분한 단백질을 반드시 섭취할 것".

**❸**

---

# 대량 소비의 무기

**Weapons of massive consumption**

이 장을 쓰기 시작할 무렵인 2009년 8월 1일의 세계 인구: 6,774,705,647명

이 장을 수정할 무렵인 2010년 9월 2일의 세계 인구: 6,865,942,377명

인구 성장과 소비 증가는

상상할 수 있는 거의 모든 방법으로

지구가 사회를 지탱하는 능력을 훼손시키고 있다.

이 문제의 근원은

가장 거침없이 소비하고 가장 활발하게 번식하는 개체를

자연선택이 선호한다는 사실에 있다.

진화는 우리의 자제력에 대해 무엇을 알려줄 수 있을까?

해가 뜨기도 전에 잠을 깨우고 황야로 나가게 만드는 독특한 추위가 있다. 7월, 보츠와나 공화국의 오카방고 삼각주Okavango Delta. 칼라하리 사막에서 불어오는 겨울 바람으로 추위가 더욱 매서워졌다. 그래도 상황이 아주 나쁘진 않았다. 나는 새로 산 오리털 재킷을 입고 나무로 된 마코로 카누makoro canoe 속에 들어가 웅크렸다. 하지만 나의 가이드 못사마이는 별로 추운 것 같지 않았다. 그는 카누를 저어 갈대숲을 헤치고 바오밥 섬을 향해 나아갔다.

　폭이 300미터를 넘지 않는 오카방고 습지의 마른 저지대 띠는 가운데 놓인 나무의 이름을 따서 지어졌다. 바오밥 나무는 현재까지 지구에서 가장 큰 다육식물이다. (남아프리카에서 가장 큰 바오밥 나무는 수령이 6000년 정도이며 둘레는 47미터나 된다. 고고학자들은 과거에 이 바오밥 나무 내부의 빈 공간이 산 부시맨San bushmen 족과 아프리카 탐험가들의 휴식처로 쓰였다는 증거를 찾아냈다. 현재는 50개의 좌석이 있는, 독특한 남아프리카 스타일의 술집으로 사용되고 있다.) 나는 오카방고를 여행할 때 400년 정도 되고 너비가 3미터가 넘는 큰 바오밥 나무들을 본 적이 있다. 나는 떠오르는 태양 속에서 못사마이와 함께 몸을 녹이며 이 커다란 바오밥 나무가 코끼리를 얼마나 싫어했을지—나무가 그럴 수 있다면—처음으로 느꼈다.

못사마이는 바로 옆의 바오밥 나무까지 가려면 8킬로미터, 즉 네 시간 동안 마코로 카누를 타고 가야 한다고 말했다. 바오밥의 씨들은 8킬로미터보다는 가까운 거리에서 발아한다. 하지만 바오밥 나무는, 다른 오래 사는 나무들처럼, 빙하보다도 느린 속도로 성장한다. 한편 바오밥 나무는 초식동물들, 특히 코끼리의 맛있는 먹잇감이기도 하다. 반 세기 정도 된 탄탄한 어린 바오밥 나무는 간식을 찾던 코끼리에 의해 찢겨져 땅 위에서 말끔히 사라질 수도 있다. 따라서 어린 바오밥 나무가 코끼리의 공격을 버텨낼 수 있을 만큼 크고 단단하게 성장하려면 수십 년 동안 엄청난 행운이 따라야만 한다. 내가 최근에 보았던 바오밥 나무에는 나무 속의 즙을 마시려는 코끼리 때문에 바닥부터 4미터까지 줄기에 긁힌 자국이 나 있었다. 이러한 일은 자주 일어난다. 나는 나무 상처의 아문 상태가 서로 다른 것을 보고, 이 나무가 수년에 걸쳐 적어도 십여 번의 비슷한 공격을 받은 것 같다고 추측했다. 세계에서 가장 큰 육상 포유류는 가장 큰 다육 식물에 큰 영향을 주고 있었다.

생태학자는 코끼리를 생태계의 엔지니어라고 부른다. 그들이 사는 지역의 식생과 물리적 구조를 바꿔버리는 동물이기 때문이다. 그날 아침에 나는 큰 수코끼리 한 마리가 익은 열매를 떨구기 위해 커다란 일라라Ilala 야자수 하나를 마구잡이로 흔드는 모습을 보았다. 또 코끼리가 땅을 파서 아카시아 카루sweet-thorn acacia 나무의 뿌리를 먹고 나무가 더 이상 살아갈 수 없게 헤쳐 놓고 간 모습도 보았다. 코끼리는 자라는 데 수십 년이 걸린 나무를 아무렇지도 않게 쓰러뜨린다. 하나 또는 몇몇 코끼리의 이런 행동은 사소하게 보일 수도 있지만, 아프리카의 코끼리 개체군이 보호되기 시작한 이후 코끼리들의 파괴 행위가 누적됨에 따라 삼림 지대는 초지로 변화되고, 동식물의 서식지도 급격하게 악화되었다.

코끼리 상아의 밀거래가 완전히 금지된 1990년 이전에도 보츠와나의 코끼리 개체군은 계속 불어나고 있었다. 현재 보츠와나의 방대한 지역이 코끼리 보전 프로그램을 위해 쓰이고 있으며, 이 때문에 어떤 지역은 큰 나무들이 완전히 사라진 상태이다. 코끼리의 수가 적었던 시절에는 코끼리의 공격을 이겨낼 수 있을 만큼 크게 자랄 수 있었던 나무들의 영혼이 그 풍경 속에 떠돌고 있는 것 같다. 코끼리 무리는 적합한 먹이를 찾아서 수백 제곱킬로미터를 이동한다. 어떤 곳은 해마다 찾기도 하며, 어느 곳은 수십 년 동안 되찾지 않기도 한다. 한 개체 또는 한 무리의 코끼리는 한 지역의 삼림을 완전히 파괴한 뒤에도 다른 곳으로 떠나면 되었기 때문에 그로 인한 결과를 크게 고려하지 않았을 것이다.

오늘날 대부분의 아프리카 코끼리 개체군은 보호구역 안에 살고 있으며 담장 또는 농경지로 둘러싸여 있다. 북부 보츠와나에서는 가축에게 야생동물의 질병을 옮기지 않도록 펜스가 설치되어 있다. 15만 마리 이상의 코끼리는 자경자급 농장들, 그리고 앙골라 국경부터 북쪽까지 묻혀 있는 지뢰 때문에 이 펜스 안에서 보호되고 있다. 코끼리 보전 노력은 예전에 코끼리들이 사용하던 이주 경로를 열어주는 데 집중되어야 한다. 즉, 그곳의 지뢰를 제거하고 코끼리 개체군이 새로운 장소로 이주할 수 있도록 해주어야 한다.

아프리카 코끼리처럼 파괴적인 동물을 보호구역 내에 가두어 두는 것은 재앙이 될 수 있다. 남아프리카의 크루거 국립공원에서는 코끼리의 출생률이 연간 5퍼센트 정도다. 개체군은 저축한 돈에 복리 이자가 붙는 것처럼 증가한다. 이전에 받은 이자가 다음의 이자를 계산하는 데 쓰이는 것처럼, 새로 태어난 코끼리들 또한 성장하고 번식해서 다음 세대의 코끼리들을 재생산한다. 그 결과, 코끼리 개체군의 성장 속도는 점점 빨라진다.

1898년 크루거 국립공원이 처음 문을 열었을 때는 사냥 때문에 매우 적은 수의 코끼리만 있었다. 이때 코끼리 개체수는 아마도 수백 마리에 불과했지만 1960년대 초에는 6,000마리까지 늘어났을 것이다. 1967년부터 1994년까지, 국립공원은 안정적인 개체군 크기인 7,000마리로 유지시키기 위해 해마다 일부 코끼리를 살처분했다. 하지만 1994년 동물권리협회의 압력에 의해 코끼리 살처분이 금지되었다. 현재 코끼리 개체수는 12,000마리 이상이며 계속 증가하고 있다.

결국 코끼리의 수는 국립공원이 수용할 수 있는 한계를 넘어설 것이다. 그렇게 될 경우, 기근이 찾아와서 대부분이 번식에 실패할 것이고 많은 수의 코끼리가 죽게 될 것이다. 그리고 코끼리의 개체군 크기는 다시 안정될 것이다. 하지만 어떤 전문가들은 이미 너무 많은 수의 코끼리 때문에 국립공원의 식생과 토양, 그리고 그것에 의존하는 동물 군집이 돌이킬 수 없는 피해를 입었다고 주장한다. 세계 최고의 생태 보고寶庫 중 하나인 크루거 국립공원이 코끼리에 의해 돌이킬 수 없는 피해를 입기 전에, 그리고 그곳의 코끼리들이 굶주림으로 인해 스스로 씨를 말려버리기 전에, 코끼리의 개체수가 어느 정도로 유지되어야 하는지에 대해서는 전문가마다 서로 다른 의견을 제시하고 있다. 현재 노먼 오언-스미스Norman Owen-Smith와 다른 세계 유수의 코끼리 생태학자들은 코끼리가 너무 많은 피해를 입히고 있는 곳에서만 제한적으로 적은 수의 코끼리를 도태시킬 수는 있지만, 대규모로 코끼리를 살처분할 필요는 없다고 주장한다.

똑똑하고, 위엄있고, 상당히 사회적인 동물인 코끼리를 살처분한다는 계획을 좋게 받아들이는 사람은 아무도 없다. 다행히 크루거 국립공원의 코끼리 살처분 계획도 잠시 중지될 수 있었다. 남아프리카의 크루거 국립공원과 모잠비크의 림포포 국립공원Limpopo National Park 사이에 있는 펜스가 철거되었다. 그리고 이 지역은 곧 짐바브웨 남쪽에 있는 두 국립공원으로 편입되어 총 면적이 10만 제곱킬로미터에 이르는 넓은 생태지가 형성될 것이다. 이 지역은 수십 년 동안 짐바브웨에서 일어난 밀렵과 모잠비크의 내전으로 그동안 코끼리를 보호해 온 크루거에 비해 코끼리 밀도가 훨씬 낮다. 코끼리들이 크루거를 떠나서 밀도가 낮은 지역으로 이주하게 되면, 코끼리 밀도는 낮아질 것이고 코끼리에 따른 피해도 줄어들 것이다. 하지만 살처분의 필요성은 다시금 제기될 수 있다.

## 자연선택이 보이지 않는 손을 물어 뜯다 Natural selection bites the invisible hand

자연 다큐멘터리 제작자를 포함한 많은 사람들은 대부분의 동물이 환경과 조화로운 균형 속에 살고 있으며, 오로지 인간만 개체수를 과도하게 늘리거나 자기 서식지를 파괴하는 결점을 갖고 있다고 믿고 있다. 또 선사시대 사람이나 현대 수렵채집인 부족들은 '에코지능'이 뛰어나 환경과 공감하고 살았으며 환경 파괴는 오로지 산업화가 진행된 곳에서만 일어난다고 생각한다. 오늘날 인간의 환경 파괴 수준이 거의 예술의 경지에 이르렀다 하더라도 결코 우리만 환경을 파괴한 것은 아니다. 우리 파괴성의 근원은 진화의 역사에서 찾을 수 있다. 공급되는 양 이상의 자원을 소비해버리는 능력, 서식지를 불모지로 만들어버리는 우리의 능력은 다른 동물, 다른 원시 사회에서도 나타난다.

이 장에서 나는 지구의 수용 능력을 넘어설 때까지 번식하고 소비하려는 우리 성향의 근원을 찾을 것이다. 야생 코끼리의 사례만 보아도 얼마나 많은 야생동물이 그들의 자연 서식지를 파괴하고 있는지 알 수 있다. 코끼리뿐만이 아니다. 호주의 날여우박쥐giant Australian fruit bat는 그들의 잠자리가 되는 나무를 척박하게 만든다. 이런 모습은 내가 사는 곳으로부터 불과 몇 킬로미터 떨어지지 않은 곳에서 실제로 볼 수 있다. 시드니 시내에 어스름이 질 때면 시드니 왕립식물원에서는 22,000마리의 회색머리날여우박쥐Grey-headed flying fox가 잠에서 깨어나 마치 저녁 폭탄 투하를 위해 출정하는 2차 세계대전의 전투 비행 중대처럼 서서히 날아오른다. 유산으로 지정된 귀한 나무들은 날여우박쥐 집단의 낮 동안의 서식지가 되고, 밤이 되어 박쥐가 떠나고 나면 나무는 마치 태풍에 이어 메뚜기 떼가 휩쓸고 지나간 것처럼 앙상해진다.

개체군 성장과 과소비의 핵심을 이해하기 위해서는 무엇이 코끼리와 날여우박쥐, 그리고 사람을 현재의 모습으로 만들어냈는지 알아야 한다. 바로 자연선택이다. 언뜻 보기에는 인간이나 다른 동물이 공급 이상으로 자원을 사용하고 서식지를 불모지로 만들어버리는 모습이 역설적으로 보일 수 있다. 진화는 생명체와 환경 사이에 완벽하고 조화로운 균형을 만드는 과정이 아닌가? 서식지를 위협하는 대규모 소비와 파괴는 자연선택에 의해 도태되지 않을까? 안타깝게도 자연선택은 선견지명을 동반하는 설계 또는 창조 과정이 아니다. 실제로 자연선택은 매우 낭비적이고 비효율적인 과정이며, 오히려 고난과 기아, 불행을 만드는 데 더 효율적으로 작동한다.

자연선택이라는 아이디어에 가장 중요한 영향을 주었던 요인 중 하나는 스코틀랜드의 경제학자이자 인구학자인 토머스 로버트 맬서스Thomas Robert Malthus(1766~1834)의 연구였다. 1798년 맬서스는 그의 저서에서 "인구의 힘은 인류를 존속시키는 대지가 지닌 힘보다 영구적으로 더 강력하다."라고 말했다. 맬서스가 깨달았던 것처럼 인구 성장은 강력했다. 왜냐하면 새로운 세대의 구성원 각각이 번식에 참여하기 때문이다. 따라서 인구는 기하급수적으로 증가할 것이고, 수요는 빠르게 식량 공급을 넘어설 것이며, 그 결과

고통, 굶주림, 질병, 갈등이 수반될 것이다. 다윈, 그리고 다윈과 동시에 자연선택을 떠올린 앨프리드 러셀 월리스Alfred Russel Wallace는 동물 개체군을 연구하면서 맬서스가 예견한 비극에 따라 다른 개체보다 특정 개체의 번식이 강력히 선호되는 현상이 나타난다는 것을 알아냈다.

개체군이 커져도 식량 공급은 그대로 머물러 있을 때, 필연적으로 누군가에게는 식량이 덜 공급된다. 생물학자는 이러한 현상을 경쟁이라고 부른다. 경쟁으로 인해 모두에게 필요한 식량의 평균치는 줄어들지만, 패자에 비해 더 많은 식량을 확보하는 승자가 나타난다. 승자는 더 오래 살고 더 많은 자손을 남긴다. 개체들 간의 경쟁력 차이가 유전적인 차이에서 기인할 때, 경쟁은 직접적으로 진화적 변화를 이끌 수 있다.

오늘날 살아남은 모든 코끼리는, 먹이를 잘 찾아 먹고 그 에너지로 아기 코끼리를 낳고, 또 먹이를 잘 찾아 먹도록 아기 코끼리를 돌보고 교육시킨 코끼리 조상들의 후손이다. 특히 코끼리의 수가 많고 모두가 굶주릴 때, 먹이를 잘 찾아 먹고 비축하고 대부분의 자원을 점유할 수 있었던 코끼리들은 가장 많은 자손을 남길 수 있었다.

경쟁력이 떨어지거나 먹이 경쟁에서 운이 나빴던 코끼리들은 후손을 남기지 못했다. 이 때문에 오늘날 코끼리들은 어린 바오밥나무를 찢어 먹으면서 자신의 행동이 다른 코끼리에게 주는 영향을 신경 쓰지 않을 것이다. 코끼리는 나무를 훼손함으로써 두 가지 이익을 얻는다. 하나는 가능한 많은 먹이를 먹거나 무리 내의 유전적 친족들에게 나누어줄 수 있다는 것이고, 다른 하나는 다른 무리의 코끼리가 그 먹이를 먹는 것을 방지할 수 있다는 것이다. 코끼리는 이러한 행동으로 다른 경쟁자 코끼리보다 삶의 최우선 목적—그가 소비한 자원을 그의 유전자 반쪽을 지닌 어린 코끼리에게 투자하는 것—을 달성할 가능성이 높아진다.

자연선택은 최고의 코끼리, 바오밥 나무, 날여우박쥐 또는 사람을 만들어내는 것이 아니다. 진화는 개체와 환경 사이에 가장 정교한 조합을 만들어낼 수 있기 때문에 자연선택 또한 그렇게 할 수 있는 것처럼 보이기도 한다. 하지만 진화를 심도있게 공부하면, 자연선택은 오히려 수많은 전선에서 일어나는 끊임없는 전투와 같음을 알게 된다. 이 전투에서 각각의 개체들은 승자 또는 패자가 되며, 종종 그 과정에서 개체군 또는 종에 끔찍한 피해가 생길 수도 있다. 이런 이유로 생물학자는 '종에 유리한' 또는 '종을 영속시키는'과 같은 말을 들으면 심한 발작을 일으키는 것이다.

종종 개체의 진화적 이해관계는 종의 생태적 이해관계와 직접적으로 부딪힌다. 코끼리들이 코끼리 종의 영원한 번영을 원한다면, 또는 서로의 웰빙을 원한다면, 코끼리들은 필요한 만큼의 먹이만 취해야 할 것이다. 코끼리는 엄청난 용량의 뇌와 놀라운 기억력을 이용하여 바오밥 나무를 지속 가능하게 수확하고, 튼튼한 바오밥 나무와 먹을 수 있는 나무들의 수를 최적으로 유지하는 계획을 고안할 수 있을 것이다. 코끼리들이 아카시아 나무 하나를 해치울 때, 그들은 초저주파를 이용하여 멀리 떨어진 다른 코끼리를 불러 그 만찬을 함께 할 수도 있을 것이다. 또한 코끼리들은 죽은 개체를 보충할 정도로만 자식을 낳을 수도 있을 것이다.

이런 모습은 꽤 평화롭게 들리지만 실제로는 일어나지 않는다. 이것이 얼마나 터무니없는 일인지를 알아보기 위해, 코끼리 군집 속에 남을 속이려는 코끼리가 나타났다고 생각해보자. 이 코끼리는 먹고 싶을 때마다 먹이를 먹고, 단지 나무줄기 몇 개를 먹기위해 나무를 쓰러뜨리고, 수액이 풍부한 먹이는 독차지하고(동시에 다수의 착한 코끼리들이 베푸는 것도 이용하며), 돌볼 수 있을 만큼 많은 자식을 낳는다. 그런 코끼리는 다른 코끼리에 비해 적합도 측면에서 엄청난 이득을 누릴 것이다. 다른 코끼리를 속이는 성향을 띠는 유전자는 다른 유전자에 비해서 더 많은 자손에게 유전될 것이다. 결국 공짜로 먹는 코끼리들의 수가 점차적으로 증가해서 다른 착한 코끼리들을 압도하고 모두를 망치게 될 것이다. 걷잡을 수 없는 개체군 성장과 무분별하고 비경제적인 소비의 결과, 한 마리의 코끼리에게 주어지는 먹이의 양은 줄어들 것이고, 환경은 엉망이 될 것이며, 서식지는 코끼리뿐만 아니라 다른 동물들도 살 수 없는 곳으로 변할 것이다. 이것은 오늘날 코끼리 보호 구역에서 일어나고 있는 일과 비슷하다.


## 과소비 massive consumption

오늘날 인류는 보츠와나 북부 또는 남아프리카의 코끼리와 매우 닮아 있다. 인구 증가로 인해 우리의 소비 습관은 우리를 지탱하는 시스템을 무너뜨리는 중이다. 우리는 세계 구석구석 살 만한 곳을 찾아 팽창해왔고, 이제는 정말 더 이상 갈 곳이 없어서 화성을 식민지로 삼는 허황된 가능성만 남았다. 우리가 지구의 유한한 자원을 탐욕스럽게 소비한 결과, 많은 중요한 자원이 곧 고갈될 상태에 놓여 있다. 세계적인 석유 생산은 많은 전문가들이 전망하는 것처럼 조만간 최대치(피크 오일peak oil)에 다다를 것이며, 그 결과 석유 공급이 갑작스레 줄어든다면 그에 따른 가격 상승은 이전의 석유 파동과는 비교도 안될 정도로 엄청날 것이다. 에너지, 그리고 플라스틱처럼 유용한 석유화학 제품에 대한 석유 의존성을 어떻게 풀어나갈 것인지에 대해 관심이 모아지고 있다. 우리는 마지막 배럴의 석유를 추출하기 전에 무언가 조치를 취해야 할 것이다.

우리의 식탁에 오르는 거의 모든 어족 자원도 많은 피해를 입고 있다. 해양수산학자 중에서도 가장 낙관적인 학자조차 어족 자원이 복원될 수 있다고 확신하지 못하고 있다. 소비자들은 석유나 대구와 같은 자원을 과잉소비한 후 그것을 대체할 수 있는 다른 자원으로 이동한다. 그리고 새로운 대체 자원 또한 하나씩 과도하게 써버린다. 석유 같은 자원은 절대적으로 유한한 자원이다. 피크 오일에 이르면 다른 에너지 자원으로 전환해야 하지만, 석탄, 천연가스, 그리고 핵 동위원소 또한 모두 유한한 자원이므로 우리가 계속 이용하면 언젠가는 분명히 고갈된다. 채 100년도 되기 전에, 북대서양의 대구는 너무 흔했고 알도 많이 낳았기 때문에 사람들은 대구 어족 자원이 고갈될 리 없다고 생각했다. 하지만 대구 어장이 망하게 되면서 대구를 먹던 사람들은 그 대신 메를루사hake, 명태Pollock, 청보리멸whiting, 홍어skate, 심지어 돔발상어dogfish를 먹고 있다. 하지만 이 어류 자원도 너무 많이 소비되어 현재 멸종 위기에 있다. 석유와 다르게 어족 자원은 재생 가능한 자원이지만 관리가 필요하며, 그렇지 않으면 멸종될 것이다. 우리가 자원을 수확하고 공정하며 폐기물을 처리하는 방식은 우리의 건강을 해치고 있으며, 재생 가능한 자원을 만들어내는 생태계의 수용 능력을 떨어뜨리고 있다.

긍정적인 측면에서 보면, 비록 인류는 계속 늘고 있지만, 우리는 우리 때문에 나타나는 피해를 깨닫고, 인류 역사상 그 어느 때보다 우리가 일으킨 광범위하고 복잡한 문제들을 해결하기 위해 노력하고 있다. 대중들은 화석 연료의 사용, 토지 이용의 변화, 가축 생산 등 온실기체를 증가시키는 여러 과정들, 그리고 그로 인해 발생한 기후 변화 문제에 대해 관심을 기울이고 있다. 하지만 지구 온난화는 빙산의 일각일 뿐이다. 각종 독성 요소, 바다의 산성화, 개간, 건조지역에서 유출되는 염분, 민물의 과도한 이용, 그리고 과도한 방목 등에 따라 대기 및 수질 오염도 심각해지고 있다. 이 문제들은 시급히 해소되어야 할 진짜 문제들이다. 우리가 외면하거나 상황을 부인한다고 사라지지 않을 것이다.

인류 사회의 자원 소비와 그에 따른 피해는 소비자의 수와 그들의 소비량에 따른 결과물이다. 오늘날 경제가 빠르게 성장하고 있는 개발도상국은 높은 인구 성장률을 보인다. 하지만 개발도상국의 국민은 선진국의 국민보다 더 적은 자원을 소비하며 그에 따른 폐기물, 즉 온실기체 배출량도 적다. 반면에 부유한 나라는 훨씬 낮은 인구 성장률을 보이고 인구가 매우 느리게 성장하거나 성장이 멈추어 있기도 한다. 하지만 과소비가 만연한 곳은 바로 이런 나라들이다.

세계에서 온실기체를 가장 많이 배출하는 두 나라, 미국과 중국을 생각해보자. 미국은 중국에 비해 인구가 4분의 1이다. 하지만 온실기체 배출량은 국민 1명당 연간 4배나 더 많다. 결과적으로 두 나라의 온실기체 배출량은 연간 77억 톤으로 거의 비슷하다. 중국인들도 당연히 미국처럼 경제적으로 부유한 생활 방식을 원한다. 중국의 경이로운 경제 성장 결과 지난 10년간 중국의 온실기체 배출률은 120퍼센트 증가했다. 중국, 인도, 브라질처럼 인구가 많은 나라가 발전하면, 우리는 이산화탄소 및 다른 오염 물질의 배출량도 급격히 늘어날 것으로 예측할 수 있다.

국가 경제 성장과 전반적인 생태 발자국ecological footprint(인간이 삶을 영위하는 데 필요한 의식주 등을 제공하기 위한 자원의 생산과 폐기에 드는 비용을 토지로 환산한 지수를 말한다.—옮긴이 주)의 두 요소인 인구 성장과 1인 소비량 간의 관계는 전 세계적인 해결책을 얻는 데 가장 큰 걸림돌로 작용하고 있다. 특히 부유한 국가의 사람은 환경 문제 해결을 위해 개발도상국 사람들이 아이를 적게 낳아야 한다고 믿고, 생태적 피해의 규모는 숟가락 개수와 비례한다고 주장하곤 한다. 반면에, 많은 개발도상국에서는 부유한 소수 사람들, 특히 선진국 국민들의 엄청난 소비는 억제되어야 하며 그들의 호화롭고 퇴폐적인 생활 방식을 바꾸어야 한다고 주장한다. 분명히 우리는 두 가지 문제를 모두 시급히 해결할 필요가 있다. 하지만 개발도상국과 선진국을 구분하게 되면, 지속가능성 문제를 어떻게 다룰 것인가에 대한 토의의 논점은 흐릿해진다. 가장 최근에 진행된 큰 규모의, 하지만 슬프게도 성공적이지 못했던, 2009년 12월의 코펜하겐 기후 회의처럼 말이다.

내가 이 책을 쓰는 목적 중 하나는 진화와 경제학이 어떻게 상호작용하여 현대 인류의 삶의 중요한 측면들을 만들어왔는지를 보이는 것이다. 이런 면에서 인구에 대한 문제보다 더 논쟁거리가 될 만한 주제도 없을 것이다. 맬서스에 대한 평가가 극단적으로 나뉘는 것만 보아도 알 수 있다. 1798년에 발간된 그의 저서《인구론 Essay on the Principle of Population》은 경제학과 진화생물학의 역사에서 가장 중요한 책 중 하나다. 그 당시 영국 사회는 산업혁명에 의해 급격하게 재편되던 중이었다. 맬서스는 인구가 공급 이상으로 빠르게 증가할 것이기 때문에 농업과 식품 생산이 개선되어 봤자 단지 배고픔을 일시적으로 잊게 해줄 뿐이라는 것을 깨달았다. 맬서스는 굶주림, 기근, 질병, 갈등에 시달리는 비참한 미래를 예측했다. 맬서스가 옳았는지에 대해서 그 이후로 격렬한 논쟁이 있었고, 의견 차이가 컸다. 인류의 역사는 국지적으로 나타난 인구 과잉에 따른 기근, 전염병, 전쟁 등으로 얼룩져 있다. 하지만 영국과 유럽에서 나타난 농업의 산업화는 인구 증가를 앞질렀고, 무역을 통해 인구밀도가 낮은 나라에서 식량을 가져올 수 있었다.

인구 증가가 '맬서스의 재앙'을 부추기면, 우리는 식량 생산 방법을 개선하여 그 위기를 벗어나곤 했다. 제2차 세계대전 이후, 멕시코와 인도를 비롯한 여러 나라에서는 높은 출생률과 위생 시설 및 의료 체계 개선으로 인류 역사상 인구가 가장 빠르게 성장했다. 그런 나라들은 인구 성장이 너무 빨라서 금방이라도 엄청난 기근이 닥칠 수 있는 상태가 되었다. 하지만 다행스럽게도 '녹색 혁명Green Revolution'의 결과 곡물 개량에 따라 식량 공급량이 엄청나게 늘었고, 국민들은 배고픔 없이 인구를 늘리고 더 번창할 수 있었다. 오늘날 많은 경제학자들은 신-맬서스주의자를 회의적인 괴짜들, 즉 혁신이 필요한 곳에서는 인류의 천재성과 시장의 힘이 혁신을 일으킬 수 있음을 이해하지 못하는 비관주의자들로 묘사한다. 같은 주장은 피크 오일에 대한 경제계의 몇몇 회의적인 시각에도 적용된다. 석유의 가치가 올라가고 기술이 계속 향상되면서 이전까지 수익을 내지 못해서 사용되지 않던 석유 저장고도 이용할 수 있게 되었다. 그 결과 석유 공급이 개선되고 가격 폭등도 막을 수 있었다.

기술 발전이 정체될 것이라고 가정할 수 없다는 것은 인정하지만, 맬서스의 한계Malthusian limit와 피크 오일과 같은 주장을 무시하는 것 또한 무지한 모습이다. 예를 들어, 땅 속의 석유 매장량이 유한한 것은 부인할 수 없는 물리적인 사실이다. 심지어 경제적으로 적절한 석유 추출량을 정해 놓지 않거나 석유 소비가 계속 늘어나면, 우리는 필연적으로 석유 생산의 정점에 이를 것이다. 태양열 또는 수소 연료 등의 기술로 석유의 가치가 떨어지거나 화석 연료를 태우는 데 따른 환경 비용이 석유 가격에 부가되면, 그래서 석유 회사가 추출량을 줄이기 시작할 때까지 수요가 감소한다면, 우리는 피크 오일을 피할 수 있을 것이다. 인구 성장도 마찬가지다.

지구가 수용할 수 있는 인구가 얼마인지는 아무도 모른다. 하지만 특정한 수준의 소비를 할 수 있는 인구수에는 한계가 있음이 분명하다. 소비 패턴의 변화, 농업의 효율성에 영향을 미치는 기술의 발전, 그리고 우리가 지구를 훼손하는 정도의 변화는 지구의 인간 수용 능력 등 어떤 것이든 바꾸어낼 수 있다.

대부분의 진화생물학자와 생태학자는 자원의 유한성에 초점을 맞춘다. 왜냐하면 동물 개체군에서 개체수 밀도가 너무 높아지면 전염병, 개체 갈등, 굶주림이 발생하고 그 결과로 개체군은 느리게 성장한다는 수많은 사례가 있기 때문이다. 우리는 기근, 역병, 전쟁 등 맬서스의 재앙이 나타나기 전에 인류가 최대 인구수에 이르는 것을 막아야 한다. 인간 사회가 왜 실패하는가에 대한 뛰어난 통찰을 담은 책《문명의 붕괴Collapse》에서, 재러드 다이아몬드Jared Diamond는 과잉인구 및 과소비로 인해 맬서스가 암시한 인류의 재앙이 반복적으로 나타났다고 주장한다. 그는《문명의 붕괴》의 한 챕터에서, 1994년 르완다에서 일어난 대량 학살을 단순히 고대의 부족 갈등 정도로 치부할 것이 아니라, 유한한 경작지 내에서의 인구 증가에 따른 결과로 보아야 한다고 주장했다.

지구가 제공하는 한도에 맞게 사는 것은 환경 재앙을 피하기 위해 필요할 뿐만 아니라 가난, 고통, 사회 불평등, 그리고 종교 근본주의가 가장 위험한 형태로 창궐하는 것을 막기 위해서도 필수적이다. 그럼에도 불구하고, 여러 경제학자와 정치학자는 인구 성장, 소비 증가, 그에 따르는 생산 증가를 통해 경제 성장을 달성하는 것에만 집중하고 있다. 생물학자의 관점에서, 효율성 개선과 혁신을 통해 지구의 수용 능력이 계속 증가할 수 있다는 생각은 더욱 중요한 사실을 외면하는 것이다. 생물학의 석학 중 한 명인 에드워드 윌슨E. O. Wilson은 다음과 같이 말했다. "인구 성장은 걷잡을 수 없이 사나운 괴물과 같다. 그 앞에서 지속가능성은 단지 연약한 이론적 구조물일 뿐이다. 즉, 국가의 시련이 사람 때문이 아니라 멍청한 이데올로기 또는 토지 사용 계획 때문이라는 것은 궤변이다."

## 비극 Tragedy

큰 물고기가 가득한 석호(사취, 사주 따위가 만의 입구를 막아 바다와 분리되어 생긴 호수—옮긴이 주)에서 일하는 어부를 상상해보자. 이 어부들은 가족을 먹이기 위해서 하루에 단지 몇 시간만 낚시를 하면 된다. 다행스러운 사실은 이 정도의 활동으로는 물고기의 씨가 마르진 않는다는 것이다. 즉, 충분한 개체가 살아남아 번식할 수 있고, 어린 물고기들이 큰 물고기로 성숙할 시간도 충분하다. 골치 아픈 문제도 있다. 어부들은 다른 어부를 신경 쓰기보다 자신의 복지나 지위에 대해 더욱 신경을 쓴다는 사실이다. 날씨가 좋을 때마다 가능한 오래 나가서 많은 물고기를 잡으면 자신에게 이익이 된다. 이런 식으로 어부는 돈을 벌고 꾸준히 재산(새로운 배, 좋은 어망, 위성 안테나와 텔레비전 등)을 모을 수 있다. 그는 그렇게 부를 축적하지 않았을 때에 비해 더 아름다운 아내를 맞이하거나 더 큰 가정을 꾸릴 수 있을지도 모른다. 하지만 각각의 어부들 모두가 더 오래 물고기를 잡고 부를 축적하게 되면 이제 비극이 시작된다.

　문제는 큰 물고기가 다음 세대 물고기의 부모라는 것이다. 큰 물고기가 호수에서 사라지면 번식 가능한 물고기의 수도 줄어들고, 따라서 다음 번식기에 부화하는 어린 물고기도 줄어든다. 어획 활동으로 번식 개체군이 줄어들면 어족 자원은 천천히 혹은 갑자기 줄어든다. 그 결과로 어부는 더 조그만 물고기를, 심지어 훨씬 적은 수로 잡는데도 이전보다 훨씬 더 열심히 일을 해야만 한다. 대부분의 어부와 그 가족들은 이제 위성 안테나는커녕 굶어 죽지 않기 위해 물고기를 잡는 일 말고 다른 일도 해야 할 것이다. 어부가 과도한 어획에 따른 문제를 깨닫더라도, 그들 각자는 그 문제에 대해 대처할 수 있는 방법이 없다. 그들 중 한 어부가 자제하여 적은 물고기를 잡는다 해도, 다른 어부들이 언제나 그랬던 것처럼 물고기를 많이 잡는다면 아무런 소용이 없다. 그들이 어획을 줄여서 모두 이득을 얻고자 한다면, 그들은 협동하여 반드시 아무도 배신하지 않도록 해야 한다.

　이 문제의 핵심은 아주 간단한 경제적 분석으로 나타난다. 어부가 물고기를 잡을 때마다 두 가지 비용이 발생한다. 하나는 물고기를 잡기 위해 시간을 들이고 노력을 쏟는 비용이고, 다른 하나는 잡힌 물고기가 더 이상 번식을 하지 못해서 생기는 비용이다. 물고기를 잡아서 이득을 취하는 어부가 첫 번째 비용을 지불하더라도, 두 번째 비용은 모든 어부가 함께 짊어져야 한다. 두 번째 종류의 비용은 경제학자들이 '부정적 외부효과negative externality'라고 부르는 것이다. 이것은 거래 당사자가 아닌 다른 누군가에게 손해가 생기는 것으로, 여기서는 그 물고기를 잡지 않은 다른 어부들이 손해를 입은 사람에 해당된다. 지속 가능한 어획을 위해서는, 물고기를 잡는 어부와 그에게 물고기를 구입하는 사람이 그 물고기에 대한 실제 비용을 지불하도록 하는 묘책을 고안해야 한다. 경제학의 용어로 말하면, 그 비용은 반드시 내부화internalised되어야 한다.

나의 예시는 가상의 호수에서 펼쳐졌지만, 같은 상황이 거의 모든 어장에서 어느 정도 벌어졌다. 마크 쿨란스키Mark Kurlansky의 역작《대구: 세계의 역사와 지도를 바꾼 물고기의 일대기Cod: A Biogeography of the Fish that Changed the World》는 북대서양의 모든 주요 대구 어장의 경제적, 사회적, 정치적 상황뿐만 아니라 항상 풍족할 것 같던 그 어장들이 남획으로 인해 붕괴해가는 역사를 정말 재미있게 그리고 있다.

부정적 외부효과는 단지 어장에만 국한된 문제가 아니다. 사실 그 문제는 경제학, 심리학, 사회학, 정치학, 윤리학 그리고 진화생물학 등에서 자주 다뤄지는 주제이며, '공유지의 비극The tragedy of commons'으로 알려진 문제와도 관련된다. 생태학자인 개럿 하딘Garrett Hardin은 1968년 그의 유명한 논문에서 인구 성장과 그로 인한 소비와 오염의 증가 문제를 모두가 이용할 수 있는 초원(공유지)에 소를 풀어둔 목동이 처한 문제로 비유했다. 목동 개인에게는 초원에 미칠 영향을 고려하지 않고 가능한 한 많은 소를 방목하는 것이 경제적으로 합리적인 이익 추구 활동이다. 왜냐하면 개개인의 목동은 소를 팔아서 이득을 얻지만, 과잉 방목에 따른 비용(부정적 외부효과)은 공유지를 사용하는 모두가 짊어져야 하기 때문이다.

목동들은 그가 얻는 이득을 최대화하기 위해 노력하지만, 동시에 모두를 위한 공유지는 폐허가 된다.

40년이 지나도 하딘의 논문이 여전히 재미있고 경탄스러운 이유는 그가 '진화적' 사리 추구와 '경제적' 사리 추구 각각에 대해 가지고 있는 생각이 매끄럽게 연결되기 때문이다. 공유지의 목동은 앞서 예로 든 어부나 오염물질을 만들어내는 사업체들처럼 자신의 경제적인 이익 추구를 위해 행동한다. 하지만 하딘의 핵심 주장은 마치 코끼리가 자신의 진화적 이익 추구를 위해 아프리카를 엉망으로 만드는 것처럼, 사람도 번식적인 측면에서 진화적 이익을 추구하는 존재라는 것이다. 아이를 낳아서 그들을 잘 기를 때 부모는 진화적인 의미에서의 이익을 얻는 반면에 그에 따른 대부분의 환경적 비용은 모두가 함께 짊어져야 한다. 그 결과 인구가 폭발적으로 증가한다.

우리 주변은 과소비, 소음, 그리고—내가 정말 싫어하는—지나친 광고들로 가득하다. 왜냐하면 소비자, 공해 유발 기업, 광고주 모두 그러한 행동을 통해 충분한 경제적 이익을 거두지만 그에 따르는 비용은 우리 모두가 부담하기 때문이다. 인구 성장에 따른 비용이든 상업적인 비용이든 간에, 그 모든 비용은 부정적 외부효과다. 여기서 진화적, 경제적 사리 추구는 전혀 비슷하지도 않고, 바꿔 쓸 수도 없지만, 잠깐만 그 두 개념을 동일하게 생각하자. 개인의 경제적 이해관계는 사회적 이해관계와 갈등을 일으킨다는 자유방임주의자들의 주장처럼 각 부모의 진화적 이해관계는 종종 인류모두에게 최선인 상태와 충돌한다.

## 사리 추구와 자제력 Self-interest and self-restraint

사리 추구는 진화와 경제학의 가장 중요한 공통 기반 중 하나이며, 대중에게 두 학문을 알리는 데 있어서 가장 큰 문제를 일으키는 요인이기도 하다. 자연선택과 시장 원리를 비판하는 사람은 두 과정이 모두 사회의 이익을 희생하여 개인의 이익 추구를 고취하는 상향식 과정이라고 주장한다. 이들은 하향식 통제와 규제를 통해서 사회적 이득을 추구할 수 있다고 주장한다. 분명히 자연선택과 시장 원리는 모두 사리 추구에 매우 효과적이다. 하지만 다행스럽게도 사리 추구에 대한 이런 비판은 너무 편협해서 두 학문에 중대한 비판이 되지는 못하는 것 같다. 사리 추구가 반드시 이기심을 의미하진 않기 때문이다.

동물 또는 인류 사회에서 이타성, 친절, 협동으로 보이는 것의 대부분은 그 근저에 숨어 있는 사리 추구에 따라 추동되었다. 협동은 진화 과정에서 수없이 되풀이되며 나타났다. 심지어 박테리아처럼 단순한 생물도 공유지의 비극과 같은 문제를 피하기 위해 협력하는 방법을 진화시켰다. 비슷하게, 경제학자들 또한 부정적 외부효과를 해결하기 위한 여러 방안을 제시하였고, 이제는 이 방안들 중에서 가장 적용 가능성이 높고 정치적으로도 타당한 방법이 무엇인지 찾고 있다. 인구 과잉과 과소비에 따른 환경 문제를 다루기 위해, 우리는 진화적 사리 추구 및 경제적 사리 추구를 모두 고려하면서 그것들이 어떻게 다뤄져야 하고 때때로 어떻게 극복될 수 있는지를 이해해야 한다.

자연선택은 어떤 형질이 같은 종의 다른 구성원에게 손해를 입히더라도 개체에게 유리하다면 그 형질을 선호한다. 하지만 그렇다고 해서 진화가 이기적인 형질을 필연적으로 선호한다는 주장에 힘이 실리는 것은 아니다. 나는 앞에서 자연선택은 실질적으로 집단 또는 종의 이익보다 개인의 이익을 더 추구하는 경향이 있다고 설명했다. 이것은 진화를 이해하는 데 필수적인 부분이다. 하지만 전부는 아니다. 각 개인들 모두에게 이익을 가져오면서도 개인이 종종 협동하며 이타적으로 행동하도록 만드는 두 가지 동력이 있다. 그것은 바로 유전적 연관도relatedness와 상호 호혜주의reciprocation다.

흰개미, 개미, 꿀벌처럼 매우 협동적인 곤충들의 사회에서, 일꾼들은 군집 생활에서 그토록 하찮은 역할을 수행하기 위해 번식을 포기함으로써 '진화적으로 자살'한 것처럼 행동한다. 그렇게 하여 일꾼들은 그들의 가까운 친족인 여왕이 자식을 낳을 수 있도록 돕는다. 하지만 일꾼이 번식을 포기했다 해도 일꾼의 노력으로 엄청난 수의 친족들이 새로운 군집을 건설하는 것이 더 이득이 된다면, 일꾼의 전략은 옳은 것이다. 유전적 연관도는 사람에게도 영향을 미친다. 친족 관계는 가족 또는 수렵채집을 하는 부족처럼 작은 규모의 집단에서 가장 중요하고 가장 긴밀한 사람을 묶어주는 끈이 된다. 부모, 조부모, 이모, 삼촌 또는 사촌의 희생은 어린 가족 구성원들이 잘 자라서 정착할 수 있는 기반을 제공한다.

동물들도 그들의 호의가 보답 받을 수 있을 때 서로 돕는다. 이것은 개체가 집단을 이루어 모여 살거나 서로 자주 마주칠 때 발생한다. 남아메리카의 흡혈박쥐는 큰 무리를 지어서 함께 생활하기 때문에 주변의 다른 개체와 서로 만날 기회가 많다. 하지만 이 박쥐들은 이상하고 소름끼치는 식습관 때문에 주로 혼자 먹이를 찾는다. 흡혈박쥐는 자고 있는 큰 포유류나 새에게 다가가서 들키지 않게 살며시 몸에 기어 오른다. 그리고는 이빨로 상대의 몸을 긁어서 피를 낸 뒤 핥아 먹는다. 박쥐의 타액에서 나오는 혈액 응고 방지 효소 때문에 박쥐는 샘솟는 피를 계속 빨아 먹을 수 있다.

　적당한 희생자를 찾아 피를 성공적으로 섭취하는 것은 꽤 위험 부담이 높은 일이다. 하루라도 피를 섭취하지 못한 박쥐는 다음 날 밤 먹이를 찾으러 가기 전까지 굶어 죽을 위험에 처한다. 에너지가 방전될 위험에 처한 박쥐는 무리 속의 착한 친구가 약간의 피를 자선 기부하는 셈으로 그에게 게워내줄 것이라고 기대하며, 피를 잔뜩 마친 친구에게 다가간다. 집에서 굴러다니는 동전도 어느 누군가에게는 큰 가치가 있는 것처럼, 쫄쫄 굶은 박쥐에게 친구가 게워준 소량의 피는 더없이 소중하다. 그리고 박쥐는 이전에 누가 피를 나누어주었는지를 기억하고 있다. 이전부터 도움을 잘 베풀던 개체는 그렇지 않던 개체에 비해 친구의 도움으로 살아남을 가능성이 더 크다. 박쥐는 이런 방식으로, 좀 괴기스럽기도 하지만, 정교한 상호 호혜 시스템을 만들었다.

　사람은 지금까지 알려진 사회 중 가장 크고 복잡한 사회 속에 살고 있다. 우리의 많은 행동은 타인의 의도를 해석하고, 믿을 수 있는 상대를 고르고, 호의에 보답하고, 정보를 공유하고, 물건을 교환하는 데 집중되어 있다. 이 모든 행동은 지구의 생물 역사상 가장 놀라운 생물학적 구조의 진화로 이어졌다. 바로 인간의 뇌다. 진화는 뇌를 발달시키는 것과 함께, 인간 사회, 도덕 그리고 (지금 우리가 자연선택과 경제학으로 살펴보고 있는) 이기심과 협동의 근저에 있는 개념들도 만들어냈다. 인간 사회는 유전적 연관도에 따른 충성, 상호 간의 빚과 호의에 기반한 갈등과 협동으로 가득하다. 돈은 복잡한 형태의 빚을 물질적인 형태로 만들어내는 수단이다. 돈 덕분에 우리는 물물 교환과 같은 단순한 거래를 넘어서 수백만 명이 거래하는 시장에서도 우리가 원하는 것을 얻을 수 있다.

여기서 내가 중요하게 생각하는 점은 비록 진화와 경제학이 둘 다 자기 이익을 최대한으로 추구하는 행동을 선호하지만, 이것을 곧 이기심으로 해석할 수는 없다는 점이다. 유전적 연관도, 상호 호혜성, 명성은 모두 선善을 위한 수단으로서, 각 개체가 상호 이익에 따라 협동하고 거래할 수 있게 해준다. 그들은 아마도 게워 낸 피를 주고받는 흡혈박쥐일 수도 있으며, 또는 이베이eBay에서 살림 도구를 사고파는 사람일 수도 있다. 이런 방식으로 진화와 경제학은 개인의 이익 추구를 저지하고 공유지의 비극을 피하는 방법들을 찾아냈다.

과도한 인구 성장과 과소비를 피하려면, 우리는 아이를 더 적게 낳아 진화적 이익 추구를 줄여나가는 것뿐만 아니라 헛된 소비도 절제하려고 노력해야 한다. 하딘은 그의 논문 '공유지의 비극'에서, 사람들이 절제할 것이라고 낙관적으로 생각하지 않았다. 하딘을 따르는 후학들은 40년 사이에 상황이 더 악화되었다고 생각한다. 그들은 사람들이 공공재 사용에 대해서 올바른 판단을 내릴 것이라고 기대할 수 없다고 주장한다. 그리고 지구라는 행성보다 더 공적이고 소중한 공공재는 없다. 하딘과 그 후학들은 번식과 소비에 대한 진화적 유혹은 수백만 년 동안 자연선택에 의해 형성되어 온 것으로 그 뿌리가 너무 깊기 때문에, 우리가 유혹을 거부하고 자제하려고 하면 우리 내부의 보상 시스템이 본능적으로 저항할 것이라고 주장한다. 즉, 인간은 너무 많은 아이를 가지지 않도록 산아 제한에 대한 합의를 분명히 해야 한다. 그렇지 않으면 우리는 우리 스스로를 자제시킬 방법을 찾을 수 없기 때문이다. 하딘은 이런 종류의 합의를 '도덕의 근본적인 확장'이라고 불렀다. 왜냐하면 우리는 인류 역사상 처음으로 오로지 이성에만 의존해 '출산에 대한 수용 가능한 지침'을 세워야 하기 때문이다. 이 지침은 '상호 강제' 및 '상호 동의'적이다. 즉, 출산의 자유를 포기하는 데 동의하는 사회 계약인 것이다.

출산에 대한 하향식 규제는 공산주의 국가인 중국의 '아이 한 명 갖기 계획'처럼 가족의 수를 줄이는 데 효과가 있을 수도 있다. 하지만 그런 규제는 너무 강압적이기 때문에 대부분의 선진 민주 국가에서는 정치적으로 수용되기 어려우며, 비극적이고 예측할 수 없는 결과를 초래할 수도 있다. (그중 하나는 8장의 주제이기도 하다.) 또한 번식을 조절하려는 집단은 그렇지 않은 집단보다 인구수가 적어질 위험이 있기 때문에 상호 간 합의가 이뤄지기 힘들다.

공유지의 비극에 관한 하딘의 논문은 생태학 역사에서 가장 심오하고 중요한 업적 중 하나이며, 1968년에 그랬던 것처럼, 오늘날에도 많은 통찰을 남겨주고 있다. 하딘은 진화적 사리 추구와 합리적인 경제적 사리 추구가 어떻게 우리를 파괴적으로 만드는지를 보였다. 특히 우리가 물려받은 본성은 수천 년 동안의 맹렬한 번식과 소비의 유산으로서 진화적 관성을 보인다는 점에서, 우리가 우리의 적응된 마음을 넘어 결정하고 행동하기 위해서는, 또 자유 시장이 그것을 허락하기 위해서는, '도덕의 근본적인 확장'이 필요할 수도 있다. 하지만 하딘과 그의 후학들은 그러한 진화적 관성을 이겨낼 수 있는 인류의 능력, 심지어 그 관성 자체의 성질에 대해서 너무 비관적이다. 그런데 얼마 전부터 여러 나라에서는 아이를 너무 적게 가져서 인구수가 수십 년 동안 그대로 고정되는 현상이 나타나고 있다. 이것은 곧 다음 장의 주제이다.

**4**

# 출산 감소

**Dwindling fertility**

유엔의 리더십이 인구 성장을 억제하는 데 성공하면, 그로 인하여
평화, 번영, 인권 등의 중요한 문제도 성공적으로 해결해나갈 수 있을 것이다.

– 조지 H.W. 부시(George H.W. Bush), 1973

세계 여러 나라에서 출생률은 이미 수십 년 동안 급락해왔다.

그리고 어떤 곳에서는 태어나는 인구가 사망하는 인구보다 더 적다.

출생률 하락은 진화 과정에서 갖추어진,

사람들이 경제 상황과 환경의 변화에 반응하는 방식 때문에 일어난다.

하지만 마냥 낙관할 수 없는 한 가지 이유가 있다.

왜냐하면 출생률 저하는 소비의 증가와도

맞물려 있는 것 같기 때문이다.

수수두꺼비cane toad는 아마도 가장 못생기게 진화한 생명체일 것이다. 수수두꺼비는 또한 가장 활발하게 번식하는 생물 중 하나다. 암컷 한 마리는 하룻밤에 35,000개의 알을 낳을 수 있다. 이런 이유 때문에 수수두꺼비는 가장 완벽하고, 또 가장 환영받지 못하는 침입자로 여겨진다. 중남미에서 유래한 수수두꺼비는 카리브해 지역, 필리핀, 하와이의 섬들, 그리고 오스트레일리아 북부와 동부의 여러 지역으로 급속히 퍼져나갔다. 수수두꺼비는 사탕수수의 딱정벌레 해충을 조절하기 위해 1935년에 처음으로 오스트레일리아에 도입되었다. 그리고 그들은 퀸즐랜드와 노던테리토리의 건조 지대를 제외한 호주 전역으로 계속 퍼져나갔다. 현재 수수두꺼비들은 오스트레일리아 북부 지역으로 해마다 50킬로미터 이상 이동하고 있다. 왕도마뱀monitor lizard, 뱀, 심지어 악어와 같은 포식자들은 (이들의 조상은 수수두꺼비와 마주친 적이 없었다.) 느리게 걷는 크고 포동포동한 한 입 거리의 먹이와 마주쳤을 때 공격을 하지 않을 수 없었을 것이다. 그러나 불행히도 수수두꺼비는 맹독을 지니고 있어서 포식자는 매우 고통스럽게 죽음을 맞아야 했다.

그렇다면 사람, 코끼리, 고래처럼 느리고 꾸준하게 번식하는 동물들은 수수두꺼비와 같은 동물들이 수백만 배 더 빨리 번식하는 세상에서 어떻게 존속할 수 있었을까? 이러한 물음에 대한 분명한 답이 하나 있다. 큰 동물은 그들의 크기나 지능에 의존하여 수수두꺼비와는 다른 활동을 하고 다른 자원을 사용하며 살아간다는 것이다. 하지만 사람, 코끼리, 고래가 물리적으로 최대한 많은 자손을 낳지 않는 이유는 무엇일까? 그 이유는 현대식 디자인처럼 번식에서도 '적은 것이 더 좋은 것'일 수 있기 때문이다. 즉, 자손을 덜 낳는 것이 때로는 진화적으로 더 나은 전략이 될 수 있다.

수수두꺼비 암컷은 수만 개의 알을 낳는다. 왜냐하면 그 암컷은 진화적인 '복권 당첨'을 바라고 있기 때문이다. 수수두꺼비 암컷은 몇 가지 문제에 부딪힐 수 있다. 알을 낳은 웅덩이가 말라버리거나 고여서 썩어버릴 수도 있다. 그리고 그 알과 올챙이들, 어린 두꺼비들이 상처를 입을 수도 있고, 잡아 먹힐 수도 있고, (물론 알도 두꺼비들처럼 맹독을 지니고 있다.) 질병의 희생양이 될 수도 있다. 암컷 수수두꺼비로서는 알이 성체 수수두꺼비로 자랄 가능성을 높일 수 있는 방법이 별로 없다. 유일한 방법은 웅덩이를 알로 가득 채우는 것이다. 로또 숫자를 결정할 수는 없지만, 가능한 한 많은 로또를 구매할 수는 있다.

사람의 경우는 로또와 다르다. 우리는 아이를 잘 먹이고, 잘 키우고 가르치는 방법을 통해 아이의 장래성을 높일 수 있다. 인간은 지금까지 살았던 그 어떤 동물들보다 자손의 질quality에 더 많이 투자하고 있다. 진화생물학자가 말하는 '양과 질 사이의 트레이드오프quality-number trade-off'에서, 인간과 수수두꺼비는 양 극단에 놓여 있다. 진화는 우리가 아이를 더 갖겠다는 생각이 사라질 때까지 낳은 아이들 모두에게 엄청난 투자를 하도록 만들었다. 따라서 수수두꺼비나 다른 동물과는 다르게, 우리는 자손의 수보다는 질에 더 많은 투자를 한다.

아이, 어린이, 청소년에 대한 투자는 손자, 증손자 등 세대를 늘리는 데 매우 효과적이라는 것이 이미 입증되었기 때문에, 사람의 아이는 매우 비싸다. 여기서 '비싸다'는 의미는 딸과 아들을 키우는 데 부모와 그 친족이 많은 시간과 노력, 에너지, 사랑, 돈*을 들인다는 것이다. 사람처럼 크고, 똑똑하고, 매우 사회적인 동물은 다른 동물에 비해 갓 태어났을 때 상당한 도움이 필요한 경우가 많고, 완전히 자립할 때까지 오랜 시간이 걸린다. 또 배워야 할 것도 많다. 코끼리가 성적으로 성숙하고 어미 또는 무리의 친족에게서 여러 가지를 배우는 데는 10년이 조금 넘게 걸리지만, 사람의 아이는 성적, 사회적으로 성숙하는 데 더 오랜 시간이 필요하다. 내가 가르친 학부생들은 18세 즈음에 집을 떠나는 경우가 많았지만, 서른이 될 때까지 가족과 같이 사는 학생도 종종 있다.

---

* 돈은 주머니에 갖고 다닐 수 있으며, 시간과 노력, 에너지를 절약하는 데 매우 편한 방법이다. 하지만 돈으로 사랑을 살 수 있는지에 대해서는 논란의 여지가 있다.

사람들의 2세 계획을 생각하면 자손의 수와 질 사이의 트레이드오프 문제는 정말 흥미롭다. 주머니에 5달러 밖에 없는 사람이 두 덩어리의 빵이나 100그램의 고기를 두고 고민해야 하는 것처럼, 부모도 아이들에게 쓸 수 있는 한정된 자원을 어떻게 최적으로 사용할 것인지 결정해야만 한다. 아이를 많이 낳은 경우에는 아이를 적게 낳았을 때에 비해 부모가 아이 한 명당 더 적은 자원을 줄 수밖에 없다. 사람들은 출산에 따른 손익 관계의 변화에 매우 민감하다. 한 아이를 기르는 데 필요한 비용이 늘어날수록, 사람은 아이를 적게 낳으려 할 것이다. 변화하는 환경에 대해 우리가 반응하는 방식은 자연선택에 의해 형성된 것이다. 그리고 여기서 우리는 인구과잉에서 벗어날 수 있다는 희망을 찾을 수 있다.

## 인구의 변천사 Population size throughout history

인류 역사 대부분의 기간 동안 인구는 거의 증가하지 않았다. 몇몇 집단에서 인구가 증가한 경우는 있었지만, 대부분의 집단에서 인구는 서서히 줄어들었다. 그 결과 인류는 여러 번 멸종 위기를 맞았다. 10만 년이 넘는 시간 동안 인류는 당장 멸종해도 이상하지 않은 생물 종이었다. 70,000년 전 즈음에 일어난 가뭄은 인류의 흔적을 없앨 만큼 심했다. 이 당시 아프리카에는 단지 2,000명의 사람만이 살아남았다는 유전적 증거도 있다. 그때부터 농경이 시작될 때까지, 인류가 아프리카에서 벗어나 세계로 흩어짐에 따라 세계 인구수는 1세기 당 0.4퍼센트 정도로 매우 느리게 증가했다. 그 결과, 약 12,000년 전 즈음 마지막 빙하기가 끝날 때 인구수는 백만 명도 채 되지 않았다.

초기의 인구 성장은 왜 그렇게 느렸을까? 고대 수렵채집인의 출생률은 오늘날 선진국보다 높지만 사람들은 훨씬 어린 나이에 죽었다. 사냥과 채집은 경제적으로 보상받는 생활 방식은 아니었다. 수렵채집인들은 줄기, 뿌리, 산딸기류 및 다른 야생 과일와 채소를 채집하기 위해 열심히 노력했지만, 이 식품들은 채집과 손질에 드는 시간과 노력에 비해서 상대적으로 에너지 함량이 낮았다. 원시인은 대부분 낮게 달려 있는 열매와 산딸기를 따고, 얕게 묻혀 있는 줄기 식물을 채집한 뒤 이동했다. 생태학자는 이런 식으로 먹거리를 찾는 방식을 '바이오매스 훑기skimming the biomass'라고 불렀다. 원시적인 사냥과 낚시도 노동량에 비해 보상은 작았다. 따라서 채집과 사냥으로 얻는 에너지의 양은 보통 많지 않았고, 가족이 부양할 수 있는 아이의 수는 언제나 제한적이었다.

또한 어린아이는 수렵채집을 하는 가족에게 큰 손해였다. 엄마는 아이에게 젖을 주고 돌봐야 했기 때문에 먹거리를 구하는 일에 시간과 노력을 들이기 힘들었다. 게다가 엄마는 한번에 오로지 한 명의 아이만을 안거나 업을 수 있었다. 따라서 새로운 아이가 태어나기 이전에 태어난 아이들은 먹이를 구하러 다니는 집단을 따라다닐 수 있을 만큼 충분히 자라야 하므로, 출산 사이에는 충분한 시간 간격이 있어야만 했다. 바로 이런 이유 때문에 모유 수유가 자연 피임 도구로 작동한다는 주장에는 근거도 있다. 칼라하리 사막의 유명한 !쿵 부족처럼 수렵채집을 하는 집단에서 여성들은 길게는 4년까지 계속 모유 수유를 하며 출산 간격을 늘린다. 그 결과로 집단의 출생률을 적당한 값으로 유지할 수 있다.

우리의 수렵채집인 조상들은 수명이 짧았다. 가슴 아프게도 질병, 굶주림, 약탈 때로는 영아 살해 등으로 많은 아이들이 일찍 세상을 떠났다. 그 밖에도 수렵채집기에는 기근과 질병, 폭력이 만연했다. 이것은 오늘날에 비해 수렵채집인의 인구 성장이 느릴 수밖에 없었던 원인이 된다. 하지만 농업의 발명 이후 인구 성장은 급격히 빨라졌다.

마지막 빙하기로부터 서기西紀가 시작될 때까지 10,000년 동안, 세계의 인구는 100만 명에서 5억 명으로 팽창했다. 그리고 1800년경에는 10억 명으로 두 배가 됐다. 농업 사회에서는 수렵채집 사회에 비해 아이를 키우는 부모의 부담은 줄고 이득은 늘어나면서 출생률이 증가했다. 아이들은 자라서 들판에서 일을 하거나 가축을 돌보는 등 노동력을 제공했다. 일손이 많으면 더 넓은 땅을 경작할 수 있었고 더 많은 가축을 기를 수 있었다. 오늘날 남부 아프리카의 시골길을 따라 여행하는 사람들은 목초에서 풀을 뜯고 있는 소들을 보기 위해 길 가장자리에 잠깐 차를 세우기도 한다. 그럴 때마다 목동은 항상 어린아이다. 시골에서는 어린 아들을 학교에 보내는 대신 소를 지키고 돌보는 일을 맡긴다. 사하라 사막 이남의 대부분 지역에서 소가 중요한 재산이 되면서, 목동은 가족의 재산 관리인이 되었다. 또 아이가 자라면 자랄수록 가족의 재산에 기여하는 바도 늘어가고 아이의 노동은 더욱 소중해진다.

정주성 농경 생활 방식이 자리 잡으면서, 아이를 키우는 비용 또한 줄어들었다. 농업의 발전으로 먹을 수 있는 음식의 양이 늘었다. 그리고 농경인들은 영구적 또는 반영구적으로 한 거주지에 머무르게 되면서 보육을 공동으로 할 수 있었고, 친족 또는 친구의 도움을 받아 많은 아이를 키울 수 있었다. 게다가 정착지 주변의 땅과 가축만 관리하게 되면서 어린 아이를 데리고 다니는 데 따른 제약 요인이 사라졌다. 농경 생활에 따라 아이를 가졌을 때 생기는 이득은 커지고 몇 가지 중요한 비용이 감소하면서, 이제는 가족 구성원의 수가 더 많을수록 유리해졌다. 사람들은 그들이 키울 수 있을 만큼 가능한 한 많은 아이를 가졌을 것이다. 이것은 아이들의 일부가 어렸을 때 세상을 떠난다는 점을 감안한 것이었다. 하지만 가족의 규모와 아이의 생존율 사이의 상충 관계 때문에 여성 한 명이 가질 수 있는 아이의 수는 여전히 제한적이었다.

오늘날 가나 북부의 정착 농민에 대한 최근 연구는 이러한 상충 관계를 보여주고 있다. 우리의 농경인 조상처럼, 오늘날 가나의 정착 농민들은 매우 가난하고, 대부분 문맹이며, 가장 기본적인 의료 시설만 두고 있다. 예방 접종을 받는 아이들은 절반도 되지 않았다. 여성은 평균 여섯에서 일곱 명의 아이들을 낳는다. 하지만 여성이 아이를 한 명 더 낳을 때마다 이전 아이의 생존율은 2~3퍼센트씩 떨어진다. 농민은 대가족을 선호하지만, 가족 규모가 너무 커지면 아이의 생존과 성장에 필요한 관심과 주의가 부족해진다. 이러한 상충 관계로 인해 가족이 더 커지지는 않는 것이다.

## 부유층이 자식을 낳는다 The wealthy reproduce

농업은 사람들이 무엇을 먹고 어떻게 먹거리를 찾는지에 대한 것 그 이상을 변화시켰다. 하나의 보기로, 농업은 사유재산을 만들어 냈다. 수렵채집 사회는 작은 무리로 이루어졌으며, 구조적으로 서로 매우 평등했다. 구한 음식은 오래 둘 수 없었기 때문에 무리 내 사람들끼리 서로 공유했고, 이렇게 나누는 것은 나중에 보상을 받았다. 현생 수렵채집인에 대한 연구에 따르면 집단 내에 사냥 또는 채집에 특별히 뛰어난 사람이 있더라도, 사냥과 채집은 모든 이의 참여가 필요한 작업이며, 폭군 또는 일은 하지 않고 얻어먹기만 하는 사람이 나타날 여지가 거의 없음을 알 수 있다. 하지만 농업으로 얻은 식량은 저장이 가능하기 때문에, 농업의 등장 이후 집단 생활의 모습은 많이 바뀌었다. 농번기와 보릿고개를 넘기기 위해 저장법 개발은 농법 개발만큼이나 먹거리 이용성을 높이는 데 매우 중요했다. 축적된 저장 작물은 재산의 초기 형태가 되었고, 아이를 많이 낳은 부모는 아이로 인한 추가적인 노동력으로 더 많은 식량을 저장할 수 있었기 때문에 더 많은 재산을 축적할 수 있었다. 그리고 그 재산이 자손에게 물려지면서 대대로 가족이 번창하고 커지게 되었다.

또한 농경인들은 가축을 통해 단백질을 제공해주는 동물을 소유할 수 있었다. 잉여 작물과 가축은 다른 식량, 상품, 서비스와 거래될 수 있었다. 이처럼 재산과 거래 구조의 등장으로 인해 도구 생산자나 대장장이처럼 수공업품을 식량으로 교환하는 비농업인 전문가도 탄생했다. 저장하고 거래할 수 있는 재산은 도둑맞을 수도 있기 때문에, 토지와 재산을 지킬 필요성이 생겨났다. 아버지와 아들, 그리고 형제들은 서로의 재산을 지키기 위해서 동맹을 형성했다. 이웃 또는 친족끼리 동맹을 맺어 다른 집단의 침입을 막거나 다른 집단을 습격하는 일도 빈번해졌다.

조직을 이룬 집단은 그렇지 못한 집단을 굴복시켰다. 이 일을 하기 위해서는 조직을 이끄는 리더와 전략가가 필요했다. 이들은 방어 체계를 감독하고 집단의 평화를 유지하고 세금을 걷는 등 다양한 행정 업무를 수행하는 지배 계층이 되었다. 성직자도 나타나 사람들에게 '미신'을 믿는 능력을 심어주고 농민들의 사회적 기생자가 되었다. 이러한 조직화 과정에 따라 마을은 점차 커져서 도시가 되었고, 그와 함께 빈부 격차도 확대되었다. 요약하면, 농업은 돈을 탄생시켰고, 그로 인한 불평등한 분배가 생겼고, 그 결과 돈을 근원으로 하는 모든 폐해가 나타났다.

농업 이전의 수렵채집 사회나 오늘날 산업 사회와 비교했을 때, 농업이 나타났을 때부터 산업혁명까지의 출생률은 놀랄 만큼 높다. 하지만 인구 성장은 산발적으로 일어났다. 급격한 인구 성장의 시기 다음에는 엄청난 인구 감소의 시기가 나타나 서로의 영향을 상쇄시켰다. 평화로운 시기에는 많은 아이들이 태어나서 노동자의 수가 늘었다. 그에 따라 더 넓은 지역에서 경작과 방목이 이루어질 수 있었으며, 그것은 더 많은 식량, 더 많은 재산, 그리고 더 많은 아이로 이어졌다. 출생률 증대와 생산력 증대의 끊임없는 순환이 무한정 진행될 수는 없었다. 농업 사회에서의 인구 성장은 경작지가 더 있을 때만 가능했다. 더 이상 경작할 수 있는 땅이나 목초지가 남아 있지 않고 효율성을 향상시킬 수 있는 혁신적인 도구나 기술이 등장하지 않는 한, 인구 성장은 맬서스의 비극으로 이어졌다. 인류 역사를 통틀어, 식량 생산을 향상시킨 농업 혁명은 항상 인구 증가를 이끌었다. 모든 자원을 소진해버리기 전까지는, 성공적인 농업 사회일수록 인구는 더 빠른 속도로 성장했다.

번식의 주체는 사회가 아니라 바로 여성과 남성, 각각의 개인들이라는 사실을 기억해야 한다. 농업에 따라 경제적 불평등이 커지면서, 잘사는 사람과 못사는 사람 간의 번식 정도 차이도 증가했다. 부유한 가정은 자녀들을 키우기 위한 충분한 식량이 있었으나, 궁핍한 부모는 거의 살아남지 못했다. 가난은 곧 '인구의 개수대population sink'였다. 부유하게 태어나서 그렇게 지낼 수 있었던 사람이나, 부유하게 될 만큼 똑똑하고 튼튼한 사람만이 인구 성장에 기여했다. 아이에게 너무 많은 자원을 소비한 부유한 가정은 종종 다음 세대에서 가난을 면치 못하기도 했다.

'부유한 이들의 번식' 시나리오에서, 부유한 사람은 번식 증대라는 이익을 취했지만 늘어난 인구에 대한 식량 비용은 가난한 사람에게도 분담되었다. 이 비용을 부정적 외부효과라고 한다. 부정적 외부효과는 공유지의 비극으로 이어진다. 요약하면, 자급적·소규모 농업 또는 아이들이 일에 동원되어야 하는 상황과 가난이 결합하면 인구성장의 완벽한 추동 요인이 되는 것이다. 산업화 이전의 농업 사회에서는 인구밀도의 증대와 함께 맬서스의 세 가지 재앙인 기아, 질병, 폭력도 무분별하게 커져만 갔다.

농업이 퍼져나가면서 탄수화물이 풍부한 식단으로의 변화는 영양실조를 일으켰다(1장). 또한 높은 인구밀도와 늘어난 재산은 개인 간, 집단 간의 폭력을 유발하게 된다. 특히 집단이 번성하여 마을이나 도시가 형성됨에 따라, 높은 인구밀도는 질병을 더 널리, 더 빠르게 퍼지도록 만들었다. 초기의 마을과 도시는 엄청난 쓰레기 문제에 시달렸고, 인구가 늘면서 홍역과 같은 전염병이 만연하기도 했다. 14세기에 발생한 유행병은 유럽 인구의 절반을 죽음으로 내몰았고, 그 뒤에도 3세기 이상 계속 전염병이 돌면서 인구성장을 억제했다.

## 출산 감소라는 역설 The paradox of declining fertility

지난 200여 년 동안, 모든 농경 사회와 산업 사회에서 이전에는 없었던 일이 일어나려고 하거나, 일어났다. 기대수명이 갑작스레 늘어났고, 이어서 출생률이 급격하게 떨어진 것이다. 이러한 변화를 '인구 전환demographic transition'이라고 부른다. 그 결과는 엄청났다. 사망률의 감소로 지난 두 세기 동안 세계 인구는 폭발적으로 증가했다. 일반적으로 급격한 인구 증가 후 한두 세대가 지나면 출생률이 감소하는 현상이 나타난다. 어쩌면 출생률 감소는 이미 전개되고 있는 인구 위기로부터 우리를 구원해줄지도 모른다.

기대 수명이 증가한 이유는 쉽게 이해할 수 있다. 농경, 의학, 공공 의료 부문에서의 기술적 혁신으로 전 연령대에서 사망률이 감소했다. 농경사회에서 산업사회로 경제적 전이가 이루어지면서, 생명 연장 산업에 많은 돈이 집중되고 있다. 반면 세계 인구의 5분의 1은 현재 하루에 1달러도 벌지 못하며 나쁜 위생 상태와 의료 혜택 미비로 인한 질병, 배고픔 때문에 신음하고 있다. 이들은 라오스 등의 몇몇 아시아 국가, 예멘 등의 중동 국가, 그리고 사하라 남부의 부룬디, 르완다, 카메룬에 집중되어 있다. 최근 10년 동안, 이 나라의 식량 생산, 위생, 의료 시스템은 개선되기 시작했고 사망률도 떨어지기 시작했다. 앞으로 몇십 년 동안 일어날 세계 인구 성장의 대부분은 이들 나라에서의 인구 증가 때문일 것이다.

인류 역사상 인구가 가장 폭발적으로 증가했던 시기는 1950년대 중반부터 1970년까지였다. 세계의 인구성장률은 연간 2퍼센트를 유지했으며, 가장 높을 때는 연간 2.3퍼센트에 달했다. 인도나 멕시코와 같은 나라에서 의료와 위생이 향상됨에 따라 엄청난 인구 성장을 이끌었다. 여러 전문가는 이런 나라에서의 인구 폭발이 이전에 볼 수 없었던 규모의 맬서스의 비극으로 이어질 것이라고 예상했다. 그러나 작물의 엄청난 생산성 향상을 이끈 '녹색 혁명'으로 인해 예측되었던 대재앙적인 기근을 대부분 피할 수 있었고, 결국 인구는 계속 성장했다.

인구성장률이 1963년에 연간 2.3퍼센트로 정점을 친 이후로, 세계 인구 성장률은 연간 1.1퍼센트 정도의 수치로 뚝 떨어졌다. 유럽 대부분의 국가, 캐나다, 미국, 일본, 오스트레일리아, 뉴질랜드 등 많은 산업 국가에서 저출산 현상이 장기간 이어졌으며, 이는 결국 인구 감소로 이어졌다. 이런 국가에서 출생률은 1800년과 1970년 사이 계속 증가해 특정 시점에서 최대 출생률에 도달했다가 그 뒤로는 계속 하락했다. 예를 들어, 1800년대 미국에서는 한 여성이 일생 동안 평균 일곱 명의 아이를 낳았다. 이 수치는 오늘날 가나 북부 지역에서 여성의 출산율과 같다. 하지만 1900년대에 와서 출생률은 반 토막 났고, 현재의 출생률은 아이 두 명 정도다. 현재 미국에서는 태어나는 아이의 수보다 사망하는 사람의 수가 더 많다. 따라서 현재 미국의 인구 성장은 이민자에 의한 것으로 볼 수 있다.

맬컴 포츠Malcolm Potts는 다윈의 가계도와 후손을 조사하여 인구 전환 현상에 대한 통찰을 주었다. 다윈은 열 명의 자식이 있었지만 그중 셋은 어린 나이에 세상을 떠났다. 만약 다윈의 후손들이 매 세대마다 비슷한 출생률을 보였다면 다윈은 49명의 손자, 343명의 증손자, 2,401명의 현손자, 16,807의 내손자를 기대할 수 있었을 것이다. 하지만 2009년에 다윈 탄생 200주년을 기념하기 위해 런던의 〈데일리 메일Daily Mail〉 신문이 조사해보니 찰스 다윈과 그의 부인 엠마 사이에는 100명 정도의 현손자와 내손자가 있는 것으로 밝혀졌다. 이 수치는 다윈의 후손들이 평균 일곱 명의 자손을 남겼을 때 우리가 기대할 수 있는 수천 명 정도의 수치보다 매우 적은 수치다. 이처럼 다윈의 가족은 출생률 감소라는 현상의 분명한 예를 보이고 있다. 왜냐하면 1839년과 1856년 사이에 영국에서의 출생률은 심각하게 줄어들었기 때문이다.

진화는 출생률 감소에 어떤 역할을 하는가? 인구 전환 그 자체는 더 작은 가족이 자연선택된 이유에 대해 직접적으로 답해줄 수 없다. 어떤 형질, 특히 자손 수처럼 적합도에 중요한 형질을 바꾸기 위해서는 적어도 열 세대 이상은 선택이 작용해야 한다. 하지만 변화는 단지 서너 세대 만에 거의 완벽하게 일어났다. 그래도 진화생물학은 환경 조건의 변화가 아이를 갖는 시기, 아이의 수, 아이에게 쏟는 정성을 어떻게 바꾸는지를 설명하며 인구 전환에 대한 이해를 도울 수 있다.

사망률 감소와는 달리, 출생률 감소는 진화생물학자에게 흥미로운 역설처럼 보인다. 지금까지 마주했던 환경 중 가장 좋은 환경 조건에서 왜 생명체는 자손의 수를 줄이는가? 산업혁명 이후에 엄청난 부의 증가가 이루어졌음에도 왜 자손의 수는 더 증가하지 않았는가? 인구 전환의 어느 시점에서 부와 출생률 간의 관계가 뒤집어졌다는 점을 고려하면 그 역설은 더욱 심화된다. 부유한 나라의 사람들이 궁핍한 개발도상국의 사람들보다 번식을 덜할 뿐 아니라 부유한 국가 내에서도 잘사는 사람은 못사는 사람에 비해 아이를 덜 낳는다. 부유함이 곧 다산을 의미하던 곳에서도 갑작스레 부유한 가정에서 더 적은 아이를 낳기 시작했다.

가족원 수가 감소하는 경향은 부유한 사람으로부터 가난한 사람에게로 한두 세대 만에 유행처럼 퍼졌지만, 여전히 잘사는 가정은 못사는 가정보다 더 적은 아이를 갖는다. 인구 전환에 대해 설명할 수 있으면 왜, 어떻게 출산 억제가 그렇게 빠르게 퍼져나갔는지, 그리고 왜 그것이 국가 및 개인의 부와 강하게 연관되어 있는지에 대해서도 정확하게 설명할 수 있을 것이다.

더 나아가기 전에, 먼저 그 인과관계에 대해 짚어보려고 한다. 만약 부유한 가정이 아이를 적게 낳고, 아이를 많이 낳은 가정은 가난해진다면, 부는 낮은 출생률과 관련이 있을지도 모른다. 동물학자가 자원과 번식 간의 관계를 살펴보고 싶다면, 그녀는 특정 개체에게는 다른 개체보다 더 많은 먹이를 주는 방법을 취할 수 있다. 또한 그녀는 번식 노력reproductive effort*을 인위적으로 바꿀 수도 있을 것이다. 예를 들어, 한 새의 둥지에서 알을 꺼내 다른 새의 둥지에 넣고 부모새가 자신들이 낳은 알보다 더 많은 혹은 더 적은 새끼새를 기르도록 조작할 수 있다. 인구학자와 경제학자는 이런 실험을 쉽게 할 수 없다. 그들은 어떤 사람을 일부러 가난하게 또는 부유하게 만들 수 없고, 부모가 키우고 있는 자식을 바꿀 수도 없다. 그래서 그들은 이론을 검증할 수 있을 만한 적절한 자료가 모일 때까지 기다려야 한다. 이 장의 나머지 부분에서, 나는 어떤 요인이 경제적으로 부유한 가정으로 하여금 출산을 덜하게 만드는지 생각해볼 것이다. 왜냐하면 늘어난 재산이 출생률을 떨어뜨리는 **직접적인** 요인이라는 확고한 증거가 있기 때문이다.

개발도상국에서는 임산부 비율이 매우 높게 나타나지만, 이는, 적어도 여성의 입장에서는 의도하지 않은 것이며, 원치 않은 임신의 결과다. 이들 국가에서는 가족계획, 산아 제한 그리고 낙태 시술 등이 잘 마련되어 있지 않기 때문에 출생률이 높게 나타나며, 그 결과로 가난에서 빠져나오는 것은 더욱 어렵거나 불가능해진

---

\* 일정 기간 내에 개체가 보유하고 있는 시간이나 에너지 자원 중에서 번식에 소비하는 자원의 비율.

다. 이런 맥락에서 볼 때 출생률과 부는 서로 연결되어 있는 것으로 보인다. 출생률을 조절할 수 있는 방법을 사용하기 어려운 것도 가난을 심화시키고 출생률을 높이는 악순환을 유발하며, 결과적으로 맬서스의 비극으로 이어지게 된다. 하지만 낙관적으로 보면, 피임과 낙태를 돕는 프로그램처럼 출생률을 낮추는 정책을 통해 각 가정을 가난에서 구제할 수 있고, 그 결과로 출생률을 더 낮출 수 있다. 당연히 인구학자, 경제학자 그리고 진화생물학자는 모두 이러한 선순환의 중요성에 대해 알고 있다.

## 갈수록 소중해지는 아이들 Kids are getting dearer

18세기 말까지, 모든 사람은 사냥과 채집, 유목, 원예, 자급자족적 농업 등으로 생계를 꾸렸고, 근육 노동이나 역용 동물draft animal을 중심으로 유지되는 경제 구조에서 삶을 이어갔다. 250년 전 농업의 산업화가 일어나던 시기에 제조업과 운송업은 영국에서부터 유럽과 북미, 그리고 세계의 나머지 지역 사람의 생활 방식을 완전히 바꾸었다. 인류 역사에서 산업혁명만큼 빠르고 갑작스럽고 광범위하게 일어난 변화도 없었다. 한 세기 이상 경제는 (그리고 노동자 수입은) 그 어느 때보다 빠르게 증가했다. 하지만 오늘날 대부분의 사람은 산업혁명이 자신의 삶에 끼친 영향에 대해 잘 모른다.

가나 북부 지역을 포함해 대부분의 아프리카 지역에서 사람들은 생계의 대부분을 그들의 노동과 가축에 의존하며, 산업 기술에 대한 의존도는 미미하다. 세계에서 가장 인구가 많은 나라인 중국과 인도에서는 아직 산업화가 완전하게 이루어지지 않았다. 이 거대한 두 국가가 현대화되고 그 시민들의 삶에 변화가 생기는 것은 아마도 지금 세계가 맞이하게 될 가장 중요한 사건일 것이다.

산업화는 많은 변화를 일으킨다. 아이는 더 이상 가정 경제에 도움이 되지 않는다. 그러나 아이를 키우고 교육시키는 비용은 늘어간다. 아이의 사망률은 낮아졌다. 여성은 더 많은 교육을 받고, 경제적 기회를 누리며, 정치적 힘을 갖는다. 그리고 현대의 피임 및 낙태 기술도 이용할 수 있다. 이러한 모든 발전은 출생률을 줄일 수 있다. 모든 사회는 산업화와 함께 이러한 변화를 경험한다. 그 변화 속도는 산업혁명 시기에 이런 변화를 경험했던 영국이나 다른 유럽 국가보다 더 빠를 것이다.

산업혁명 이전의 영국과 유럽에서 인구가 증가한다는 것은 대부분의 집단 구성원들이 경작지에 의존해 살아갈 수 있음을 의미했다. 작물을 키우고 가축을 방목할 만한 땅을 대부분 사용해버린 뒤에는, 아이들 같이 미숙한 잉여 노동력은 예전만큼의 가치는 없었고, 많은 아이를 낳는 데 따른 이득은 사라졌다. 가족의 생산성은 그 가족이 소유한 땅과 그 땅을 경작할 수 있는 기술이 있을 때 최대가 되었다. 아이가 자라나면 그들은 형제와 그 땅을 나누어야만 했고, 그렇지 않으면 그들 중 일부는 군인이나 성직자가 되거나 상업을 배우는 등의 다른 방법으로 살아갈 궁리를 해야 했다. 자손들이 땅을 나눠 갖게 되면서 이들은 급속히 가난해졌고 가족은 굶주렸다. 이것은 경작지가 제한되어 있어 새로운 경작지를 개척할 수 없었던 가족이 오로지 하나의 자손에게만 땅을 남겨주기로 결정하게 된 이유였다.

경작지의 포화로 부모는 더 적은 수의 자손을 가져야만 했다. 하지만 아주 적지는 않았다. 산업혁명이 시작될 무렵에도 아이의 노동력은 중요했기 때문이다. 농장일을 도울 수 있을 정도의 아이들은 공장에서도 중요한 노동력으로서 큰 역할을 했다. 아이들의 노동은 부모들이 더 큰 가정을 꾸리는 데 필요한 수입을 가족에게 가져다주었다. 1833년 영국에서는 공장법Factories Act처럼 9세 이하 아동의 노동을 제한하는 규제가 시행되었다. 이에 따라 아이가 일에 동원되는 시간이 제한되었고, 하루 2시간은 학교 교육을 의무적으로 받아야 했다. 공장법의 시행 결과 아이의 노동력을 이용하는 비용이 실질적으로 높아졌고 그 결과 아동 노동에 대한 요구도 줄어들었다. 이와 함께 아이가 공장에서 일을 했을 때 가족이 얻는 혜택도 줄어들었다.

산업혁명이 세계를 장악한 이후 교육의 가치도 변화했다. 교육을 받은 사람들이 산업 생산을 이끌게 된 뒤로, 아이를 교육시킬 만한 여유가 되었던 가정은 상당한 이득을 거두었다. 교육은 신분 이동을 가능케 하는 가장 확실한 방법이 되었다. 부모는 아이에게 많은 시간과 노력을 쏟고 양질의 교육을 시켜서 아이가 친구와의 경쟁에서 유리한 고지를 점할 수 있도록 이끌었다. 그 경쟁의 결과는 누가 좋은 직업을 얻고, 많은 돈을 벌고, 좋은 짝을 찾는지를 결정했을 것이다.

현재 산업화가 진행 중인 나라에서도 아동 노동이 불법이 되면, 값싼 미숙한 노동력을 많이 가진 가정에 돌아가는 이득이 줄어들게 된다. 그 대신, 아이에게 정규 교육을 시키는 가정은 아이가 성인이 되었을 때 경제 구조의 변화와 함께 더 높은 임금을 받고, 더 부유해지고, 신분 상승이 일어나고 있는 가족과 결혼함으로써 그 투자에 대한 엄청난 보상을 얻게 된다. 이러한 투자를 감당하기 위해서 대부분의 가정은 적은 아이를 갖는다. 요약하면, 번식 투자의 최적 전략은 아이를 많이 갖는 것에서 적게 갖는 쪽으로, 그리고 각 아이에게 더 많이 투자하는 쪽으로 변화한다.

산업혁명 동안 유아 사망률과 아동 사망률도 이전보다 훨씬 낮아졌다. 그동안 자연선택은 부모들이 수월하게 기를 수 있는 아이의 수보다 조금 더 많이 낳아서 기르는 부모를 선호해왔다. 왜냐하면 일부 아이들이 어린 나이에 세상을 떠나는 경우가 많았기 때문이다. 적은 아이를 낳고 그 아이들이 유아기 때 모두 죽어버리면, 그 가족은 진화적으로 끝난 것이나 다름없다. 기를 수 있는 아이의 수보다 많은 아이를 갖는 것은 부모에게 비용이 드는 일이지만, 아예 자손을 남기지 못하는 것만큼 손해가 되는 것도 없다. 따라서 아이가 생식기에 이르기 전에 사망할 위험성이 높을 경우, 가장 훌륭한 진화적 전략은 아이들 모두가 살아남기 힘들다는 것을 감안해 손쉽게 먹이고 입히고 가르칠 수 있는 경우보다 약간 더 많은 아이를 갖는 것이다.

100만 년이 넘는 시간 동안, 자연선택은 아이의 사망률이 낮을 때보다 높을 때 부모가 번식 실패의 위험을 줄이도록 만들어왔다. 산업혁명이 시작된 이후로, 가정은 굶주림에서 벗어났고, 위생 상태는 향상되었으며, 예방 접종과 항생제와 같은 의료 기술의 진보로 전염병의 위협도 사라지기 시작했다. 이러한 변화들은 각각 아이의 건강 상태와 생존율을 높였고, 결정적으로 너무 많은 아이를 낳는 것에 따른 비용과 아이를 잃게 될 확률 간의 평형이 깨졌다. 결국 아이의 사망에 대비할 필요성이 덜해지면서 최적의 가족 구성원 수는 빠르게 줄어들었다.

## 엄마 맘대로라면 If mum had her way

지금까지 내가 언급한 모든 것은 가족이 행복한 단위이고, 아내에게 좋으면 남편에게도 좋다는 것을 가정하고 있다. 하지만 가족은 진화적 이해 갈등에 의해 분열되기도 한다. 어머니와 아버지 사이에서 발생하는 갈등은 5장부터 7장까지의 주요 주제 중 하나이기 때문에, 여기서 나는 짧게 설명할 것이다.

가족 내에서 남성과 여성은 대부분 동일한 진화적·경제적 이해관계를 공유하고 있다. 대개 부모들은 서로의 이익을 위해, 특히 아이를 위해서 함께 일한다. 하지만 남성과 여성은 단지 뜨거운 하룻밤만 보내기도 하며, 이혼하기도 하고, 한쪽이 죽는 경우도 있다. 비록 부부는 아이를 통해서 강한 진화적 이해관계를 공유하고 있지만, 미래에 한 부모가 다른 짝과 아이를 가질 수도 있기 때문에 그들의 이해는 완전히 동일하지는 않다. 만약 여성이 출산 직후 죽었다면, 그녀는 더 많은 아이를 갖거나 그녀의 아이 또는 손자가 자랄 때 도움을 줄 수 있는 기회도 잃게 된다. 그녀의 남편도 그녀가 엄마 또는 할머니로서 제공할 수 있는 것들을 잃게 된다. 그는 아내를 잃었다는 충격에 슬픔에 빠지겠지만, 언제나 새 아내를 맞아서 다시 시작할 수 있다.

모든 아이는 아버지보다는 어머니에게 더 큰 희생을 요구한다. 어머니는 출산 과정에서 죽을 수도 있다는 위험을 무릅쓸 뿐만 아니라, 임신과 수유라는 부담도 떠안아야 한다. 진화적으로 표현하면, 적은 아이를 갖고 하나의 아이 또는 손자의 양육에 더 많은 투자를 하는 것은 남성보다 여성에게 더 이득이다. 그래서 여성과 남성의 진화적 이해 차이는 진화적 권력 다툼을 유발한다.

성 간 갈등의 결과는 대개 미묘하며 결코 정해진 것이 아니다. 우리 모두는 남성보다 여성이 아이를 더 원한다는 것을 알고 있다. 하지만 일반적으로, 오래전부터 남성은 여성보다 더 큰 가정을 선호하는 방향으로 선택되어 왔다. 아이를 더 가지는 것에 대하여, 남성은 여성보다 무관심하거나 별로 꺼리지도 않는다. 찰스 다윈의 사랑하는 아내였던 엠마는 일기장에 생리 주기를 기록했고, 또 아이를 갖게 되었다는 소식에 꽤 망연자실하곤 했다. 하지만 다윈은 그녀만큼 충격을 받지는 않았다. 만약 엠마가 오늘날처럼 피임을 할 수 있었다면, 우리는 그녀가 10명보다 적은 아이를 낳았을 것이라고 확신할 수 있다.

성 갈등은 근본적이고 강력한 진화적 힘이지만 너무 당연한 것으로 여겨져서 잘 알아채지 못할 때가 많다. 특히 남성들은 지금까지 이러한 균형이 깨진 사회를 선호해왔다. 하지만 성 갈등은 너무나 만연하고 강력해서 힘의 균형이 조금만 변해도 갑작스럽고 심오한 결과를 낳기도 한다. 단연코 오늘날 출생률을 결정하는 가장 중요한 요인은 여성의 지위다. 사회가 여성을 교육하고, 투표권을 주고, 여성이 할 수 있는 일에 대한 제약을 없애고, 여성에게 재산을 소유하고 상속할 수 있도록 해주면, 출생률은 떨어진다. 출산휴가와 육아 지원으로 여성이 일터에 참여할 수 있도록 지원하고, 저렴하고 안전한 피임 및 낙태 수단을 제공한다면, 여성들은 출산을 조절할 수 있다. 단순히 이렇게 함으로써, 남자가 모든 패를 쥐고 있을 때보다 여성은 훨씬 더 적은 아이를 낳을 것이다. 바로 여기서 진화생물학과 페미니즘이 뚜렷하게 수렴하는 모습을 볼 수 있다. 40년 전 저메인 그리어Germaine Greer가 말한 것처럼, '출산 관리는 성인의 가장 중요한 역할 중 하나다'.

페미니즘 혁명이 큰 역할을 한 것은 사실이지만, 여성의 지위를 신장시키는 데 꼭 페미니즘이 필요한 것은 아니다. 여권 신장은 교육 제도의 개선으로 시작될 수 있다. 교육 기간이 길어질수록 여성이 일생 동안 갖는 아이의 수는 줄어든다. 오늘날 파키스탄, 나이지리아, 예멘처럼 빠르게 성장하는 나라에서 아무런 교육을 받지 못한 여성은 고등학교까지 마친 여성에 비해 일생 동안 두 배나 많은 아이를 낳는다. 단지 초등학교만 마친 여성은 그 중간에 위치한다.

흔히 종교 근본주의자는 여성이 교육을 받거나 정치적 권리및 경제적 기회 등을 가지는 것을 반대한다. 이슬람 근본주의자는 확실히 그렇다고 알려져 있다. 여성의 학교 교육을 금지한 아프가

니스탄의 사이코패스 성차별주의자 탈레반만 생각해봐도 알 수 있다. 그 결과, 젊은 아프간 남성의 83퍼센트가 글을 읽을 수 있는 반면에, 젊은 아프간 여성은 오로지 32퍼센트만이 글을 읽을 수 있다. 이웃 나라 이란의 여성은 이슬람 세계의 저급한 몇몇 규제 때문에 고생하고 있다. 내가 이 글을 쓰고 있을 시점에, 사키네Sakineh Mohammadi Ashtini라는 여성은 간통죄로 99대의 채찍을 맞았고, 곧 돌에 맞아 죽을 것이다. 이런 식의 야만적인 여성 혐오는 오늘날 이란 사회에 만연해 있다. 하지만 제한적인 성공도 있었다. 1979년 혁명기 즈음에 이란 여성은 평생 일곱 명 정도의 아이를 가졌다. 1980년대에는 출산을 장려하고 산아 제한은 고려하지 않는 정부 정책 때문에 출생률이 계속 치솟았다. 1988년에 이란에서 백만 명의 사상자를 낸 이라크 전쟁이 끝난 뒤, 인구 전문가는 이란의 지도자였던 아야톨라에게 빠른 인구 성장이 국가를 위하는 길이 아님을 설득시켰다. 결국 그는 산아 제한 정책을 시행했고, 여성의 교육을 강조했다. 혁명 직전인 1976년에 이루어진 조사에서는 20~24세의 시골 여성의 10퍼센트만이 읽고 쓸 수 있었다. 하지만 2006년에 이르러 이 수치는 91퍼센트로 올랐다. 이란은 이제 중동 국가들 중에서 교육 수준이 가장 높은 국가이며, 교육 부분에서 양성 평등이 가장 잘 이루어진 국가다. 또 어느 나라보다도 높은 출생률 감소를 자랑하고 있다. 2006년에 여성 한 명당 출산율은 1.9명으로 줄었다.

교육을 통해 여성은 사회나 가정에서 더 큰 힘을 발휘할 수 있다. 교육을 받은 여성은 더 많은 아이를 낳으라는 강요를 이겨낼 수 있다. 또한 그녀들은 일자리를 얻기 쉽고, 덜 교육받은 여성, 심지어 남성보다도 더 나은 급여를 받는다. 이 급여는 가족 경제의 중요한 부분이 되므로 어머니가 일을 하지 않으면 가계는 더욱 어려워진다. 이것은 경제학적 용어로 기회비용을 나타낸다. 오늘날 가족 부양에 힘쓰는 사람이라면 누구나 알고 있듯이, 이 비용은 단지 불가해한 이론적인 비용이 아니다. 어머니가 돈을 벌지 않는 시간(또는 아버지가 집에 있고 어머니가 일을 나가는 가정에서는 아버지 임금)이 바로 실제의 기회비용이다. 그리고 부부가 맞벌이로 일해서 이런 기회비용을 없애면, 더 엄청난 추가 비용이 우리에게 부과된다. 아이를 어린이집에 보내는 비용이 그것이다.

여성이 집에 있으면서 많은 아이를 키우고 '가사'라고 완곡하게 표현하는 무보수의 집안일을 하는 것이 오랫동안 남자에게 진화적인 이득이었을지도 모른다. 하지만 오늘날의 남성은 교육 수준이 높고 고임금을 받는 여성과 결혼해 가정을 꾸리는 것이 경제적으로 더 유리하다는 것을 깨닫고 있다. 인구 전환에 따른 출생률 감소는 선순환 구조를 이룬다. 여성의 지위가 올라가면, 더 많은 여성이 일터로 나간다. 또 노동력이 많이 공급되면 경제 성장을 자극하고, 이러한 성장은 다시 교육의 필요성을 강화시킨다. 교육의 필요성은 아이를 키우는 데 필요한 부모의 투자를 늘리며, 학식 있는 여성은 아이들, 특히 딸을 더 교육시키려고 할 것이다.

진화적인 관점에서, 가정과 사회 내에서 힘의 균형이 여성으로 이동하는 것은 과거 우리가 자급자족적 농업을 했을 때에 비해 번식 전략이 여성에게 더욱 유리한 방향으로 옮겨가도록 만들고 있다. 출산 조절이 가능하다면 여성은 적당한 수의 아이를 선호하며, 각각의 아이에게 더 많은 정성을 쏟는다. 이란의 예에서 볼 수 있듯이, 이러한 변화는 순전히 여성 교육의 개선으로부터 시작될 수도 있지만, 산아 제한·피임·낙태 등을 통해서 촉진될 수 있다. 오늘날 대부분의 아이들은 가난한 국가에서 태어난다. 이 아이들의 다수는, 특히 아프리카 사하라 사막 남부 지역의 아이들은 어머니의 계획에 없었던 아이들이다. 많은 어머니들은 임신과 육아에 따른 신체적 부담을 견딜 수 있을 때까지, 그리고 아이를 기를 수 있는 자금을 마련할 때까지 임신을 미루고 싶어한다. 출산 계획은 이런 어머니들에게 도움을 줌으로써, 급속한 인구 성장을 겪고 있는 나라들에서 출생률을 조절하는 데 기여할 수 있다.

　개발도상국에서는 연간 1억2천 명의 여성이 아이를 가진다. 그중 4분의 1은 원치 않은 임신을 하고, 이들 중 4백만 명은 낙태를 한다. 개발도상국의 많은 여성들, 특히 가난한 여성들에게, 불법 낙태는 신체적·경제적·사회적 파멸을 피하기 위한 유일한 수단이다. 그러나 불법 낙태는 안전하지 않을 뿐만 아니라 몸을 쇠약하게 만들고 자칫 산모의 목숨을 빼앗을 수도 있다. 레이건과 부시 정부, 가톨릭 교회 등, 여성의 낙태를 도와주는 가족계획기구들을 전혀 지원하지 않았던 정부나 단체들은 그런 여성을 두 번 죽이는 것과 다름없다. 이 여성들이야말로 안전한 낙태를 가장 필요로 하지만, 낙태에 반대하는 정책은 이 절망적인 여성으로부터 그 기회를 앗아가며, 그들이 결국 불법적인 낙태를 하도록 내몰게 된다. 이 정책은 낙태 이외의 다른 산아 제한 계획을 필요로 하는 여성

에게도 그런 기회 자체를 말살시키고 있다. 이 모든 것이 종교라는
이름으로 행해지고 있다.

○ ○ ○

우리는 진화적 생활사 이론을 기초적인 가정학home economics
과 함께 살펴보며, 적어도 인구 성장에 대해서는 하딘의 공유지
의 비극을 피할 수 있다는 것을 찾아냈다. 사람들은 자녀 수를 조
절해서 그들의 경제적·진화적 이득을 최대로 추구할 수 있다. 특
히 교육이 성공과 신분 이동을 위한 방도가 되면서 여성의 권익
이 신장되었고 그 결과 여성이 스스로 출산을 조절할 수 있게 되었
다. 미셸 골드버그Michelle Goldberg는《번식의 여러 수단들The Means of
Reproduction: Sex, Power, and the Future of the World》의 맺음말에서 정부기
관이나 단체들이 여성의 요구를 진지하게 받아들일 때 맬서스의
비극을 피할 수 있다고 주장했다. 모든 여성은 소중하기 때문에,
그들의 요구 또한 소중하다. 나는 이 장에서 다룬 진화생물학의 몇
가지 작은 통찰이 골드버그가 말한 왜 '여성의 자유는 선의를 향한
가장 강력한 힘'인지에 대한 설명에 보탬이 되었기를 바란다.

---

# 셰익스피어식 사랑

## Shakespearean love

**사랑보다 더 중요한 일은 많다. 우정처럼. 또 역설. 그래, 역설이 제일 중요하지.**

– 크리스토퍼 히친스(Christopher Hitchens), 2010

자연선택은 곧 번식이다.

유성 생식을 하는 다른 생명체처럼,

사람도 번식하기 위해서는 두 사람이 필요하다.

두 손을 마주쳐야 소리가 나는 법이다.

5장부터 9장까지의 내용은 모두 섹스에 대한 것으로,

여기서 나는 섹스와 사랑,

섹스에 대해 연구하는 것으로 먹고 사는 사람들,

그리고 그와 관련된 문제들을 다룰 것이다.

나는 인간의 섹스와 재생산을 동물 세계에서 나타나는

엄청난 성적 다양성이라는 관점에서 고찰하고,

섹스를 두고 일어나는 협동과 번식 간의

밀고 당기는 관계에 대해서 살펴볼 것이다.

또한 나는 우리의 감정, 특히 사랑이란 메커니즘이

어떻게 우리의 성적 행동을 진화시켰는지를 논의할 것이다.

참된 마음의 결합에

방해를 허락치마소서

변화가 왔을 때 돌아서거나

흔들림에 동요하는 사랑은

사랑이 아닌 것

폭풍우 속에서도 결코 흔들리지 않는

아! 사랑은 영원한 지표

높이는 잴 수 있되 진가는 알 수 없는

사랑은 표랑하는 모든 배의 별.

장밋빛 입술과 두 뺨이

시간이라는 굽은 낫 속에 걸려 들어도

사랑은 시간의 어릿광대가 아니어라.

사랑은 짧은 시간과 주일에 변하지 않고

운명의 마지막까지 견디어간다.

만약 이것이 틀렸다는 것이 입증된다면,

나는 시를 쓰지도 않고, 아무도 사랑하지 않을 것임을.

셰익스피어의 소네트 116번은 사랑의 절대적이고 영원한 속성을 우아하게 표현하고 있다. 낭만적인 사랑은 인간이 표현하는 모든 감정들 중에서 가장 심오하다. 사랑의 불가사의한 힘은 우리의 삶을 변화시키고, 좋은 일을 하도록 북돋아주며, 절묘한 창의성의 원천이 된다. 진화의 관점에서 볼 때 사랑의 힘이 그토록 강력한 이유는 우리가 너무 평범해서 당연히 받아들이는 것, 즉 2세를 갖기 위해서다. 아이를 갖기 위해서 서로 독립적이고 무관한 두 개인은 서로의 차이에도 불구하고 함께 지내기로 약속한다. 사랑 때문에 이러한 합의가 가능해진다. 사랑에 빠진 두 연인은 마치 그들이 더 이상 둘이 아니라 하나가 되었다는 감정을 서서히, 때로는 순식간에, 갖게 된다.

하지만 사랑이라는 감정이 영원히 지속될까? 새뮤얼 존슨 Samuel Johnson은 재혼을 '과거의 실패를 극복한 희망의 승리'라고 표현했다. 비록 '첫' 결혼에서 우리는 불신은 잠시 접어두고 부부가 혼인 서약에서처럼 서로 영원히 사랑할 것이라는 희망을 품지만 말이다. 우리의 경험에 따르면 사랑은 언제나 시간의 어릿광대이며, 변치 않는 사랑은 없다. 셰익스피어가 틀렸다는 증거는 무수히 많다. 사랑은 다채롭고 아름답지만, 영원한 사랑은 드물다. 진정으로, 미친 듯이, 깊게, 열렬히 사랑에 빠진 많은 연인들도 시간이 지나면 그 사랑이 소진되었음을 알게 된다.

사랑은 많은 문학, 음악, 미술 작품에 영감을 주었다. 하지만 남자와 여자 사이의 사랑이 정말 소네트 116번과 같다면, 인생과 예술의 즐거움은 훨씬 덜했을 것이다. 오셀로의 질투어린 분노, 햄 릿의 절망적인 망설임, 《말괄량이 길들이기The Taming of the Shrew》의 유쾌한 언쟁, 또는 두 가문의 전쟁 때문에 비극으로 끝난 로미오와 줄리엣의 사랑은 탄생하지 못했을 수도 있다. 다시 말해 '음악이 사랑을 살찌우는 양식이라면(셰익스피어의 《십이야》 중에서)', 우리 는 오로지 토치송torch song(실연이나 짝사랑의 심정을 나타낸 애상적인 노래―옮긴이 주), 부드러운 발라드, 사랑 노래 등만 듣고 자랐을 것 이다. 블루스는 태어나기 어려웠을 것이다.

나는 이 장에서 연애 사건이 왜 우리를 그토록 매혹시키는지 에 대해 그 기저에 자리하고 있는 진화적 원인을 찾아볼 것이다. 언뜻 보기에 교제 관습이나, 결혼 풍습, 가족 구조는 시대와 문화 에 따라 매우 다른 것처럼 보인다. 하지만 동물의 교미 체계가 얼 마나 다양한지 떠올려보면 생물학자에게 이 정도의 차이는 정말 사소하다. 중요한 사실은, 동물의 교미 체계를 형성시킨 진화적 힘 의 관점에서 보면 인간의 짝짓기 체계의 주요 특징이 무엇인지와 경제·문화적 요소가 이 체계를 어떻게 변형시키는지 이해할 수 있 다는 것이다. 여러분의 이해를 돕기 위해서, 나는 일반적인 포유류 가 어떻게 번식을 하는지 설명하고, 어떤 측면에서 사람의 번식은 포유류보다 조류와 더 비슷함을 보일 것이다.

## 포유류로서 인간 The importance of being a mammal

지금 살아 있는 모든 사람들은 오랜 역사 동안 대대로 성공해온 조상의 후손이다. 인간이 침팬지와 공통 조상으로부터 분리된 이후로 500만 년 동안, 우리 모두에게는 대략 20만 쌍의 조상이 있었고, 그들은 모두 짝을 찾는 데 성공하여 섹스하고, 하나 이상의 아이를 낳고, 젖을 먹이고, 길렀다. 이러한 조상들의 성공 역사는 500만 년 전보다 훨씬 더 거슬러 올라가 유성 생식을 하는 생명체가 처음 등장했던 10억 년 전까지 닿을 수 있다. 우리 조상들은 짝을 맺고 아이를 낳고 가족을 꾸렸지만, 한편으로 우리가 기억해야 할 사실은 동시대에 살던 많은 사람들이 짝을 맺기 이전에 너무 일찍 죽거나, 짝을 구하지도 못하거나, 짝을 맺을 수 있을 만큼 성장한 자손을 남기지 못했다는 것이다. 적어도 번식 측면에서, 우리의 조상은 그 세대에서 가장 성공한 사람이다. 이처럼 짝을 맺고 2세를 낳는 일이 반복적으로 누적된 결과, 우리는 어떤 상황이라도 번식에 이익이 되도록 만들 수 있게 잘 조율되었다.

진화의 관점에서 오래 사는 것은 오로지 더 많은 아이를 낳아서 그 아이들이 다른 아이를 낳을 수 있을 때까지 돌봐줄 수 있는 경우에만 가치가 있다. 어울리는 짝을 찾고, 짝을 두고 경쟁하고, 생식 가능한 짝을 잠자리로 유혹하거나 때로는 강제로 끌고 간 이들은 자신의 유전자를 자손에게 전달할 수 있었고, 자손은 그 유전자를 받아 같은 형질을 나타낸다. 그렇기 때문에 강력한 선택압이 일어난다. 짝을 성공적으로 찾고 관계를 맺는 것은 찰스 다윈이

'성선택'이라고 불렀던 특별한 종류의 자연선택에 해당된다.

비록 우리와 우리 조상은 누구나 어머니와 아버지가 있지만, 진화적으로 가장 성공한 여성과 남성은 매우 다른 방식으로 성공을 이뤄냈다. 대부분의 종에서 성선택은 수컷과 암컷에서 서로 다르게 작용하며 다소 다른 전략이 선호된다. 인간에서도 마찬가지다. 성선택은 남성과 여성의 신체, 뇌, 행동을 종종 매우 다른 방향으로 형성시켰고, 이러한 차이 중 일부는 포유류의 전형에 따른다.

암컷 포유류의 경우에는, 태아를 자궁에 넣고 다니며 태반을 통해 영양을 공급하는 등 엄청난 투자와 함께 어미로서의 여정이 시작된다. 암컷의 몸은 새끼가 성장하는 데 필요한 모든 영양분과 에너지를 담고 있는 젖을 생산한다. 수유는 새끼가 젖을 떼고 딱딱한 먹이를 먹을 수 있을 때까지 지속된다. 어미는 먹이를 구하러 갈 때 새끼가 그녀를 따라올 수 있을 정도로 느리게 움직여야 하며, 그렇지 않으면 하루에도 몇 번이고 새끼에게 되돌아와서 먹이를 주어야 한다. 그 결과 암컷은 그녀 자신과 새끼가 모두 먹을 수 있을 만큼 많은 양의 먹이를 구해야 하는데, 그러면 어미와 새끼 둘 다 포식자에게 죽임을 당할 수 있는 위험에 처한다. 물론 쥐와 같은 포유류의 어미는 일단 새끼가 젖을 떼면 그 즉시 예전 모습으로 돌아가며 새끼는 어미 곁을 영원히 떠난다.

많은 포유류의 경우, 새끼들은 일정한 나이가 될 때까지 무리 속에서 함께 지내며, 어미는 수년 동안 가능한 모든 것을 새끼에게 가르친다. 암컷 코끼리는 보통 어미, 어미의 자매, 완전히 성장한 딸과 조카딸 그리고 어린 아들과 조카 등이 대규모 무리를 이루고 산다. 새끼 코끼리가 또 자기 새끼를 충분히 키울 수 있을 때까지, 어미 코끼리가 새끼 코끼리를 키우는 데는 10년도 넘게 걸린다. 제일 성공적인 포유류 암컷은 임신과 수유에 따른 엄청난 부담을 감당하는 데 필요한 자원을 얻을 수 있는 이들이다. 아이를 키우는 데 드는 어미의 어마어마한 노력 때문에, 모든 암컷은 수컷에게 배우자로서 매우 소중한 존재다.

반면에 포유류 수컷은 일반적으로 아이를 키우는 데 많은 노력을 기울이지 않고 직접적인 관여도 하지 않으려고 한다. 암컷은 자신이 살고 있는 서식지나 사회 집단의 우두머리 수컷과 짝을 맺기 때문에, 수컷이 짝짓기에 성공하기 위해서는 그 장소나 집단에서 우위를 점하고 그 자리를 노리는 이들을 막아내야 한다. 남방코끼리물범의 수컷은 9월이면 해변에 모여, 곧 이어 새끼를 낳기 위해 해안가로 도착할 암컷을 차지하려고 서로 맹렬하게 다툰다. 암컷이 출산을 마치면 지배자 수컷은 교미를 할 수 있다. 하지만 우두머리의 자리를 지키기 위한 끝없는 싸움을 통해 생기는 부상이나 에너지 소모 때문에, 지배자 수컷이 진화적으로 성공하려면 엄청난 비용이 든다.

모든 동물, 특히 포유류에서 수컷의 진화적 적합도는 모 아니면 도인 경우가 많다. 극소수의 코끼리물범만이 충분히 크고 강하게 자라나서 해변의 지배자가 될 수 있는 행운을 누린다. 대부분의 수컷은 싸우는 과정에서 죽거나 불구가 되며 교미할 기회를 갖기도 전에 죽어버리고 자손을 남기지 못한다. 이런 수컷은 진화적으로 막다른 길에 이른 것이며, 그들의 유전자도 그들과 함께 사라진다. 해변의 지배자가 된 소수의 물범은, 비록 단지 몇 주 동안 만이라도, 진화적으로 대박을 터뜨리게 된다. 이 수컷들은 다음 세대에 태어나는 모든 수컷과 암컷의 아비가 된다. 오늘날 살아 있는 모든 코끼리물범은 이처럼 가장 성공적인 수컷의 혈통을 이어 받았다.

가장 큰 수컷이 해변을 지배할 수 있기 때문에 자손들은 수컷을 더 크게 만드는 유전자를 물려받는다. 이러한 성선택의 결과로, 수컷 코끼리물범은 암컷보다 여덟 배나 더 무거운 형태로 진화했다. 대부분의 포유류는 몸이 클수록 싸움에 유리하다. 그리고 포유류 수컷은 일반적으로 그 종의 암컷보다 더 크다. 임팔라의 뿔, 사자의 이빨처럼 수컷과의 우위 경쟁에서 무기로 쓰일 수 있는 것들은 수천 세대를 거치며 성선택에 의해 현재의 터무니없이 큰 크기로 진화했다. 즉, 피의 전쟁에서 긴 뿔을 갖고 있거나 더 날카로운 이빨을 지닌 수컷이 상대적으로 그런 형질을 덜 타고난 경쟁자를 물리친 것이다.

비록 임팔라, 사자, 코끼리물범은 여러 측면에서 전형적인 포유류의 특징을 보이지만, 오늘날 4,500여 종의 포유류의 교미 행동은 각각이 전부 서로 다르다고 할 수 있다. 사람과 가까운 포유류만해도 교미 행동의 변이가 꽤 크다. 고릴라는 아주 전형적인 포유류의 특징을 보인다. 나이 많은 고릴라 수컷은 대략 다섯 마리의 암컷으로 구성된 하렘을 소유하며, 다른 젊은 고릴라들에 의해 전복되기 전까지는 4~5년 동안 하렘의 모든 암컷과 독점적으로 교미할 수 있다.

우리와 가장 가까운 종인 침팬지와 보노보는 고릴라와 또 다르다. 그들의 무리는 성숙한 몇몇 수컷과 암컷 그리고 그들의 자식들로 이루어진다. 가임기 암컷은 주기적으로 몇 마리의 수컷과 교미를 하며, 암컷을 차지하기 위한 수컷끼리의 경쟁은 흔치 않다. 그 결과, 침팬지 수컷은 암컷과 크기가 거의 비슷하다. 사람은 침팬지와 고릴라의 중간에 있다. 남성은 여성보다 10퍼센트 정도 크고, 훨씬 근육질이다. 이러한 사실은 남성 간의 신체적인 싸움과 텃세 다툼 등이 적어도 수백만 년 동안 인간의 짝짓기에서 매우 중요한 요소였다는 것을 의미한다.

## 인간은 새와 더 비슷하다 A lot like birds

인간의 짝짓기 행동에도 포유류의 폭력적인 본능이 숨어 있는 것 같지만, 우리는 좀 독특한 포유류라는 사실을 알고나면 안심이 될 수도 있다. 여러 측면에서 우리는 새와 더 닮았다. 새들은 새끼를 키우는 데 정말 고생한다. 포유류처럼 발생 과정에 필요한 따뜻하고 아늑한 자궁이 없기 때문에, 새들은 새끼가 부화할 때까지 알을 따뜻하게 유지해야만 하며, 알을 부화시키기 위해서 적어도 부모 중 하나는 언제나 둥지에서 알을 품고 있어야 한다. 새끼새는 부화의 순간부터 둥지를 떠나 독립할 때까지 가능한 빠르게 성장해야만 한다. 정원에 둥지를 튼 새 한 쌍을 관찰한 적이 있다면, 두 부모새가 얼마나 바쁘게 움직이는지를 알 것이다. 힘 없는 새끼를 먹이기 위해서 부모새는 하루 종일 정신 없이 일해야만 한다. 심지어

도우미가 있을 때도 말이다.

　암컷 새는 나이 든 수컷과는 교미하려 하지 않는다. 암컷은 건강하고 새끼의 양육에 헌신할 수 있는 수컷과의 교미를 선호한다. 많은 종에서 암컷 새들은 포식자로부터 안전하거나 먹이가 많은 곳에 둥지를 지은 수컷과 교미하려는 경향을 보인다. 알바트로스나 독수리처럼 새끼 한 마리를 성장시키는 데 두 부모의 노력이 모두 필요한 새의 경우는, 일단 암수가 서로를 선택하고 나면 그들은 수십 년 동안 함께 지내면서 해마다 교미를 한다.

　오래전부터 우리는 새를 정절의 상징으로 여겼다. 그러나 분자유전학의 발달로 새들의 숨겨져 있던 이야기가 드러났다. 암컷은 훌륭한 둥지를 갖고 있으며 매력적인 짝임을 알리는 모든 징후들을 뽐내는 수컷을 찾아다니며, 일단 교미를 하고나면 그녀는 다른 수컷에게로 눈을 돌린다. 새들의 DNA를 분석한 결과, 90퍼센트의 조류에서 암컷이 기르는 새끼의 일부가 그녀의 사회적인 짝이 아닌 다른 수컷의 새끼인 것으로 나타났다. 평균적으로 새끼의 11퍼센트는 또 다른 수컷의 자식이다. 이 분야의 최고는 호주의 예쁜꼬마굴뚝새superb fairy wren다. 예쁜꼬마굴뚝새 암컷이 품는 알의 95퍼센트는 동트기 전 근사한 수컷 새의 보금자리로 몰래 찾아가 하는 짝짓기의 결과다.

　암컷은 짝짓기에서 두 가지의 선택을 할 수 있다. 하나는 둥지를 짓고 함께 새끼를 기를 수 있는 사회적인 짝을 선택하는 것이며, 다른 하나는 사회적인 짝 이외의 다른 수컷과 교미할지 여부를 선택하는 것이다. (생물학자들은 이것은 혼외정사extra-pair copulation라고 부른다.) 첫 번째 종류의 짝 선택으로 암컷은 새끼를 독립시키는 데 필요한 자원이나 도움을 확보한다. 훌륭한 보금자리를 점유한 수컷들은 대부분 이러한 방식으로 교미를 하고 가족을 꾸린다. 암컷은 훌륭한 유전자 조합을 가진 매력적인 수컷과 혼외정사를 할 수도 있다. 같이 사는 수컷이 유전적으로 평균 이하인 것처럼 보이면 암컷이 바람을 피울 가능성은 더욱 높아진다. 암컷이 혼외정사를 한다고 해도 자손 수가 더 늘어나진 않는다. 그러나 그녀의 새끼는 혼외정사를 나눈 수컷으로부터 좋은 유전자를 물려받아 생존과 번식에 더 잘 적응할 수 있다. 즉, 암컷 새는 뛰어난 펀드 매니저처럼 혼외정사를 통해 미래를 위한 가장 중요한 투자 대상인 새끼가 입을 피해를 최소화할 수 있다.

수컷도 그렇게 멍청하진 않다. 암컷이 산란 시기에 자리를 비우는 등의 바람을 피우는 낌새를 느낀 수컷은 새끼를 키우는 데 노력을 덜 쏟는다. 의심 많은 수컷은 암컷이 자기 새끼를 기르는 것도 방해한다. 어쨌든 엉뚱하게 다른 수컷의 새끼를 기르는 데 시간과 노력을 쏟는 것은 진화적으로 무의미한 일이기 때문이다. 하지만 손뼉도 마주쳐야 소리가 나듯이, 일부일처제의 믿음을 무너뜨리는 데는 수컷도 일조한다. 다른 암컷과 혼외정사를 할 수 있는 수컷은 엄청난 적합도 보상을 누릴 수 있다. 알을 부화시키고 새끼를 키우는 노력 없이 더 많은 자손을 남길 수 있기 때문이다.

암컷의 두 가지 형태의 짝 선택(함께 지낼 사회적 짝 고르기와 혼외정사 결정하기) 때문에, 수컷에게는 강한 성선택압이 작용한다. 대부분의 수컷 새는 우열을 가리기 위해 신체적 경쟁을 하는 대신에, 암컷 앞에서 자신의 양육 능력이나 유전적 우수성을 뽐내면서 암컷의 눈에 들기 위해 경쟁한다. 이것으로 수컷 새가 동물 중 겉모습이 가장 화려한 반면에 암컷은 수수한 모습인 이유를 설명할 수 있다. 극락조 수컷의 화려한 꼬리깃, 금조류lyrebird의 노래 소리, 예쁜꼬마굴뚝새의 눈부시게 빛나는 푸른 깃털 등은 모두 암컷이 가장 화려한 수컷을 교미의 대상으로 선택하여 나타난 강한 선택압에 의해 진화한 산물이다.

사람의 아이는 어린 새처럼 키우기 매우 어렵고, 10년에서 20년 동안 하나 혹은 양쪽 부모의 노력이 필요하다. 어머니와 아버지가 아이를 기르는 데 드는 수고는 아이에게뿐만 아니라 서로에게도 가치가 있다. 그 결과, 남성과 여성은 모두 누구와 짝을 맺고 아이를 기를지를 꽤 까다롭게 선택한다. 짝 선택은 인류의 모든 문화에서 중요하게 여겨진다. 대부분의 사회에서 짝 선택은 결혼 상대자를 고르는 형태로 나타난다. 남자와 여자 모두 일생 동안 짝 선택을 하며, 여러 번 결혼하는 일도 꽤 흔하다. 경제적 이해관계를 맞추고 정치적 동맹을 구축하기 위해 가족이 결혼을 중매하는 사회에서도 성선택은 더 가치 있는 결혼 상대자를 나타내는 형질, 즉, 멋진 외모, 뛰어난 지능, 출세 욕구 등을 만들어낸다.

인간도 새들처럼 배우자가 아닌 다른 누군가와 관계를 가지며 은밀하면서도 강력한 짝 선택을 한다. 부부 중 한쪽 또는 둘 다 몰래, 또는 의도적으로, 새로운 배우자를 찾는다. 하지만 남성과 여성이 혼외정사를 통해 얻는 진화적 이득은 서로 약간 다르다. 남성의 경우, 모든 성관계는 자손의 수를 증가시킬 기회가 된다. 혼외정사가 없을 때 남성의 생식 성공도는 아내가 낳을 수 있는 자식 수에 따라 한정될 수 밖에 없다. 따라서 진화적인 의미에서 짧은 외도는 복권에 당첨되는 것과 마찬가지다. 남자 입장에서 혼외정사는 직접 키울 필요 없는 아이를 얻을 수 있는 잠재적인 기회다.

여성의 경우, 혼외정사를 하는 여성은 오로지 남편이 생식불능일 때만 더 많은 자손을 남길 수 있다. 하지만 여성은 훌륭한 유전자 조합을 지닌 남성과 잠자리를 가져 자기 아이들에게 남편의 그저 그런 유전자가 아닌 혼외정사 남성의 훌륭한 유전자를 물려줄 수 있다. 여성은, 결혼을 했든 안 했든, 재산이 많은 남성과 관계를 맺어 자식들 또는 자신을 위한 자원을 더 확보할 수도 있다.

## '섹스' 하면 떠오르는 것 What I think about when I think about sex

영국의 빅토리아 시대(1837~1901)는 기술과 농업이 폭발적으로 발전했고, 예술과 문학 사조에 큰 변화가 일어났으며, 합리적이고 진보적인 사고가 성장했던 시기다. 현대 실용주의, 페미니즘, 사회주의, 의회 민주주의는 빅토리아 시대의 영국에 그 뿌리를 두고 있다. 진화에 대한 다윈의 역작을 비롯해 수많은 지적 성취가 이루어진 시기이기도 하다. 그럼에도 불구하고 아직은 섹스에 대한 개방적인 태도는 나타나지 않았다.

한편, 빅토리아 시대는 조신함과 성적 억압을 대표하는 시기였다. 당시 신부의 3분의 1이 결혼식 때 이미 임신 상태였다는 연구 결과를 보면, 노동자 계급은 비교적 성에 자유로웠던 것으로 보이지만 상위 계층은 매우 보수적이었다. 교제 예절은 상당히 엄격했으며 남녀가 서로 만나려면 여성보호자를 동반해야 했다. 신체 접촉의 수위도 손을 잡는 것보다 조금 더 나가는 정도였다. 남녀 관계에서 여성들은 주로 불쾌한 척 내숭만 떨곤 했지만, 이로 인한 성적 긴장감은 그 시대 문학 작품의 자양분이 되었다.

1857년 윌리엄 액튼William Acton 박사는 생식기관과 성에 대한 책을 써서 엄청난 인기를 끌었다. 그 책은 자위 행위가 몸과 마음을 망가뜨리며 눈을 멀게 하기도 한다는 당시의 병적인 믿음을 부채질했다. 또한 그는 여성에 대해서도 '대부분의 여성은 (다행스럽게도) 섹스를 원하지 않고 관심도 없다.'고 기술하는 데 그쳐, 여성을 논하는 데 실패했다.*

지난 150년 동안 생물학은 여러 가지 방식으로 빅토리아 시대의 편견을 해소하는 데 기여했지만, 그럼에도 불구하고 성 혁명은 비교적 최근에 와서야 이루어졌다. 다윈의 책이 번식에 대한 과학적 사고를 바꾸는 데 기여하긴 했으나, 다윈의 동료였던 귀족 자연주의자들이 성에 대해 가졌던 완고하고 보수적인 사고 방식은 아직도 남아 있어서 사람들이 섹스를 이해하는 방식에 영향을 주고 그것을 왜곡시키고 있다. 오늘날에도 많은 과학 논문과 자연 다큐멘터리에서는 섹스를 '종의 영속'을 위해 필요한 행위라고 완곡

---

* 윌리엄 액튼의 사례는 남성 작가들이 상당히 제한적이고 권위적인 식견으로 여성에 대해 서술할 수 있다는 위험을 보여준다. 나는 이 책을 쓰는 동안 그 교훈을 명심할 것이다.

하게 표현하는 것을 찾아볼 수 있다. 어떤 사람들은 섹스를 그저 행복하고 즐거운 것이라는 태도만 취할 뿐, 섹스에 대해 더 자세히 알려 하지 않는다.

많은 사람들은 수컷과 암컷이 서로 매우 다른 방법으로 진화적 적합도를 최대화한다는 점을 무시하거나 인식하지 못하고 있다. 대부분의 동물들은 짝짓기를 위해 협동하기도 하고 서로를 이용하기도 한다. 인간도 마찬가지다. 기본적으로 수컷과 암컷이 짝을 맺을 때, 그들은 가능한 상대방에게 많은 것을 얻어내야 한다. 누이에게 좋은 일이 언제나 매부에게도 좋은 것은 아니다.

노랑초파리Drosophila melanogaster는 진화생물학자들이 가장 좋아하는 연구 대상이다. 초파리는 알에서 성체가 될 때까지 2주 밖에 걸리지 않으므로 진화의 방향이 어떻게 바뀌는지 관찰하는 데 1~2년 밖에 걸리지 않기 때문이다. 1990년대 말, 산타크루즈 캘리포니아 대학의 빌 라이스Bill Rice와 그의 지도학생 브렛 홀랜드Brett Holland는 초파리를 대상으로 한 실험에서 성적 갈등의 힘을 연구했다. 그들은 온도나 식단, 습도가 아니라 파리의 전체적인 교미 체계를 변화시키며 초파리를 관찰했다. 암컷 초파리는 썩은 과일에 알을 낳고 수컷은 썩은 과일 조각을 맴돌며 암컷이 들르기를 기다린다. 수컷은 교미 기회를 갖기 위해 서로 심하게 경쟁하며, 암컷은 알을 낳기 전에 몇 마리의 수컷과 교미를 하곤 한다. 홀랜드와 라이스는 한 마리의 암컷과 다섯 마리의 수컷을 짝을 지어 세 개의 실험군을 만든 후 수컷 간의 경쟁과 다중 교미를 관찰했다.

이 실험의 묘미는 다음과 같은 발상에서 나타난다. 홀랜드와 라이스는 또 다른 세 개의 실험 개체군을 일부일처가 되도록 인위적으로 조작했다. 교미 시기가 되면 각 암컷은 오로지 한 마리의 수컷과 함께 교미를 하고 알을 낳는다. 수컷이나 암컷이 죽었을 때 다른 개체로 바꾸어주지도 않았다. 짧은 번식기 동안 파리에게 엄격한 일부일처를 지키도록 했고, 이를 통해 과학자들은 인위적으로 수컷과 암컷의 이해관계를 동일하게 만들었다. 이 경우, 수컷이 암컷에게 해를 끼치면 수컷의 번식 성공도에도 손해가 되고, 암컷 또한 마찬가지였다. 2년 동안 50세대의 진화를 거친 결과, 일부일처 파리 집단에서는 수컷과 암컷이 서로에게 피해를 주는 성향이 거의 사라졌다. 다중교미 실험군에서는 수컷과의 교미로 암컷의 수명이 감소하지만, 이런 현상은 일부일처 실험군에서는 나타나지 않았다. 일부일처 실험군의 수컷은 다중교미 실험군의 수컷만큼 빈번하게 교미를 시도하지 않았다.

다중교미 실험군의 파리들은 성질이 상당히 험악해졌다. 수컷과 암컷의 번식적 이해관계가 매우 달랐기 때문이다. 수컷의 경우, 그의 목표는 암컷이 그의 알을 낳을 수 있도록 경쟁자보다 암컷과 더 많은 교미를 하는 것이다. 수백만 년 동안 수컷 파리는 경쟁자 수컷을 물리칠 수 있는 몇 가지 비열한 방법들을 진화시켰다. 수컷은 사정할 때 어떤 화학 물질 칵테일을 함께 분비하여 암컷이 그녀의 바람보다 더 많은 알을 낳도록 만들고, 그 알을 수정시키기 위한 경쟁에서 다른 수컷의 정자보다 더 유리하게 만든다. 이 화학 물질은 암컷의 수명을 단축시키거나 일생 동안 낳을 수 있는 알 개수를 줄여, 결과적으로 암컷의 진화적 적합도를 떨어뜨리고 암컷에게 직접적인 피해를 준다. 덜 독한 화학 물질을 분비하는 수컷 파리는 알을 많이 수정시키지 못하게 되고, 그런 정액을 만들어내는 유전자는 진화 과정에서 사라진다.

하지만 여기서 끝이 아니다. 다중교미 실험군의 암컷은 수컷의 교미를 막아 정액의 독한 화학 물질로 인한 피해를 최소화하기 위해 물리적·화학적으로 강력한 방어 체계를 가지고 있다. 반면, 일부일처가 강요된 실험군의 경우, 수컷은 힘을 덜 들여도 되므로 암컷에게 덜 유해한 방향으로 진화했다. 암컷도 수컷의 교미 시도에 저항하는 성향을 잃어버렸다. 수컷의 독한 화학 물질에 대한 암컷의 저항 또한 사라지기 시작했다.

흥미롭게도, 일부일처 실험군이 다중교미 실험군보다 수적으로 더 크게 성장했다. 수컷은 경쟁하거나 암컷의 생식을 조작할 필요가 없었고 암컷도 수컷의 독한 정액이나 쉴 새 없는 접근에 저항할 필요가 없었기 때문에, 최종적으로 암컷은 더 많은 수의 알을 낳았고 개체군은 빠르게 팽창했다. 암컷에게 두 마리의 수컷과 교미할 기회가 생기면, 수컷들에게 착하게 굴 이유가 없어진다. 가장 끈질기게 구애하고, 암컷을 꼬드기거나 강제로 교미를 하는 수컷, 그리고 가장 훌륭한 정자를 지니고 있는 수컷이 결과적으로 가장 많은 알을 수정시킨다. 결국 못된 유전자가 성공하는 것이다. 수컷과 암컷은 다른 진화적 군비경쟁이나 정치적 군비경쟁처럼 결국 양측을 모두 몰락시키는 잔인한 진화적 군비경쟁에 얽혀 있다. 거듭 언급하지만, 번식이 종의 이익을 최대화시킨다는 생각은 헛소리에 불과한 것으로 보인다.

이 실험을 근거로 사람에게도 평생 동안 일부일처가 강요된다면 남녀 간의 이해 갈등이 없어지고 많은 사회 문제가 해결될 수 있을 것이라고 생각할 수도 있다. 하지만 불행하게도, 사람의 일이란 시험관 속 파리의 삶보다 훨씬 더 복잡하다. 실험적 사회 공학은 윤리적인 측면에서 대중의 지지를 받지 못한다. 구조대가 오지 못하는 무인도에 고립된 부부라면 서로의 진화적 이해관계가 일치할 것이다.* 하지만 그렇지 못한 나머지 우리는 사소한 갈등부터 심각한 갈등이 모두 생길 수 있는 혼탁한 세계에서 살아야만 한다.

유성생식을 하는 그 어떤 생물 종도 일생 동안 절대적이고 배타적으로 일부일처를 지키지는 않는다. 필연적인 결과로 암수 간 진화적 이해관계의 차이가 나타난다. 모든 종에서 암수의 이해관계는 다르다. 교미 체계가 일부일처제에서 멀어질수록 암컷에게 유리한 것과 수컷에게 유리한 것의 차이가 점점 커진다. 남녀 간의 진화적 갈등에 대한 연구는 아직 시작 단계에 있다. 그러나 인간의 교미 체계의 엄청난 다양성 때문에 연구할 거리는 널려 있다. 결혼 관습은 사회마다 다르다. 이혼과 재혼의 허용 정도, 부부 중 하나 혹은 모두가 혼외정사를 할 수 있는 정도 등이 다르다. 우리가 6, 7장에서 살펴볼 것처럼, 집단 간에 나타나는 관습 차이는 남성과 여성의 이해관계의 갈등 수준을 변화시킨다. 그 결과, 인간의 섹스는 초파리의 험악한 세계처럼 갈등으로 들끓고 있으며, 남녀 갈등의 수준도 장소, 시대, 환경 조건에 따라 다양해진다.

---

* 이런 종류의 리얼 버라이어티 TV쇼가 생기면 나는 기꺼이 자문 역을 맡을 것이다.

## 발정기 In heat

몬티 파이튼Monty Python의 촌극 〈모든 정자는 신성해Every Sperm is Sacred〉는 피임에 대한 가톨릭 교회의 고리타분한 입장을 패러디한 것으로 유명하다. 생물학자들은 각 정자 세포를 신성하긴커녕 하찮게 생각한다. 수컷의 몸을 떠난 정자들은 난자를 찾고 수정시키기 위해 경주해야 하므로, 정자는 작고 빠르게 만들어진다. 수컷은 하나의 정자 세포를 만들기 위해 에너지와 자원을 많이 투자할 필요가 없다. 수컷은 수십억 개의 정자를 만들지만, 궁극적으로 난자를 수정시키는 중요한, 가끔은 신성한, 역할을 수행하는 것은 단하나의 정자이다. 이때 난자와 정자는 자손에게 모두 동일한 양의 유전적 정보를 전달한다.

임신은 신체적 부담이 크고 에너지가 많이 소모되는 과정이다. 어머니는 출산 직전까지 아이를 품고 다니다가 나중에는 비축해둔 지방까지 끌어다가 아이에게 먹일 젖으로 만든다는 사실에서 정자를 만들어내는 남성과 난자를 만들어내는 여성 간의 대비가 더욱 극명해진다. 임신 중에 여성은 다른 아이를 가질 수 없고, 이러한 상태는 수유 중에도 대부분 이어진다. 잉여 식량이 많지 않은 수렵채집인에게는 더욱 그렇다. 반면에 남성은 이론적으로 하루에도 몇 명의 여성과 섹스를 할 수 있다. 한 여성이 아이를 갖고 출산을 하고 그 아이가 젖을 뗄 기간 동안에 남자는 수백 명의 여성과 섹스를 하고 난자를 수정시킬 수 있는 것이다.

남성은 아무나와 하룻밤 자는 것만으로도 그의 진화적 적합도를 엄청나게 증가시킬 수 있다. 이러한 생물학적 사실은 불공평할 정도로 남성에게만 유리한 것처럼 보인다. 하지만 여성도 똑같이 아무나와 하룻밤을 보낼 수 있으므로 이 효과를 상쇄시킬 수 있다. 난자는 여성의 몸 속에서 수정되기 때문에, 여성은 어느 남자와 잤는지 전혀 기억이 안 나더라도 그 아이가 자신의 아이라고 확신할 수 있다. 결국 자연분만을 하든 제왕절개를 하든 여성은 아이를 낳음으로써 자신이 어머니가 되었다고 분명히 느낄 수 있다. 반면에 남성은 그가 정말 아버지인지를 완전히 확신할 수 없다. 옛말처럼, 모성은 '사실의 문제'이지만, 부성은 '견해의 문제'다.

　여성은 대부분의 암컷 포유류와 다른 특별한 점이 하나 있다. 바로 발정기가 없다는 것이다. 발정기는 임신이 가능한 시기로, 수컷을 유인하기 위해 생식력을 알리는 특정 기간을 말한다. 다른 동물들은 특정 시기에만 수태가 가능하며 이 시기에는 생식가능을 알리는 분명한 표식을 나타낸다. 반려견이 있는 사람은 암캐가 가끔씩 발정기가 되면 교미를 원한다는 것을 안다. 암컷이 화학 신호인 페로몬을 분비하여 발정기가 되었음을 알리면, 페로몬은 이웃집으로 스며들어서 잠자코 있던 수캐들을 순식간에 성적으로 광분시킨다. 대부분의 야생 포유류 또는 가축들은 발정기가 있다. 배란이 진행되는 동안 암컷은 수컷의 교미 시도를 받아주며 이로 인해 수태를 하는 경우가 많다. 발정기로 인해 성 갈등에 따른 문젯거리가 하나 해소된다. 그것은 바로 수컷의 끊임없는 구애와 교미 시도이다.

　거피는 체내수정을 하는 물고기다. 요란한 색깔 무늬를 가진 수컷 거피는 하루 종일 암컷을 따라다니며 끈질기게 구애하지만 대부분은 무의미한 시도로 끝난다. 수컷은 암컷 뒤를 몰래 따라가서 생식기에 정자를 삽입하려 하기도 한다. 매력적이고, 끈기 있고, 한편으로는 몰래 접근하는 데 뛰어난 수컷만이 암컷과 교미를 할 수 있다. 이것은 귀찮을 정도로 끈질긴 수컷을 만드는 유전자가 성선택된다는 것을 의미한다.

암컷 포유류는 수컷의 끊임없는 관심을 피하기 위해 발정기를 알리는 신호를 진화시켰다. 그와 함께 발정기에 있는 암컷을 찾을 수 있는 수컷의 능력도 진화해, 수컷이 매번 경쟁자와 다투거나 암컷에게 구애를 하고 암컷을 지킬 필요가 줄어들어 일년에 한 번 혹은 몇 번만 구애해도 되었다. 그 결과로 다행히도 대부분의 포유류의 발정기는 짧아졌다. 그래도 암컷이 자신의 난자를 수정시키기에는 충분한 시간이다. 암컷들은 수컷의 성적 관심과 괴롭힘에 시달릴 필요가 없고, 수컷들도 서로 계속 다툴 필요가 없어졌다.

대부분의 원숭이와 유인원은 분명한 발정기가 없고 (비록 암컷이 임신 가능성이 높아질 때 가장 활발히 교미하긴 하지만) 다른 포유류와는 달리 배란기가 아닌 시기에도 교미한다. 현존하는 우리의 친척인 침팬지와 보노보의 경우, 암컷은 교미하는 데 관심이 많고 배란기 내내 교미 기회를 찾아 나선다. 따라서 수태 가능성이 거의 없을 때도 교미가 빈번하게 일어난다. 암컷은 무리의 수컷들과 무분별하게 교미하는데, 이것은 암컷의 무리에 속한 각 수컷들이 태어난 새끼가 자신의 새끼일지도 모른다고 믿게 한다. 수컷은 질투심이 많고 위험한 존재이며, 수천 세대 동안 자기 새끼가 아닐 가능성이 있는 새끼를 찾아낼 수 있는 능력을 진화시켰다. 자기 자식이 아닌 새끼는 학대를 당하거나 심지어 죽임을 당할 수도 있다.

침팬지의 문란한 교미는 부성을 흐트러뜨려서 새끼에게 이득이 되도록 하는 암컷의 전략일 수도 있다. 하지만 그런 전략은 오로지 암컷이 언제 수태기인지 수컷이 알아차릴 수 있을 때만 가능하다. 침팬지 암컷은 발정기일 때 신호를 보낸다. 생식기 주변의 피부가 밝은 분홍색이나 빨간색으로 변하며 때때로 부풀어올라서 암컷이 수컷의 교미를 받아들일 준비가 되었고 수태가 가능하다는 점을 알려준다. 하지만 이러한 신호는 수태기 이전부터 시작되어 그 이후로도 지속된다. 따라서 수컷을 속이기에 충분하다.

사람은 생식기 주변이 부풀지도 않고, 페로몬을 내뿜지도 않으며, 다른 어떤 수단으로도 가임기가 되었다는 사실을 나타내지 않는다. 우리와 침팬지의 마지막 공통 조상이 살았을 때 이후로, 인간은 가임기 이외의 기간에도 섹스를 하는 침팬지스러운 형질을 극단적으로 새롭게 발달시켜서 언제나 섹스를 하게 되었다. 결국 남성은 어떤 섹스가 행운을 가져다줄지에 대해 전혀 알 수 없게 되었다.

그렇다면 여성은 왜 가임기를 숨기도록 진화했을까? 침팬지와 사람의 공통 조상은 암컷이 가임기가 아닐 때도 섹스를 하려는 성향을 물려줬다. 그리고 그 공통 조상은 아마도 오늘날의 침팬지처럼 문란하게 교미했을 것이다. 우리가 '숨겨진 배란'이라고 부르는 형질은 누가 아버지인지를 혼란스럽게 만들어서 여러 남성이 여성의 아이를 보호하고 양육을 도울 수 있도록 하기 위한 여성의 장치일 수도 있다. 숨겨진 배란은 우리의 문란한 조상들이 아버지들을 혼란시키기 위해 진화시킨 것이 거의 확실하다. 하지만 이것이 전부는 아닐 수도 있다.

숨겨진 배란은 배우자 남성의 질투심 그리고 다른 남성의 추근거림이나 강간을 줄이기 위한 일종의 완화책으로 진화된 것일 수도 있다. 여성이 가임기를 알릴 수 있거나 남성이 배란기의 여성을 구분할 수 있을 때, 여러분의 이웃집과 직장에서 벌어질 아수라장을 상상해보라. 여성은 자신의 배우자, 아는 남성들, 또는 모르는 남성들로부터 매달 며칠간은 끊임없는 관심을 받을 것이다. 남편들은 배란기에 가까워진 자신의 아내가 섹시한 다른 남성과 섹스를 할 수도 있다는 두려움 때문에 눈에 불을 켜고 아내를 지킬 것이다. 여성을 사이에 둔 남성 간의 갈등은 이전보다 더욱 커질 것이며, 이로 인해 여성, 아이 또는 그녀의 남편이 다치거나 죽을 수도 있을 것이다. 하지만 이렇게 위험한 일은 오로지 임신 가능성이 절정일 때만 일어난다. 가임기가 아닌 시기에 배우자나 다른 남성들은 여성이 물질적, 감정적으로 필요로 하는 것들에 관심을 덜 쏟는다. 따라서 남성이 배란을 눈치채지 못하도록 하여 남성으로부터 지속적인 관심을 이끌어내고 가임기 때 과도한 질투와 추근거림을 누그러뜨림으로써 여성들이 얼마나 이득을 볼 수 있을지 쉽게 이해할 수 있을 것이다. 숨겨진 배란은 남성의 이해관계에 대한 여성의 이해관계의 승리로 나타난 결과이며, 또한 인간 사회가 성적 광란의 혼돈 상태로 타락하지 않는 이유 중 하나인 것처럼 보인다.

그러나 가임기의 여성을 찾아낼 수 있는 능력을 지닌 남성은 그렇지 않은 남성에 비해 엄청난 진화적 적합도를 누릴 수 있기 때문에 숨겨진 배란은 안정적으로 지속되기 어려워 보인다. 남편들은 언제 아내를 잘 감시해야 하는지 알 수도 있고, 하룻밤 불장난을 노리는 남자들도 어떤 여자를 더 주목해서 보아야 하는지 알 수도 있을 것이다. 그런 능력을 갖추고 있는 남성들은 분명히 이익을 누릴 수 있다. 그럼에도 불구하고, 거의 모든 남성이 가임기 여성, 심지어 성적인 관심을 표현하는 여성을 인식하지 못하는 것은 인간 남성의 근본적인 결함인 것 같다. 여성이 성적 관심과 가임 여부를 남성에게 숨기는 방식이 너무나 정교하기 때문일지도 모른다. 하지만 남성도 언제 여성이 가임기인지 구분하는 능력이 있고 그에 따라 행동한다는 증거가 점차 늘어나고 있다.

제프리 밀러Geoffrey Miller와 그의 학생인 조슈아 타이버Joshua Tybur와 브렌트 조던Brent Jordan은 뉴멕시코 주 앨버커키의 스트립 쇼 클럽에서 일하는 열여덟 명의 여성을 대상으로 대담하고 참신한 실험을 시행했다. 클럽의 스트리퍼들은 랩 댄스lap dance를 추고 얻은 팁으로 돈을 벌고 있었다. 남성들에게 더 매력적인 춤을 보여주는 여성일수록 더 많은 수입을 얻을 수 있다. 연구에 참여하기로 한 여성들은 생리주기와 하룻밤 수입에 대한 자료를 제출했다. 생리주기 중 가장 임신가능성이 높은 시기의 댄서는 5시간 동안 대략 335달러를 벌었다. 반면에 생리 중인 댄서는 같은 시간 동안 185달러 밖에 벌지 못했으며, 그 중간의 시기에 있을 때는 260달러를 벌었다. 흥미롭게도, 신체 상태를 임신 초기 상태로 만드는 피임약을 먹고 있었던 일곱 명의 여성들은 피임약을 먹지 않은 여성들보다 공연 시간당 50달러에서 100달러의 돈을 더 적게 벌었다. 피임약을 복용한 댄서들의 수입은 한 달 동안 변화 없이 거의 일정했다.

이 결과를 설명할 수 있는 정확한 메커니즘은 아직도 명확히 알려져 있지 않다. (이 주제에 대해서는 한층 세심하고 섬세한 접근이 필요하다.) 가임기의 여성이 더 매력적이었던 이유는 그녀들에서 남자가 느낄 수 있는 음성적·시각적 자극이 넘쳤기 때문이었을까? 아니면 가임기 여성들은 스트립쇼를 덜 꺼렸기 때문에 남성의 약점을 이용하기가 더 쉬웠던 걸까? 이런 부분에 대해서 더 조사하면 분명 흥미로운 결과를 얻을 것이고, 아마 댄서들의 수익성에도 도움이 될 것이다. 하지만 진화생물학에서 흔히 있는 일처럼, 근본적인 메커니즘이 제대로 알려져 있지 않아도 이 실험 결과는 중요한 사실을 함의하고 있는 것으로 간주할 수 있다.

밀러와 타이버, 조던은 이그노벨상IgNobel prize(일단 세상 사람들에게 웃음을 주고, 동시에 사람들을 생각하게 만든 연구 업적에 대해 해마다 수여하는 명성 있는 상)을 받았고 그들의 논문은 전 세계적으로 알려졌다. 실험 자체는 매우 자극적이었지만, 그로 인해 인간의 성에 대한 논의도 더욱 진지해졌다. 여성은 우리가 생각하는 것만큼 가임기를 숨기고 있지도 않고, 남성이 그렇게 둔감한 것 같지도 않다. 그리고 스트립쇼 클럽에서 정확하게 작동하던 그 기능은 아마도 더욱 미묘하게 우리의 직장과 사회적 환경에 스며들어 있을 것이다. 현재 진행되고 있는 연구들은 가장 임신 가능성이 높은 시기에 여성의 행동에 무의식적인 변화가 일어나며, 피임약은 이러한 변화를 둔화시킨다는 것을 보이고 있다. 여성이 가임기와 배란 시기를 숨기는 능력 그리고 남성이 여성 행동의 작은 변화를 파악하는 능력은 성 갈등에 의해 만들어진 형질이다. 성 갈등에서 승리자란 존재하지 않을 수도 있다. 즉, 어떤 성에게 유리한 진화가 다른 성에게 불리하도록 이전보다 더 강한 선택이 작용하며 이러한 과정이 계속 반복될 수도 있다.

## 사랑은 마약처럼 Love is the drug

섹스와 짝짓기에도 갈등이 만연하다는 진화심리학적 관점과 사랑에 빠지는 것을 경이롭게 묘사한 셰익스피어식 장밋빛 관점은 어떻게 어우러질 수 있을까? 대부분의 우리는 여전히 사랑, 성욕, 질투와 같은 감정이 우리의 행동을 지배한다고 생각한다. 그리고 단지 진화적 적합도를 증가시킬 목적으로 사랑에 빠진다는 발상은 마치 전형적인 괴짜 과학자들이나 생각할 만한 감정적인 헛소리라고 생각한다. 하지만 사랑과 욕망, 열정과 증오, 질투와 권태 같은 감정들은 모두 오랜 시간 동안 진화를 통해 만들어진 일반적인 도구들이다. 맛과 식감의 균형으로부터 우리가 먹을 수 있는 수천 가지의 음식들을 판별할 수 있는 것처럼, 우리가 살아가는 환경과 감정 간의 상호작용은 복잡한 사회적·성적 세계를 살아가는 지침을 제공해줄 수 있다.

우리가 의식적으로 느끼는 감정과 자극만으로 인간 행동을 설명하는 것에는 한계가 있다. 우리의 감정이나 욕구 중에는 인식할 수 있고 말로 표현할 수 있는 것도 있지만, 알아채기 힘들거나 의식할 수 없는 것도 있다. 우리가 감정을 지각하는 방식은 아마도 뇌의 운영 기능—행동의 결과를 예측하고, 이야깃거리나 할 일을 생각하고, 목표를 향해 일하고, 부적절한 행위를 하지 않는 등의 인지 기능—의 조정에 따라 우리의 감정, 자극, 반응을 전달하기 위해 진화했을 것이다. 사랑에 빠지자마자 바로 사랑이 영원할 것이라고 단언하는 것 또는 연인이 다른 누군가를 쳐다보면 질투 때문에 갑자기 분노가 치밀어 오르는 등의 감정 반응이 적절한 대응이 되는 경우는 극히 드물다. 신호를 오해하거나 시기를 잘못 선택하면 비극적인 결과가 발생할 수도 있기 때문에 우리는 이 문제를 신중하게 다루어야 한다. 항공기 설계사가 비행기의 가장 중요한 제어 장치를 기장의 손에 닿기 쉽고 시야에 잘 들어오는 곳에 두는 것처럼, 진화도 우리가 가장 신중하게 관리해야 할 감정과 충동을 우리가 지각할 수 있는 의식의 영역 속에 마련했다. 하지만 우리가 인식할 수 있는 감정과 충동은 오로지 우리가 왜 그렇게 행동하는지에 대한 이야기의 일부만 말해줄 뿐이다.

자연선택은 여러 세대에 걸쳐서 신경계와 호르몬 등 물질적 기반을 마련하고, 우리의 뇌가 경험에 반응하여 어떻게 변화하는지를 개선해왔으며, 호르몬과 신경의 신호에 기관과 근육이 반응하는 방식을 더욱 예민하게 다듬는 과정을 통해 우리의 행동을 만들어왔다. 놀랍게도 인간은 수백만 가지의 상황에 대응해 행동할 수 있도록 적응했으며, 그 결과 우리는 진화 역사상 가장 영리하고 흥미로운 생명체가 되었다. 더 놀라운 점은 단지 몇몇 제한된 수의 구성요소만 변화시켜서 이 모든 복잡성이 나타났다는 사실이다. 최근 과학자들은 뇌와 우리 몸의 화학 신호에 대한 연구로부터 사랑과 애착에 대해 지금까지의 문학 작품을 모두 합친 것만큼 많은 지식을 찾아냈다.

우리는 호르몬이라는 화학 신호를 통해 몸의 서로 다른 부위에 동일한 메시지를 보낼 수 있다. 예를 들어, 아드레날린은 우리가 갑작스런 위험에 처했을 때 분비된다. 혈액 속의 아드레날린 농도가 치솟으면 심장 박동수가 빨라지고, 폐와 연결된 기도가 열리며, 혈관이 확장되는 등 우리가 일반적으로 서두를 때의 반응이 나타난다. 이러한 모든 반응은 근육에 더 많은 산소를 공급하여 우리가 상황에 맞서거나 빠르게 피할 수 있도록 만든다. 몸의 각 부분이 아드레날린에 대해 한꺼번에 반응하는 이유는 각 조직이 아드레날린을 결합시킬 수 있는 수용체를 지니고 있기 때문이다. 그리고 그 결합을 통해 세포의 조성을 변화시킴으로써 세포 내의 반응을 유도한다. 세포의 표면에 더 많은 수용체가 있을수록 아드레날린에 대한 반응은 더욱 커진다.

아드레날린처럼 간단한 경로를 따르는 화학 신호는 흔치 않다. 보통은 여러 종류의 호르몬과 신경전달물질(신경 간의 정보 전달을 위한 화학 신호)이 경로에 포함되며, 화학 물질의 종류에 따라 신체 및 뇌 조직은 서로 다르게 반응한다. '사랑'이라는 감정의 기저에는 적어도 네 가지 화학 물질이 놓여 있다. 도파민, 세로토닌, 옥시토신, 바소프레신이 그것이다. 맛있는 음식을 먹을 때 우리의 감각을 자극하는 것은 그 음식을 이루는 재료들의 조합인 것처럼, 이 화학 물질들도 서로 따로 작용하지 않는다. 하지만 이 책에서는 간단한 설명을 위해 각 화학 물질을 하나씩 집중하여 살펴볼 것이다.

도파민은 자극, 욕구, 보상 등과 관련된 뇌 신경계에서 사용되는 놀랄 만큼 유용한 신경전달물질이다. 최근 뇌영상기법 연구에 따르면, 사랑하는 사람의 얼굴을 보았을 때 뇌에서 가장 활발하게 반응이 나타나는 영역은 도파민에 특히 민감하다는 것이 밝혀졌다. 도파민은 우리가 사랑에 빠졌을 때 느끼는 행복한 감정과 관련이 있다고 여겨진다. 다시 말해, 도파민은 좋은 배우자가 될 수도 있는 그 누군가와 관계를 형성할 때 보상기제로 작용한다. 또한 도파민은 오르가즘의 쾌락과도 관련이 있다. 오르가즘이 성교에 따른 보상으로 진화했다는 것이다. 도파민과 연관된 뇌의 메커니즘은 관계 형성과 사랑을 매개하는 것뿐만 아니라 약물 중독에도 크게 관여하고 있다. 코카인이나 암페타민과 같은 마약류, 넓게는 술, 니코틴, 헤로인 등은 연인 또는 친구와의 관계를 형성하고 강화시키는 뇌의 보상 경로 중 일부를 사용하는 것으로 보인다.

사랑에 빠지면 음식 섭취, 성장, 번식 등을 조절하는 중요한 신경전달물질인 세로토닌도 분비된다. 평균 수치 이상의 세로토닌은 만족감을 느끼게 해준다. 프로작과 같은 약물은 세로토닌이 세포로 흡수되는 것을 막고 더 많은 세로토닌을 뇌로 보내는 역할을 하며, 그로 인해 우울증, 강박신경증, 불안장애 등을 치료하는 데 주로 사용된다. 막 사랑이 싹튼 사람들은 정말 말 그대로 사랑앓이를 한다. 이것은 세로토닌 수치가 강박장애로 고생하는 사람들에 게서 전형적으로 나타나는 수치까지 뚝 떨어지기 때문이다. 낮은 세로토닌 수치는 갑작스런 도파민 폭발로 인한 행복감과 함께 나타나며, 누군가에게 흠뻑 취해서 모든 관심을 쏟아가며 행복한 집착 상태를 만드는 데 한몫 한다. 사랑의 초기 단계에서 세로토닌 강하가 어떤 역할을 하는지는 세로토닌 흡수 억제제를 투여한 사람의 예에서도 볼 수 있다. 세로토닌 흡수 억제제는 세로토닌 강하를 막고 사랑앓이를 둔화시키기 때문에, 그 약을 먹은 사람들은 사랑에 빠지지 못하고 로맨틱한 관계를 유지하지도 못한다.*

옥시토신과 바소프레신도 개인 간의 친밀감 형성에 작용한다. 어머니의 유두가 자극되면 뇌하수체가 옥시토신을 분비하여 젖이 분비되도록 유도한다. 옥시토신, 그리고 바소프레신의 증가는 어머니와 아이의 유대 관계를 형성시킨다. 여러분이 어머니라면, 또는 어머니가 자기 자식을 알아보는 모습을 본 적이 있다면, 인간의 사회 생활에서 가장 가깝고 친밀한 유대 관계가 만들어지는 모습을 목격한 것이다. 자연선택은 뇌에서 사회적 학습, 신뢰, 너그러움, 공감 등에 관여하는 영역이 아이와 어머니가 가장 가까울 때 많이 분비되는 화학물질(예를 들어 모유 수유 과정과 관계된 호르몬)에 반응하도록 만들었다.

모유 수유가 어머니와 아이 간의 관계 형성에 필수적인 것은

---

\* 세로토닌이 사랑에 빠지는 것을 둔화시킨다고 해서 우울증이나 다른 질병으로 고생하는 사람들에게 세로토닌을 투여해서는 안 된다고 말하는 것은 아니다.

아니다. 그러나 도움이 된다는 것은 분명하다. 어머니에게 자신의 아이 사진을 보여주면 옥시토신이나 바소프레신 수용체와 관련된 뇌 영역이 더욱 활성화된다. 유두 자극외에도 옥시토신과 바소프레신 분비를 촉진할 수 있는 자극은 많다. 어머니와 아이의 관계는 (아버지와 아이의 관계도 마찬가지로) 일반적으로 모유 수유를 하지 않아도 잘 형성될 수 있다. 그러나, 젖이 나올 때 엄청난 양의 옥시토신이 분비되면서 관계 형성이 더욱 빠르게 일어나도록 돕는 것 같다.

과학자들에게 옥시토신이 매우 흥미로운 연구대상인 이유 중 하나는 옥시토신이 실험실에서 합성될 수 있고 스프레이를 통해 코로 흡수될 수도 있다는 것이다. 따라서 과학자들은 혈장 속 높은 옥시토신 수치가 신뢰 향상과 연관된다는 식으로 추론하는 대신, 코에 옥시토신을 뿌리거나 직접 옥시토신을 주사하는 방식으로 실험을 할 수 있다. 옥시토신을 뿌린 사람은 더욱 사람을 믿고, 너그러워졌고, 상대방을 더 이해하려 했으며, 덜 두려워하는 모습을 보였다. 이러한 모든 영향 때문에 옥시토신은 '포용의 호르몬'이라는 명성을 얻었다. 옥시토신은 우리를 사랑에 빠지게 하고, 두려움과 경계심을 극복하게 해주며, 친족이 아닌 사람과 짝을 맺고 아이를 가질 만큼 친밀하게 지낼 수 있도록 해준다. 옥시토신 분비는 성적 흥분과 오르가슴의 일부이기도 하다. 옥시토신은 우리를 자극하여 상대방에게 관대해지도록 (사랑이든 아니면 시간 또는 자원이든) 만들 뿐만 아니라 믿음 형성도 더욱 강화시킬 것이다.

바소프레신은 옥시토신과 매우 유사한 화학 물질이다. 주요 역할은 체내의 수분 조절이지만 사회적 관계 형성에도 관여한다. 도파민이나 옥시토신처럼, 바소프레신도 우리가 짝을 맺고 섹스를 할 때 그에 보상을 주는 두뇌 경로와 연관되어 있다. 실제로 바소프레신이 배우자와 짝을 맺으면서 남성이 느끼는 보상 기제의 중요한 요소라는 증거가 있다. 바소프레신 수용체가 제대로 작동하지 못하도록 하는 유전 변이는 (적어도 남성에게는) 꽤 흔하게 나타나는데, 이러한 변이가 있는 남성은 상대방에게 덜 다정스럽고, 덜 협조적이며, 그로 인해 상대는 그와의 관계를 불만족스러워 한다. 결국 호르몬 수용체의 작은 결함 때문에 그 남자는 달콤한 관계를 오랫동안 유지하지 못한다.

바소프레신과 옥시토신은 다른 포유류에서도 짝 결합에 필수적이다. 아메리카 대륙의 초지에 사는, 쥐를 빼 닮은 귀여운 초원들쥐prairie vole가 그렇다. 초원들쥐 암컷과 수컷은 오랫동안 일부일처 짝을 이루며, 서로 털도 다듬어주고 잠자리도 함께하며 새끼들을 기르는 데 서로 돕는다. 물론 초원들쥐도 그들의 오랜 짝 이외의 다른 누군가와 가끔 교미를 하기도 한다. 연구자들이 바소프레신과 옥시토신의 분비를 막았을 때 초원들쥐들은 훨씬 더 문란하게 교미했고 짝 결합을 장기적으로 유지하지 못했다. 초원들쥐의 가까운 친척 뻘인 산악들쥐montane vole는 원래 자연 상태에서 난잡하게 교미한다. 심지어 그들은 매우 많은 양의 바소프레신과 옥시토신을 주사했을 때도 그랬다. 조사 결과, 초원들쥐의 보상 체계에는 이러한 화학 물질을 결합시키는 수용체가 존재하지만 산악들쥐의 뇌에는 그에 해당하는 부분이 없다는 사실이 밝혀졌다. 충실한 짝이 되는 개체에게 보상을 해주는 하드웨어가 구축되면서, 초원들쥐의 일부일처 성향이 진화할 수 있었던 것이다. 인간의 짝 관계 형성도 뇌 속에서 옥시토신과 바소프레신의 신호전달체계 및 그 수용체에 비슷한 변화가 일어나면서 진화한 것이 거의 확실하다.

지금까지 사랑을 구성하는 호르몬과 신경작용에 대해 짧게 알아보았다. 자연선택은 이것들을 만들어내고, 우리의 적응적인 행동을 위해 그 요소들 간의 미묘하고 복잡한 상호 관계를 구축시켰다. 사랑은 그 자체가 보상이다.* 연인들이 특별한 일대일 관계를 구축하는 데 있어서 결정적인 부분인 것이다. 사랑은 서로를 이끄는 마약이다. 하지만 사랑이 전부는 아니다.

이 장에서 살펴본 것처럼 여성과 남성은 자손을 통해 그들의 진화적 이해관계를 공유하지만 종종 서로 충돌하기도 한다. 셰익스피어의 소네트 116번에서 나타나는 사랑은, 남성과 여성이 그들의 진화적 이해관계가 다르다는 것을 잠시 동안 무시하게 만드는 덧없는 보물이며, 간편하고 매우 공공연한 거짓말이다. 우리는 순수한 사랑의 느낌을 이용하여 우리의 삶과 장래 번식 기회의 상당 부분을 상대방과 함께 하는 것이 올바른 일이라며 자기 자신과 서로를 설득한다. (누군가는 속인다고 말한다.) 하지만 조지 버나드 쇼 George Bernard Shaw는 1908년 그의 희곡 〈결혼합니다Getting Married〉에서 다음과 같이 말했다.

---

* 이것은 내가 차에 달고 다니는 범퍼 스티커 "순결은 자신에게 내리는 형벌"과 거의 비슷한 말이다.

두 사람이 가장 폭력적이고, 말도 안되며, 헛되고 덧없는 격정 속에 놓였을 때, 그들은 죽음이 그들을 갈라 놓을 때까지 그 흥분되고 비정상적이며 기진맥진한 상태로 남아 있을 것이라고 맹세해야 한다.

아이를 가질 목적으로 사랑에 빠지는 사람은 거의 없다. 우리는 사랑하기 위한 하드웨어를 진화시켰지만, 사랑의 본질이 항상 번식으로 귀결되는 것은 아니다. 호르몬 신호와 그에 따른 우리 몸의 반응은 각자의 고유한 개성, 그리고 서로 간에 충돌하는 이해관계가 사라진 것처럼 느끼도록 한다. 그래서 우리는 사랑을 할 수 있는 것이다. 그리고 일단 그런 장애물이 극복되면 아이를 갖는 것은 정말 쉬울 수도 있다. 아이를 키우기 위해 함께하는 사람은 진화가 매일같이 만들어내는 여러 기적들 중 하나다. 다음 장에서 나는 이러한 기적의 중심에 자리하고 있는 협동과 갈등 사이의 긴장 상태에 대해 살펴보고, 그러한 긴장 상태가 경제적 상황에 어떻게 영향을 받는지 알아볼 것이다.

**❻**

---

# 꼼짝없이 잡혔네

## Wrapped around your finger

결혼은 연기처럼 특별한 재능을 필요로 한다.
그리고 일부일처는 더 특별한 천재성을 필요로 한다.

– 워렌 베이티(Warren Beatty)

인간의 짝짓기와 아이 양육은

어머니와 아버지 간의 긴밀한 협동과 협력을 바탕으로 한다.

하지만 각 부모의 적합도 비용과 이득은 서로 같지 않다.

짝짓기를 협력적 갈등으로 이해하는 것은

왜 인간이 그토록 강한 짝 관계를 형성하는지,

왜 그러한 관계가 영원할 수 없는지,

각 부모는 가족을 부양하는 데 얼마나 기여하는지,

그리고 사회 속에서 남성과 여성이

어떻게 힘의 균형을 이루는지 등을 이해하는 데 도움이 된다.

2009년이 저물어갈 무렵, 이 장을 쓰기 시작할 때 가장 뜨거운 뉴스는 코펜하겐에서 열린 기후회의와 타이거 우즈의 잦은 외도에 대한 스캔들이었다. 하루 종일 쏟아지는 뉴스 속에서, 세계의 환경 및 경제적 미래를 바꿀 수도 있는 복잡한 사안은 결정적으로 어떤 운동 선수와 그의 가족에 대한 사적인 비극에 밀렸다. 직설적인 화법의 호주 골퍼 제프 오길비Geoff Ogilvy의 말을 빌리면, 〈뉴욕 포스트The New York Post〉는 9·11 사건보다 타이거 우즈 스캔들을 더 오랫동안 1면에 보도했다.

　　좀 기이한 모습이다. 그렇지 않은가? 나는 우리 모두의 이해관계가 걸려 있는 문제보다 어떤 스포츠 스타의 사적인 배신이 사람들에게 더 흥밋거리가 된다는 사실에 놀랐다. 하지만 기삿거리에 굶주린 가십 전문지는 하찮은 스캔들을 만들고 한 사람의 가정사에 대해 떠벌리기나 하면서 스스로의 역량을 소진하고 있다. 이것은 정말 어리석은 짓이다.

가십 잡지가 나오기 이전에도 우리는 가십에 매료되어 있었다. 우리 주변의 실제 인물에 대해서 말이다. 우리는 유명 인사, 연예인 그리고 우리가 실제로 알고 있는 사람들의 섹스 생활에 대해 정말 관심이 많다. 왜냐하면 그들을 통해 성적 관계의 중심에서 일어나는 협력과 갈등 사이의 밀고 당기기를 엿볼 수 있기 때문이다. 성적 관계를 맺은 사람들은 아이를 키우며 함께 살아가기 위해 협력하지만, 때로는 남녀 간 서로 다른 이해관계로부터 비롯되는 갈등을 겪기도 한다. 이처럼 협력과 갈등 사이에서 발생하는 긴장 상태를 해소하는 것은 성적 관계를 맺은 사람들에게는 필수적인 과제다. 이러한 긴장 상태는 남성과 여성 사이에는 물론, 가족 내에서도 발생할 수 있으며, 이때 갈등의 형태는 각 개인이 처한 사회경제적 상황에 의해 결정된다. 하지만 사회적 차원에서 보면 이 모든 개인 간 상호작용이 더해져서 그 사회의 가족 구조, 가계에 대한 남성과 여성 각각의 기여도, 결혼의 지속 기간, 가족 혹은 사회 내에서의 남성과 여성의 상대적인 지위 등에 영향을 주게 된다.

유성 생식은 지극히 협동적인 행위다. 두 개체가 그들의 유전자를 합쳐서 새로운 생명을 만들어내기 위해 공모하는 것이다. 협력과 헌신의 중요성은 우리가 애정 어린 관용, 친절함, 정절, 헌신적인 육아 등에 부여한 가치에 그대로 반영되어 나타난다. 이런 형질들은 섹스와 번식을 위해 협력 기반을 강화한다는 이점이 있기 때문에 가치 있는 것으로 여겨지게 되었던 것이다. 하지만 섹스의 긍정적인 측면은 성적 파트너가 상대방을 희생시켜 자신의 이익을 추구하곤 한다는 사실 때문에 저평가되곤 한다. 우리는 (또한 가십 잡지들은) 배우자를 속이는 것, 이기적인 연인, 자식을 버리는 부모, 불친절하고 폭력적인 배우자를 경멸한다. 자기 자신만의 이익을 추구하는 행위는 부부의 협력 관계와 그들이 살아가는 사회를 위협한다.

성과 번식의 측면에서 사람을 다른 동물들과 비교해보면, 나는 우리가 기형적일 정도로 협동적인 종이라고 결론짓게 된다. 만약 성 갈등의 정도에 따라 동물의 교미 체계를 배열해보면, 그 한쪽 극단에는 두 부모가 번식기 내내 한 마리의 새끼새를 키우기 위해 애를 쓰고 갈등은 거의 찾아볼 수 없는 큰 바닷새가 있고, 다른 극단에는 수컷이 암컷 체벽을 생식기 같은 것으로 뚫고 교미를 하며 암컷에게 외상을 남기는 빈대 같은 곤충들이 있다. 여기서 인간은 바닷새에 훨씬 가깝다. 남성과 여성은 가족 부양에 대한 부담을 함께 짊어지며 헌신적으로 협력한다. 적어도 대부분의 부부가 대부분의 시간 동안 그렇게 한다.

진화생물학자와 마찬가지로, 경제학자도 비교적 최근에서야 남성과 여성의 진화적 이해관계가 꽤 다르다는 사실을 깨달았다. 경제학자는 가계 결정 구조를 모델링하면서 오랫동안 남성과 여성이 그들의 이익을 최대화하기 위해 협력한다고 가정해왔다. 1970년대에 들어와서 경제학자 및 여러 개발기관의 종사자들은 남성과 여성이 서로 다른 이해관계를 갖고 있으며 그 이해관계가 충돌하는 경우가 많다는 사실을 깨달았다. 국제여성보건연맹International Women's Health Coalition의 의장인 에이드리언 저메인Adrienne Germain은 그녀가 스물여섯 살이던 1973년에 포드 재단Ford Foundation에서 가족계획 및 개발 프로그램을 설계하는 일에 참여했다. 그녀는 가정에서 남녀 간 이해관계의 차이를 통합하는 모델을 만들고자 했다. 그녀는 페루 등 여러 지역을 조사한 후 '모든 가정에는 하나가 아닌 두 명의 의사 결정자가 있다.'고 주장했다. 이때 다른 경제학자들이 그녀에게 말했다. "이봐, 에이드리언. 만약 우리가 모델에 두 번째 의사 결정자를 추가하면, 논문은 방정식으로 넘쳐날 거야. 그렇게 할 수 없어." 이에 저메인은 다음과 같이 대답했다. "좋아, 그렇게 할 수 없다면 대안이 있어야 돼. 왜냐하면 가계 결정은 곧 협의라는 게 현실이니까."

오늘날에는 가정에서 남성과 여성의 경제적 이해관계가 충돌하는 경우가 빈번하다는 사실이 잘 알려져 있으며, 이러한 새로운 접근법은 특히 가족의 형성 과정에서 불평등의 기능을 밝히는 등의 핵심적인 역할을 하고 있다. 노벨상 수상자이기도 한 경제학자 아마티아 센Amartya Sen은 '협력적 갈등'이 가족을 포함해 개체 간, 집단 간 관계에서 나타나는 일반적인 특징이라고 주장했다. 협력과 갈등 간의 상호작용은 인간 관계, 특히 남녀 관계를 더 복잡하고 흥미롭게 만든다.

진화생물학의 성 갈등 이론과 경제학의 협력적 갈등 이론은 우연치고는 너무 유사한 부분이 많다. 이번 장에서 나는 부모 관계를 중심으로 협동과 갈등의 진화적인 배경을 설명하고 경제학자가 이론화한 협력적 갈등이 진화 과정 속에서 어떻게 탄생할 수 있었는지를 서술할 것이다. 가족은 경제적 단위이며 진화적 단위다.

대부분의 가족 안에서 각 구성원은 다른 구성원들의 활동, 즉 사냥, 먹이 찾기, 집짓기, 요리, 방어, 채집, 교육, 육아, 쇼핑 등으로부터 이익을 얻는다. 가족이 일을 하여 얻는 공동의 이득은 경제적인 부 또는 진화적 적합도로 측정될 수 있는데, 이 두 가지는 서로 밀접하게 관련되어 있다. 인류 역사의 대부분의 기간 동안 사람들은 열심히 일했고 그 결과로 축적한 부를 진화적 차원에서 후손이라는 형태로 바꾸어왔다. 보육 측면에서의 성공은 그 아이의 번식성공과 동일하다. 아이를 임신하는 데는 단지 몇 분밖에 걸리지 않지만, 그 아이 하나를 키우기 위해서는 거의 인생의 절반을 열심히 일해야 한다.

지금까지 살아온 거의 모든 다른 동물과 비교해서, 사람은 매우 특화된 생활 방식을 진화시켰다. 즉, 느리지만 매우 커지는 방식으로 말이다. 사람의 아기는 정말 아무것도 할 수 없는 상태로 태어나며, 유아기, 아동기, 청소년기 등 오랜 기간 동안 부모의 깊은 관심을 필요로 한다. 다른 친족이 도와 주기도 하지만, 부모는 아이에게 살아가는 데 필요한 모든 것을 제공하며 어디에 살고 무엇을 먹고 어떻게 보금자리를 꾸리고 어떻게 인간 사회의 엄청나게 복잡한 생활 양식에 맞춰 살아갈 수 있는지를 가르쳐준다. 아이를 키우기 위해서는 사회적 제도에 의지하거나, 대가족 또는 아직 정정한 할아버지나 할머니의 도움을 받을 수도 있다. 하지만 대부분의 사회에서 아이를 키우는 데 가장 힘든 일은 주로 어머니에게 맡겨지며, 이따금씩 아버지에게도 맡겨진다.

## 아버지의 이름으로 In the name of the father

부모가 끈끈한 짝 결합을 이루며 가족 부양을 위해 서로 협력하는 형태의 가족은 처음에는 어머니 한 명의 편모 가정에서 진화했다. 우리는 대부분의 포유류에서 어린 개체가 어미와 함께 다니는 것으로부터 이 사실을 짐작할 수 있다. 어떤 동물들은 어미에게 젖이 나오는 경우에만 어미의 주변에 머문다. 그러나 3장에서 살펴본 코끼리처럼 성체로 성공적으로 성장하기 위해서 어린 개체가 많은 것을 배워야 하는 포유류에서는 어린 개체가 어미 곁에서 수년 동안 머물고 그들에게 필요한 모든 것을 배워나간다.

유인원은 어미가 속한 사회 집단에 아비가 남는다는 점에서 좀 특이한 포유류이다. 하지만 현존하는 동물 중 우리와 가장 가까운 친족 관계에 있는 동물인 침팬지는 가족 단위가 어미와 그 자식으로 이루어진다. 암컷은 그 무리의 대부분의 수컷과 문란하게 교미하여 임신을 한다. 따라서 어미와 어린 개체의 무리 속에서 수컷은 자신이 아버지인지 확신할 수 없으므로 어린 침팬지를 키우는 데 도움을 주지 않는다.

500만 년 전 인간과 침팬지의 공통 조상은 아마도 작은 무리를 이루고 문란하게 교미를 하며 살았을 것이다. 암컷은 가임기에 여러 수컷과 교미를 해서 그 무리의 수컷들이 어쩌면 자기 아이의 아비일 수 있는 여지를 남겼을 것이다. 하지만 어떤 수컷도 자신이 그 아이의 아비라고 자신있게 단정할 수 없었으며, 따라서 암컷을 돕는 데 손가락 하나 까딱하지 않았다.

그 뒤로 우리의 호미니드 조상은 점차적으로 침팬지보다 덜 문란하게 교미를 하는 방향으로 진화했다. 물론 여전히 오늘날의 농경 사회 혹은 산업 사회를 살아가는 사람보다는 더 문란하게 교미를 하는 상태였다. 호미니드 남성과 여성은 서로 짝 관계를 형성하는 능력을 점차적으로 진화시켜 갔지만, 그 관계는 잘해야 몇 년간만 지속되었으며 한 명의 상대와만 섹스를 했던 것도 아니었다. 대부분의 호미니드는 아마도 다양한 성적 취향을 즐겼을 것이다. 하지만 그들은 종종 어떤 특별한 상대와 주거지를 공유하곤 했으며, 주로 그 상대와 섹스를 했다. 이러한 짝 관계가 점차 진화하면서 그런 '특별한' 남성은 아이의 아버지가 될 가능성을 더욱 높였고, 그들은 상대가 임신을 하거나 수유 중일 때 먹이를 나누는 등의 도움을 주려는 의지를 진화시켰다.

수컷의 이해관계와 암컷의 문란한 섹스가 어우러지는 모습은 좀 어색하고 현실성 없는 시나리오처럼 보이지만 실제로 오늘날 어떤 곳에서는 그런 일들이 벌어지고 있다. 파라과이의 아체Aché 족이나 베네수엘라의 바리Bari 족처럼 숲 속에서 생활하는 문명에서는 여성이 한 명의 남편을 맞지만 가임기에 다른 남성과도 섹스를 할 수 있고, 그로 인해 태어난 자식은 그 남성들이 함께 길러야 할 아이로 여겨진다. 토머스 그레고어Thomas Gregor에 따르면, 남부 아마존의 메히나쿠Mehinaku 족의 남성은 부성이 '모든 남성이 함께 해야 하는 일'이란 의미의 '와나키wanaki'라며 농담을 한다고 한다.

'나누어지는 부성partible paternity'을 인정하는 사회에서는 오히려 아이들이 이득을 본다. 여러 명의 아버지를 가진 바리 족의 아이는 더 잘 먹고 자라며 80퍼센트가 아동기 이후에도 살아남지만, 한 명의 아버지만 있는 아이는 15세까지 살아남을 확률이 64퍼센트 밖에 되지 않는다. 역사적으로 아체 족 아이들의 다섯 명 중 한 명은 어른의 손에 무참히 죽임을 당하는데, 여러 명의 아버지를 두고 있는 아이는 한 명의 아버지를 둔 아이 또는 고아에 비해 처참한 죽임을 당할 가능성이 더 적다. 아이들이 특정한 교미 전략 아래에서 더 잘 살아남을 때, 어머니의 진화적 적합도는 향상된다. 유전적 측면에서는 아버지의 적합도도 향상되지만, 자기 유전자를 물려받지 않은 아이에게 노력을 쏟게 될 경우에는 비용이 발생한다. 나누어지는 부성은 어머니와 다수의 아버지들 간의 진화적 이해관계에 갈등이 생기면서 나타나는 위험들, 즉 어느 남성이 도움을 줄이거나 분노를 터뜨릴 위험이 가득한 상황 속에 있다. 따라서 여성이 남편의 노동력에 크게 의존하지 않는 사회에서만이 이런 체계가 안정적으로 유지될 수 있다. 이러한 사회는 결혼이 곧 믿음이며 먹거리가 풍부한 곳인 경우가 많다.

남성은 아이의 부성에 대한 관심을 예민하게 진화시켰다. 현대 가족 생활의 많은 부분은 남성에게 자신이 아이의 생물학적 아버지라는 확신을 심어주고 있다. 자식들은 유전 정보의 정확히 반을 어머니에게, 나머지 반을 아버지에게 얻기 때문에, 아이 양육에 따른 진화적 이득은 양 부모가 거의 동일하다. 물론 남성의 경우는 난자를 수정시켜서 아이를 만들어낸 정자가 다른 남성의 정자가 아닌 자기 자신의 정자인지를 분명히 확인할 수 없기 때문에 이득이 조금 줄어든다. 하지만 그가 부성에 더욱 확신을 가질수록, 아내 곁에서 아이에게 더 많은 투자를 할 것이다. 남성에게 양육 행동이 진화한 것은 부성에 대한 남성의 확실성이 진화한 것과 매우 유사한 과정을 따른다.

많은 과학적 문헌에 따르면 산업 사회에서 태어나는 아이의 10~30퍼센트 정도가 아버지라고 생각하는 남성이 아닌 다른 남성의 아이라고 한다. 만약 이 수치가 맞다면, 많은 기혼 여성이 비밀스럽게 〈섹스 앤 더 시티〉의 사만다 존스는 저리가라할 정도로 문란한 성생활을 했어야만 할 것이다. 성적 문란함이 만연하다는 생각은 우리를 화나게 한다. 왜냐하면 그것은 가정의 근간을 흔들며, 특히 아이에 대한 아버지의 투자를 불안하게 만들기 때문이다. 혼외정사에 따른 부성이 만연하다는 이야기는 도시 괴담처럼 퍼져 있다. 그러나 실제 현실은 아마도 시시할 것이다.

많은 남성들이 자신의 아이가 아닌 아이를 기르고 있다고 보고하는 연구들은 남자가 이미 의심할 만한 상황에 놓여 있는 집단을 대상으로 한 것이다. 남편이 전쟁터에 나간 여성들의 집단이거나 수상한 낌새를 느끼고 친자 확인을 요청한 남성 집단을 대상으로 한 연구였던 것이다. 그러나 유전병 검사처럼 무작위적인 샘플에 기반한 연구에서는 1퍼센트 이하의 아이만이 생물학적 부성이 달랐다. 즉, 아버지들은 평균적으로 아이의 미래에 투자함으로써 어머니가 받는 적합도 보상의 99퍼센트 정도를 받는 것이다. 포유류 기준에서는 꽤 괜찮은 값이며, 아버지가 친자를 확신할 수 있다는 점에서 자손에 대한 아버지의 양육 행동도 진화적으로 타당해진다. 대부분의 아버지는 99퍼센트 이상 자신이 진짜 아버지라고 믿고 있지만, 소수의 아버지는 친자를 확신하지 못한다. 이것은 아마도 그들이 집에 머무는 시간이 적었거나 아내와의 관계 문제 때문일 것이다. 양육을 떠맡지 않아도 될 행운을 감지한 남성은 가족을 버리거나 다른 남성에 비해 아버지로서 노력을 덜하기 쉽다.

갓 아이를 출산한 어머니나 어머니의 친척 또는 가까운 친구는 남성에게 아이가 친자임을 일깨워주기 위해서 부단히 노력한다. 다음에 여러분이 친구나 친지의 아기를 접하게 되면 스스로 그 아이가 아버지와 얼마나 닮았는지를 알려주려고 노력하는지 살펴보라. 하지만 요즘은 이런 노력도 필요 없다. 200달러도 안 되는 돈만 있으면, 의심으로 가득 찬 남성은 그와 자기 자식의 입천장을 긁어서 실험실에 보내 99.99퍼센트의 확률로 그 아이가 친자인지를 판별할 수 있다. 그러나 저렴하고 신뢰도 높은 친자 확인법은 우리 사회에 새로운 문제를 야기했다. 인류 역사상 처음으로 남성이 실제로 아버지이거나 혹은 엉뚱한 아이를 키우고 있었다는 것을 정확하고 저렴하게 확인할 수 있는 방법이 나타나면서, 부, 모, 그리고 그 자식은 엄청난 갈등 상황에 놓이게 된 것이다.

### 떠날까? 말까? Should I stay or should I go?

어머니와 아버지에게 있어서 아이의 양육에 따른 이득은 비슷할지 몰라도, 비용은 두 가지 측면에서 너무나도 다르다. 먼저 양육 포기에 따른 비용은 아버지보다 어머니가 더 크고, 일부일처 관계를 지키고 가족을 부양함에 따른 비용은 아버지가 더 크다. 어머니가 되기 위해서 여성은 9개월의 임신 기간을 피할 수 없다. 그 기간 동안 어머니는 신체적으로 터무니없이 큰 희생을 치러야 하며 마지막에는 출산이라는 위험한 일이 기다리고 있다. 어머니는 아이가 잉태되는 순간 또는 아이를 배고 있을 때 그 아이를 포기할지 여부를 결정할 수 있고, 실제로 그런 일은 일어난다. 하지만 아이가 태어난 뒤에는 아이를 포기하는 데 따른 어머니의 미래의 적합도 손실이 아버지보다 훨씬 크다. 우선 아이를 임신하고 출산한 직후부터 다시 임신할 수 있도록 몸이 회복되기까지 적어도 1년이라는 기간을 버리게 된다. 1년의 소비는 여성의 번식 수명에서 엄청난 부분이다. 반면 아버지는 양육을 포기할 때 단지 자신의 짝만 버리면 되므로 양육 포기로부터 회복하는 데 걸리는 시간이 어머니보다 훨씬 짧다.

가족 부양을 위해 가정에 남은 남성은 다른 여성과 자유롭게 섹스를 할 기회를 포기해야 한다. 가족 내에서 아이의 양육을 돕는 아버지는 어머니보다 잠재적으로 더 높은 기회비용을 지불한다. 정말 매력적인 남성은 이론적으로 여성이 한 아이를 임신하여 낳을 기간 동안 수백 명의 여성을 임신시킬 수 있다. 따라서 남성은 섹스를 한 뒤 언제든 문을 박차고 뒤도 돌아보지 않고 걸어나갈 수 있다. 비록 그 남성도 아내를 유혹하고 돌봐주는 데 많은 시간과 노력을 들였을 테지만, 그는 다른 여성들과 많은 섹스를 하여 단 며칠 만에 그 비용을 보상할 수 있다.

여성은 남성만큼 기회비용이 크지 않다. 진화적인 의미에서 여성에게 일어날 수 있는 최고의 상황은 더 부유하고, 친절하고, 유전적으로 뛰어난 남성의 아이를 갖는 것이다. 하지만 그런 기회를 가졌다 하더라도 그녀는 그 이듬해에 오로지 한 명의 아이만 가질 수 있고, 그 뒤로도 일 년에 한 명의 아이만 낳을 수 있다. 모든 경우는 아니지만 대부분의 경우에서, 여성이 가족을 버릴 때 발생하는 비용은 가족과 함께해서 생기는 기회비용보다 더욱 크다. 하지만 남자는 그 반대의 경우에 해당된다. 그 결과 '방탕한 아버지'들은 심지어 오늘날에도 매우 흔해서 별로 언급되지도 않지만, 자기 자식을 버린 어머니는 뉴스 첫 머리에서 회자된다.

가족 생활에 따른 손익이 남녀 간에 너무나 다르다는 점을 고려할 때, 아버지들이 애써 가족 안에 머무르는 이유가 뭘까? 여성의 관점에서는 남성을 잡아 두는 데 따른 잠재적 이득이 분명해보인다. 남성은 그녀와 아이를 먹일 수 있고, 그녀가 할 일을 대신 맡아서 해줄 수 있고, 가족을 지켜줄 수 있다. 하지만 남성은 다른 남성이 수백만 년 동안 해오던 것, 즉 섹스를 하고 또 다른 여성과의 섹스를 위해 가정을 버리는 것도 가능하다. 그런데 왜 시간과 에너지를 소비해야 하는 가정 속에 얽혀 있을까? 원하는 대로 씨를 뿌리고 다니면 그의 번식 성공도는 더 높아질 텐데 말이다.

모든 여성을 침대로 끌어들이겠다는 허세로 가득 찬 남성은 섹스를 할 수 있는 여성의 수가 언제나 제한되어 있다는 사실을 깨닫고 나서 좌절하게 된다. 모든 아이는 어머니와 아버지가 있고, 남성 한 명당 평균 아이 수는 여성 한 명당 평균 아이 수와 같다. 이 책에서 내가 자주 언급하는 사실은 비록 남성과 여성의 적합도 평균이 같다 하더라도 남성 집단 내의 적합도 편차가 여성의 적합도 편차보다 크다는 점이다. 일부 여성은 다른 여성보다 많은 아이를 낳지만 아이를 갖는 데 따른 비용 때문에 12명 이상의 아이는 갖기 힘들다. 하지만 남성들 중에는 수천 명의 자손을 가진, 진화적인 의미에서 대박을 터뜨린 왕과 황제 그리고 부자들이 있다. 이처럼 한 남성이 수백 명의 여성과 짝을 맺고 자식을 가질 때마다 수백 명의 남성은 짝을 맺을 기회조차 갖지 못하게 된다. 그들은 아마도 전쟁이나 결투로 젊은 나이에 죽거나, 오래 살더라도 아버지가 될 기회를 갖지 못했을 것이다.

대부분의 남성은 하렘을 유지하거나 록 스타처럼 섹스를 즐기기보다는 진화적인 의미에서의 패배자가 되는 경우가 더 많다. 이처럼 성적 경쟁에서 완전히 뒤쳐질 수도 있다는 가능성 때문에, 많은 남성들은 단지 한 달에 한 번이라도 주기적으로 섹스를 할 수 있는 (심지어 불을 끈 채 이불 속에서라도!) 멋진 여성을 가질 수 있다면 행복해한다. 우리의 남성 조상들도 이것이 거절하기에는 너무 좋은 거래란 것을 알았을 것이다. 그런데 남자는 어떻게 그런 거래 기회를 잡을 수 있었을까? 물론 노력을 했을 것이다. 일반적으로 꽤 괜찮은 사냥 능력을 지닌 남자에게 한 명의 아내만 있었을 것 같지는 않다.

다윈이 인간의 진화로 관심을 돌리고 《인간의 유래와 성선택 The Descent of Man: And Selection in Relation to Sex》을 쓴 후 한 세기가 넘는 동안, '사냥꾼으로서의 남성'이란 개념은 가족의 진화사에서 특별한 위치를 점하고 있었다. 여성은 임신기와 2~4년 동안의 모유 수

유기 동안 많은 음식을 필요로 한다. 왜냐하면 그 시기 동안 많은 에너지와 단백질이 필요하기 때문이다. 아이를 키우기 위해서 가족에게 음식을 공급하는 것도 마찬가지다. 그러나 임신 후기의 여성 혹은 모유 수유를 해야 하거나 돌봐줘야 할 아이가 있는 여성은 그녀가 필요한 만큼의 음식을 찾아 나서지 못한다. 그렇다면 여성은 어떻게 그 음식들을 얻을 수 있었을까? 그녀들은 남성을 유혹한 뒤 그를 순종적인 사냥꾼으로 고용하여 먹거리를 얻었다.

이를 소위 섹스 계약이라고 할 수 있을 것이다. 이것은 일부일처제를 바탕으로 이루어지는 구두 계약이다. 여성은 그 남성과, 오로지 그와만 주기적으로 섹스를 하여 그가 친자라고 확신할 수 있는 아이를 가진다. 그에 대한 보답으로 남성은 사냥을 해서 여성에게 음식을 공급하며, 거주지 주변에서 그녀를 돕고, 그녀와 자식들을 야생동물이나 다른 위험한 것들, 특히 다른 남성으로부터 지켜준다. 섹스 계약에 따른 일부일처는 남성에게 독점적인 섹스 파트너를 보장해주고 여성에게 남성의 보호와 전업을 제공한다는 점에서 알맞은 해결책이다.

섹스 계약 가설을 지지하는 증거들은 많다. 장기적이든 단기적이든 성적 관계는 물질 자원, 양육에 소모되는 시간과 에너지, 위험으로부터의 보호 등을 섹스와 교환하는 것과 관련이 있다. 섹스 계약에서 남성은 공급자 아버지, 그리고 여성은 지조 있고 다산을 할 수 있는 어머니의 역할을 한다. 이러한 섹스 계약은 성 역할, 노동의 성 분담, 핵가족 구조에 대한 오늘날의 보수적인 사고를 연상시킨다.《본성에 의한 선택Driven: How Human Nature Shapes Our

Choices》에서 폴 로렌스Paul R. Lawrence와 니틴 노리아Nitin Nohria는 섹스 계약을 바탕으로 인간 진화 역사의 초기에 '똑똑한 여성 호미니드가 침팬지 같은 남성 호미니드를 다루기 시작했고, 짝 선택을 계속하면서 남성들은 사랑스러운 남편 그리고 가족의 가치를 아는 아버지가 되어 갔을 것'이라고 추정했다.

내가 보기에 이러한 설명은 좀 낙관적이고 단순하게 보인다. 남성이 말 그대로 여성에게 길들여졌다는 월마Wilma와 프레드 플린트스톤Fred Flintstone의 섹스 계약 가설보다 세상은 더 흥미롭고 복잡하다. 만약 남성이 그동안 길들여져 온 것이라면, 분명히 그 길들이기 작업은 아직 끝나지 않았다. 심지어 일부일처의 핵가족 구조에서 아이를 키울 때도 가정에서의 역할 분담은 섹스 계약 가설에서 묘사되는 것처럼 무미건조하진 않다.

## 나는 사냥, 너는 채집 Me hunter, you gatherer

'남성은 섹스로 계약된 사냥꾼이다'는 주장은 여성이 채집자로서 가족에게 필요한 에너지의 대부분을 제공했다는 사실을 지나치게 간과하고 있다. 사람은 코뿔새hornbill와 다르다. 아프리카 및 동남아에 분포하며 눈에 띄는 부리를 가진 코뿔새는 암컷이 알을 품고 새끼를 기르기 위해서 외부와 차단된 채 둥지에서만 몇 주를 보낸다. 둥지의 벽은 흙으로 발라져 있고 중간에 좁고 길쭉하게 나 있는 구멍만이 암컷이 외부와 통할 수 있는 유일한 통로다. 코뿔새 수컷은 암컷, 그리고 새끼새에게 먹이를 공급해주기 위해 하염없이 일해야 한다. 사람의 경우엔 코뿔새와는 달리 여성이 채집해오는 음식이 가족에게 중요할 뿐만 아니라 일반적으로 남성이 가져오는 음식보다 많다.

오늘날의 수렵채집인 사회 그리고 농업 이전 사회에서는 남성과 여성이 집에 가져오는 음식이 서로 달랐다. 전형적으로 남성은 사냥, 여성은 채집을 했지만 그 환경에 존재하는 음식의 종류에 따라 남녀 역할분담의 형태는 다양하게 나타났다. 오스트레일리아 본토와 파푸아뉴기니 사이에 있는 그레이트 배리어 리프에서 북쪽으로 조금 더 들어간 곳에 위치한 메르 섬은 어족 자원이 풍부한 곳이다. 산호가 노출된 곳에서 조개를 잡을 수 있고, 그물망이나 손낚시를 이용하여 해안가에서 물고기를 잡을 수도 있다. 또 배를 타고 나가면 큰 열대어나 회유어를 낚을 수 있다. 낚시는 메르 섬에서의 생존에 매우 중요한 일이며, 남성과 여성이 모두 낚시에 참여한다.

하지만 메르 섬의 남성과 여성은 낚시하는 방법이 서로 다르다. 레베카 버드Rebecca Bleige Bird는 1년 동안 메르 섬에서 남성과 여성이 어떻게 낚시를 하는지 관찰했다. 그녀는 사람들이 얼마나 오랫동안 낚시를 하며, 성공률은 어떻고, 잡은 물고기를 다른 가족과 나누는지 여부 등을 세세하게 기록했다. 여성은 남성보다 조개류를 채집하거나 해변이나 산호 위에서 항상 그곳에 서식하는 작은 열대어를 잡는 경우가 많았다. 남성은 여성보다 창살을 이용한 낚시를 하거나 전갱이나 삼치처럼 큰 회유어를 대상으로 낚시를 하는 경우가 많았다. 그런데 이 물고기들은 어떨 때는 흔하지만 아예 없는 경우도 잦았다. 이러한 차이로 인해, 한 번 고기를 잡으러 나 갔을 때 여성이 낚은 물고기의 무게는 남성이 잡은 물고기의 무게 보다 그 편차가 작았다. 남자는 거의 빈 손으로 돌아오고 가끔씩 대박을 치곤 했다. 이처럼 남성의 사냥 성공률은 모 아니면 도였 다. 메르 섬의 사람들은 남녀 간 노동 분담에 대해서 우리에게 보 편적인 특징 하나를 보여주고 있다. 남녀가 집으로 가져오는 음식 이 서로 다르다는 것이다. 물론 겹칠 수도 있다. 하지만 항상 차이 는 있고, 그 차이는 각 문화 내에서 꽤 일정하게 유지된다. 그런데 어떻게 그런 차이가 생겼을까?

아마도 남성과 여성은 협력의 효율성을 극대화하기 위해 먹 거리를 찾는 노력을 분담했을 것이다. 만약 남성이 특정 음식에 주 력한다면 여성은 다른 음식을 찾는 것이다. 결국 그 남녀는 가족이 필요한 모든 종류의 음식을 서로 각각 모아오는 것보다 더 많은 에 너지를 집에 가져올 수 있다. 몇몇 경제 모델에 따르면, 동일한 능 력을 지닌 개체들이 협력할 때 각 개체는 특정 과제에 더 뛰어난 성과를 보이도록 변해감에 따라 각자 특화된 역할을 맡게 된다. 개 인별 작은 차이는 상대가 하는 역할에 지속적으로 영향을 주고, 이 에 따라 안정적이면서도 유연한 역할분담이 이루어진다. 메르 섬 의 사람들은 남성이 여성보다 크고 힘이 센 반면, 여성은 임신 또 는 모유 수유 중이거나 어린아이를 돌보는 상황에서는 움직임이 제한적이고 이동이 느리다. 이런 요인은 남성이 작살을 이용한 낚 시나 큰 회유 어류를 잡기 위한 원양 어업 등을 하기에 더 유리한 상황으로 이어졌을 수 있다. 그런 양성 간 차이는 수렵채집 사회에서 여성이 남성보다 식물성 먹거리를 채집하는 데 더 효과적으로 만들었을 것이다.

하지만 각 개인이 사사로운 이익을 추구하다보면 이러한 낙관적인 시나리오는 반드시 무너지게 되어 있다. 남성과 여성은 진화적 이해관계가 다르므로, 특정 형태의 수렵채집 활동은 한쪽 성에게만 더 유리할 수 있다. 노동 분담은 가정 생산성을 최대화시키는 것보다 번식 전략의 남녀 차이에 훨씬 더 크게 의존한다. 궁핍기에는 어린아이 또는 아직 태어나지 않은 아이가 사망할 위험이 더 크다. 아이의 생존과 복지는 남성보다도 여성의 번식 적합도에 더 밀접하게 관련되어 있기 때문에, 궁핍기의 여성은 남성보다 더 큰 위험에 놓인다. 특히 수렵채집 사회에서 대부분의 가족은 어머니가 가져오는 먹거리에 의존한다. 따라서 궁핍기에 겪을 위험을 피하기 위해서 어머니는 (정말 최고의 먹거리가 아니라면) 꾸준히 모을 수 있는 먹거리에 무조건 집중한다. 마치 메르 섬의 여성들이 쉽게 잘 잡히는 물고기나 조개류를 채집하는 것과 같다.

버드가 관찰한 바에 따르면, 메르 섬의 여자들이 잡는 물고기의 대부분은 바로 가족을 먹이는 데 사용되지만, 남자들이 이따금씩 잡아오는 거대한 물고기는 '춤과 나눔과 과시가 함께하는' 화려한 전통 축제에 쓰이는 경우가 많다. 여성이 잡은 물고기는 가족을 먹이고 남성이 잡은 큰 동물은 집단 내 모든 가족에게 나누어주는 것이다. 이러한 차이는 여러 수렵 사회에서 일반적으로 나타나는 모습이다. 남자들이 사냥하는 동물의 크기가 클수록 다른 사람과 그 고기를 나눌 가능성이 커진다. 버드와 크리스틴 호크스Kristen Hawkes는 사냥꾼이 보기보다 이기적인 목적에서 이러한 행동을 한다고 주장한다. 그는 아내가 아닌 다른 여성에게 전리품을 과시함으로써 또 다른 섹스를 얻으려고 하는 것이다.

남자들도 작지만 풍부하고 잡기 쉬운 물고기를 사냥해서 가족들에게 매일 에너지를 공급할 수도 있을 것이다. 하지만 남성은 크고 잡기 어려운 동물을 사냥하는 경우가 많다. 메르 섬의 회유 어류나, 북아메리카의 들소, 남아메리카의 아르마딜로와 페커리peccary, 아프리카의 쿠두kudu, 얼룩말, 일런드영양, 그리고 아마도 빙하기 유럽의 매머드가 그 대상이었을 것이다. 남성들은 그런 커다란 먹잇감을 쫓지만 실제로 남성들이 집에 가져오는 에너지는 작고 잡기 쉽고 덜 위험한 동물을 사냥하는 경우보다 훨씬 적었을 것이다. 남성들은 큰 동물을 사냥하고 고기를 나누면서 자신의 사냥 솜씨를 널리 뽐낼 수 있었기 때문에 사냥 효율을 높이는 대신에 큰 동물을 노렸다. 그리고 이것은 더 많은 섹스 기회로 이어졌다. 진화적인 관점에서 추가로 얻는 섹스 기회는 아내와 자식에게 몇 천 칼로리를 제공했을 때 주어지는 그저 그런 적합도 이득을 훨씬 뛰어넘는 것이다. 선사시대의 수렵 사회의 생활에 대한 우리의 지식 대부분은 사냥 활동을 묘사한 동굴 벽화에서 유래했다. 채집과 관련된 선사시대 예술은 거의 존재하지 않는다. 어쩌면 고대의 많은 동굴 벽화들은 우리 선조들이 고기를 다 먹어 치운 뒤에도 그 대단했던 사냥을 오랫동안 선명하게 기억하려는 시도에서 그려졌을지도 모른다.

## 세월이 흘러도 불평등은 여전히 Still unequal after all these years

알바트로스나 독수리처럼 부모가 새끼새를 키우기 위해 정말 열심히 노력해야만 하는 새들의 경우에는, 암컷이 해마다 같은 수컷과 짝을 맺으며 다른 수컷에 의해 새끼가 길러지는 일은 거의 없다. 비슷한 현상이 인간 사회에서도 나타난다. 가족의 생태적, 경제적 상황은 남녀의 노동 분담, 결혼이 지속되는 기간에 영향을 준다. 남자가 여자보다 얼마나 더 열심히 일하는지의 정도는 사회마다, 그리고 가정마다 차이가 크게 나타난다. 여성들, 적어도 어머니들은 가능한 열심히 일하려고 한다. 생계가 어렵지 않을 때 남성들은 그들의 가정에 기여할 수 있는 최소한의 일만 한다. 그들은 더 많은 여가 시간을 누리고 나가서 놀며 술을 마시고 담배를 피우고 스포츠를 즐기고 새 신부를 맞기 위해 다른 마을과 전쟁을 벌이는 등의 일을 하며 시간을 보낸다.

수렵채집인과 농경인들은 일조량이 많고 강수량도 충분하며 계절이 뚜렷하지 않은 열대 지방에서 살아가는 것이 더 쉬웠다. 식물들은 빠르게 자랐고, 수많은 동물들이 그 식물을 먹으며 살아갔기 때문에, 사람들은 열심히 일하지 않고서도 균형 잡힌 식사를 비교적 쉽게 할 수 있었다. 먹거리가 충분했으므로 여성은 가족에게 필요한 영양소의 대부분을 채집해올 수 있었다. 그리고 남자들이 가져오는 음식은 여성에게도 가족에게도 중요하지 않았다. 메히나쿠 족은 이러한 패턴을 전형적으로 보여준다. 그들은 남부 아마존의 풍족한 숲에서 살며, 물고기를 잡고 과실을 모으고 마니오크

manioc[*]나 옥수수를 키우기 위해서 숲을 개간한다. 여성은 땅을 일구고, 먹거리를 다듬고, 가정에 필요한 물건을 만들고, 땔감과 물을 마련하는 등 하루 여덟 시간 동안 일을 한다. 남성들도 땅을 일구고 낚시를 하는 등의 일을 하긴 하지만, 평균적으로 여성이 하는 일의 반도 하지 않는다. 그들은 매일 레슬링 대회를 벌이거나 마을 회관에서 다른 남성과 어울리는 데 많은 시간을 보낸다.

열대 환경에서 남자들은 자유롭게 여가를 즐기고 전쟁을 벌일 수 있는 반면, 계절이 뚜렷한 곳에서는 먹을 수 있는 야채들이 흔치 않기 때문에 남자들은 더 열심히 일을 해야 한다. 이러한 곳에서는 가족이 생계를 꾸리기 위해 더욱 고생하며, 여성보다 남성이 가족에게 기여하는 정도가 상대적으로 중요해진다. 분업 또한 뚜렷하게 나타나는 경우가 많다. 캐나다 북쪽의 이누이트 족은 남자가 사냥을 하고 여자는 집에서 일하는 분업 형태를 보인다. 남자들은 물범, 코끼리물범, 고래, 순록을 사냥하여 가족의 거의 모든 먹거리, 도구나 옷을 만드는 재료를 제공한다. 여자는 먹거리를 손질하고 음식을 준비하며 난방과 조명에 필요한 기름을 만들어낸다. 사냥감의 껍질을 다듬어 옷을 짓기도 한다. 남편과 아내는 서로 의존하고 있으며 공동의 노력 없이는 제대로 일을 진행할 수 없다. 이누이트 족의 가족은 오로지 협동함으로써 인간이 살아갈 수 있는 극한의 환경을 견딜 수 있다.

---

[*] 카사바(cassava)라고도 불리는 식물. 뿌리가 고구마처럼 굵고 녹말, 칼슘, 비타민 C가 풍부하여 식용으로 사용한다. 카사바 뿌리에서 채취한 녹말을 타피오카(tapioca)라고 한다.—옮긴이 주

남자들이 열심히 일할수록 결혼이 지속되는 기간은 더 길어진다. 열대 환경에서는 남성이 공급하는 에너지에 여성이 크게 의존하지 않으며, 결혼은 길어봤자 몇 년간만 이어질 뿐이다. 하지만 이 기간 동안 남성이 공급해주는 먹거리는 여성이 임신 및 모유 수유 등 중요한 시기를 견디기에 충분하며 아이의 생존 확률을 높일 수 있다. 메히나쿠 족처럼 열대 아마존의 풍족한 환경에서 생활하는 아체 족에서는 여성이 폐경 전까지 열 번 이상 결혼을 한다. 한 번의 결혼은 단지 수년 동안만 이어진다. 여성이 남성에게 더욱 의존하는 환경에서는 남자가 더 열심히 일할 뿐만 아니라 그렇게 하는 남성이 결혼을 더 오래 지속시킨다. 아체 족 같은 열대 부족보다 이누이트 족에서 이혼 빈도는 훨씬 낮게 나타난다.

남자는 음식 공급을 위해 열심히 일할 뿐만 아니라 가능한 한 양육을 돕도록 적응했다. 인류학자 새라 블래퍼 허디Sarah Blaffer Hrdy 는 진화적 관점에서 인간의 가족 형태를 이해하는 데 그 어떤 과학자 못지 않게 도움을 준 학자이다. 그녀의 저서 《어머니와 타인들: 상호이해의 진화적 기원Mothers and Others: The Evolutionary Origins of Mutual Understanding》에서 허디는 가족을 부양하고 아이와 직접적으로 어울리는 등 남성이 아이에게 투자하는 정도는 여성의 투자보다 훨씬 편차가 심하며 환경에 의존하는 경향도 더 크다는 점을 보여줬다. 예를 들면 어머니가 그녀의 다른 친족들과 있으면 남성은 아이를 키우는 데 소모하는 시간과 노력을 줄이고 아내나 처제가 그 역할을 대신하도록 두는 경우가 많다. 부부가 서로의 친지와 떨어져 살 때, 남성은 평균적으로 집에 기여하는 정도가 높고 특히 양육에 더 많은 시간을 투자한다.

현대 산업 사회에서도 같은 모습이 나타난다. 사회학자와 경제학자는 현대 사회에서라도 대가족에서는 여성이 남자보다 더 오랜 시간 일을 한다는 것을 관찰했다. 그렇다면 일하는 여성과 21세기의 슈퍼대디superdad가 등장하기까지는 무슨 일이 있었던 것일까? 지난 40년 동안 사회학자들은 결혼이 더 평등해지고 있는지 아닌지에 대해 논쟁을 벌여왔다. 오늘날 많은 남성들은 분명히 그들의 아버지보다 양육에 대한 책임감을 더 느끼고 있다. 전일제 근무를 하는 여성의 수는 지속적으로 꾸준히 증가하고 있고, 비록 아직까지는 모든 고위급 직종에서 여성이 저평가되고 있지만 그들에 대한 평가는 계속 나아지고 있다. 그 결과 어떤 학자는 오늘날의 사회가 가정에서의 진정한 평등을 이룩하는 도중에 있다고 주장한다. 문제는 이런 예측이 이미 1970년대에 나왔으며, 그들은 2000년이면 가정에서의 진정한 평등이 이루어질 것이라고 예측했다는 사실이다. 하지만 21세기가 되고 10년이 지났는데도 우리는 이러한 수준에서 아직 한참 떨어져 있다. 심지어 양성 평등이 매우 잘 이루어지고 있는 국가에서도 말이다.

가사와 양육에 대한 남성의 기여 향상 정도는 여성의 취업에 따른 수입에 미치지 못한다. 많은 여성은 맞벌이를 시작하면서 단순히 그들이 원래 하고 있던 양육 및 가사에 일을 더 추가시켰을 뿐이다. 어떤 아버지는 요리도 하고, 청소도 하고, 아이도 돌보며, 일터에 나가는 시간을 줄이기도 하고, 정말로 아내가 자유롭게 일을 할 수 있는 조건을 만들어준다. 하지만 호주를 일례로 살펴보면, 여성은 가정과 일터에서 보내는 총 시간이 오히려 늘었고 결과적으로 남성보다 더 많이 일하고 있다. 남녀가 모두 전일제 근무를 하는 호주의 가정에서는 여성이 남성보다 매일 71분씩 더 가사일을 한다. 사실 이런 맞벌이를 하는 남성은 아내가 일을 하지 않는 남성에 비해서 하루에 집안일에 투자하는 시간이 겨우 12분 늘어났을 뿐이다. 그리고 아무런 보수 없이 가사일을 하는 여성이 남성에게 홀대 받는 상황은 전혀 개선되지 않았다.

남성과 여성은 또한 일해서 번 돈을 서로 다르게 사용한다. 부유한 사회에서 남성은 여성보다 더 많은 돈을 여가, 오락, 사치품에 소비한다. 아이를 낳은 뒤에도 남성은 여성보다 사회 관계를 유지하거나 친구를 만나고 운동을 즐기는 경우가 더 많다. 심지어 매일 14시간씩 일하며 돈을 모을 때에도 남성의 소득은 항상 가계를 위해서만 사용되지 않는다. 아버지들은 비싼 오토바이처럼 지위와 부를 보일 수 있는 물건 또는 보트나 낚시 도구 같은 취미용품에 돈을 쓴다. 심지어 그들에게 배우자가 있는데도 말이다.

놀랍게도 이러한 소비 패턴의 차이는 수렵채집인에게도 나타난다. 여성은 오랜 시간 일하며 대단하진 않지만 꼭 필요한 먹거리를 집으로 가져오며 늑대의 침입을 막기 위해 애쓴다. 반면에 남성은 그들의 사냥 실력을 뽐내고 전리품을 나누기 위하여 규모만 크고 대부분 실패로 끝나는 사냥을 나간다. 하지만 수렵채집인 남성과 부유한 서구 사회의 남성만 이런 행동을 하는 것은 아니다. 에이드리언 저메인은 농부들이 자급자족하며 근근히 살아가는 궁핍한 개발도상국에서도 이러한 모습이 나타난다는 것을 밝혔다.

여성이 수입이 있을 때 그녀는 수입의 대부분을 아이와 가족의 기본 생계를 위해 투자한다. 하지만 남성의 소비 형태를 조사해보면 남성은 자신의 수입을 여가 시간, 담배, 술, 서구 스타일의 셔츠처럼 불필요한 옷 등에 쓰는 것으로 나타난다.

게으르고 자신밖에 모르는 남성을 빗댄 모든 농담과 진부한 고정관념은 전부 사실인 것처럼 보인다. 물론 최고의 아버지이고 정말 근면한 일꾼인 동시에 아내에게도 훌륭한 배우자가 되어주는 멋진 남성도 있다. 하지만 어머니들이 가족의 안녕과 성공을 위해 희생하는 것에 비해 대부분의 아버지들은 노력을 덜, 정말 훨씬 덜 들인다. 남자는 일부일처제로 꽤 많은 것을 얻는 것 같다. 한 여성과 묶여 있음으로써 남성들은 최소한의 노력만 들이고도 한 여성과 독점적으로 섹스를 할 수 있고 그들의 자식이 친자임을 꽤 확신할 수 있을 뿐만 아니라 그녀가 아이를 돌보고 먹이고 교육시키는 투자로부터 이득도 얻는다.

대부분의 남성이 노력을 많이 하지 않는다면 그 상황에서 여성이 얻는 것은 무엇일까? 그 답은 미묘한 관점의 차이에 따라 달라진다. 문제가 되는 것은 일을 동등하게 맡는지가 아니라 혼자일 때보다 관계를 유지함으로써 남녀가 서로 더 잘 살게 되는지의 여부이다. 남성과 여성은 서로의 기여로부터 이득을 얻기 위해 함께 가정을 꾸리고 강한 짝 관계를 진화시켰다. 가족과 함께해서 얻는 이득이 손해보다 많을 때 부부는 함께 있는다. 이러한 손익이 부부 간에 서로 다르기 때문에 부부가 동등하게 가정에 힘을 쏟는 일은 거의 없을 것이다. 따라서 그 관계는 남녀에게 서로 다른 의미를 지니며, 건강, 나이, 물질적 재산과 같은 요소가 그들이 관계에 부여하는 가치를 결정한다.

## 힘과 가계의 균형 The balance of power and home economics

남녀 간 분업은, 특히 집으로 먹거리나 소득을 가져오는 일처럼 가시적인 일의 경우에는 가정 혹은 사회 내에서의 남녀의 지위에도 영향을 미친다. 남자보다 여자가 더 많은 노동을 하는 사회보다 남녀가 모두 노동을 하는 수렵채집 사회에서 여성은 훨씬 소중하게 여겨지며 더 인정받는 경향이 있다. 남자가 사냥터에 나가는 사회는 여성이 남성의 사냥감에 크게 의존하지 않는 사회인 경우가 많다. 또한 남성은 사냥감을 공유함으로써 다른 여성과 섹스를 즐길 수 있을 뿐만 아니라, 마을 내에서의 정치적 영향력도 높일 수 있다. 이런 사회에서는 남녀가 함께 야채를 수집하고 물고기를 잡고 소규모로 사냥하는 사회보다 여성이 권력을 덜 갖는 경우가 많다.

농업으로 전환되던 시기의 초기에는 아마도 대부분 여성의 생활이 더 나아졌을 것이다. 몇몇 전통 사회에서, 특히 아마존과 사하라 사막 남쪽의 아프리카 지역 대부분에서, 가족은 숲이나 수풀을 밀어낸 공간에서 작물을 가꾸고, 과일과 카사바, 타로, 얌, 옥수수처럼 녹말이 풍부한 식물을 키웠고, 사냥, 낚시, 채집 등을 통해 식단을 꾸렸다. 농업은 과수를 키우고 텃밭을 가꾸는 것에서 시작됐고, 채집을 하는 사람은 여성인 경우가 많았기 때문에 나중에 곡물로 진화한 식물을 처음으로 길렀던 사람은 아마 여성이었을 것이다. 이처럼 원예 사회에서 여성은 여전히 남성보다 더 오래 일했지만, 여성의 노동은 남성의 노동으로 보상받을 수 있었다. 특히 게으른 남편과는 이혼하는 것이 허용되기도 했다. 여성은 매일처럼 먹거리를 집에 가져왔으며 또한 잘못된 결혼에서 벗어날 수도 있었으므로 남성의 영향력이 그다지 높지 않은 가정과 사회에서 여성의 영향력은 매우 커졌다.

텃밭을 일구고 간단한 농업을 하는 사회에서처럼 여성이 많은 먹거리의 생산을 책임져야 할 때, 그들은 친족과 가까이 사는 경우가 많았다. 암컷 유인원은 혈연이 아무도 없는 동떨어진 무리에 있을 때보다 자신의 어머니 다른 자매와 가까이 살 때, 번식에 따른 협력적 갈등 속에서 더 잘 지낼 수 있었다. 사람도 비슷하다. 친지를 곁에 두면 여성은 더 생활하기 쉽다. 왜냐하면 그녀의 친지들은 가족을 성공적으로 꾸리는 것에 따른 진화적 이해관계를 공유하기 때문이다. 그 여성의 어머니는 여기에서 특히 중요한 역할을 한다. 그녀는 할머니로서 어린아이들을 키우는 데 도움을 주고 부수적인 먹거리도 제공해 줄 수 있다. 여성이 그녀의 남편 가족과 가까이 사는 사회(부거제patrilocality)와 여성 자신의 부모와 가까이 사는 사회(모거제matrilocality)를 비교해보면, 일반적으로 모거제 사회에서 여성은 남편으로부터 더 자유롭고 남편과 동등한 권력을 갖고 사회 생활에서 더 큰 영향력을 갖는다. 또 폭력과 배우자 학대의 정도도 낮아진다.

부거제 사회의 여성은 집밖에서 다른 활동을 하거나 일자리를 갖거나 영향력 있는 위치에 오르는 경우가 적다. 예를 들어 인도 북부에서는 신부가 신랑이 사는 마을로 시집가는 전통이 있는데, 이런 경우 신부는 자신의 가족과 친구들로부터 멀어진다. 여성은 남편의 부모와 남자형제들과 가까이 지내게 되는데, 많은 여성이 자기 자식뿐만 아니라 조카를 돌보고 키우도록 강요받는다. 남자의 부모와 형제들의 진화적 이해관계는 그 남자의 이해관계와 긴밀한 관계에 있다는 사실을 기억하라. 또한 그 형제는 자신과 자기 아들의 이해관계에 맞도록 그 부부의 일에 관여하는 경우도 많을 것이다. 두말할 나위 없이, 어린 며느리에게 시어머니가 갑작스레 나타나는 것만큼 두려운 일도 없다.

우리는 유럽 인이 북미에 정착할 무렵 온타리오 호수 주변 지역에서 살던 이로쿼이Iroquois 족을 통해 모거제, 그리고 먹거리 생산에서의 여성의 역할 증대가 여성 개인의 지위와 영향력을 어떻게 향상시킬 수 있었는지를 알 수 있다. 이로쿼이 족 여성은 평생 동안 같은 지역에서 살며 롱하우스longhouse*를 다른 여성 친족 및 그 가족들과 공유했다. 반면에 남성은 결혼하면서 아내의 집으로 이사한다. 남성은 멀리까지 나가서 사냥을 하고 물고기를 잡고 다른 부족들과 외교를 하거나 싸우기도 했다. 여성은 옥수수, 콩, 호박을 작물로 키웠는데, 이런 곡물은 이로쿼이 족 식단의 대부분을

---

* 일종의 연립 공동 주택으로, 일자형으로 되어 있으며 보통 길이가 100m이상이다. 그 내부에는 벽으로 방을 만들어 다수의 가족이 독립된 공간에서 거주할 수 있도록 지어져 있다. 각 방은 복도로 연결되어 있다.—옮긴이 주

차지했다. 어머니는 농사를 짓는 법과 농기구를 다루는 방법에 대해 딸에게 알려주었다. 여성이 자신의 어머니나 자매와 가까이 사는 가정은 여성끼리 농사를 지어 생기는 경제적 이득 때문에 더 효율적이다. 또한 이러한 모거 집단matrilocal clan은 남성이 그 형제와 같이 살아서 그의 아내가 협동 농업을 하지 못하는 집단보다 우세했고 그 집단을 대체해갔다.

　비록 남녀가 하는 일은 달랐지만 이로쿼이 족 사회는 양성 평등의 모범으로 주로 제시되곤 한다. 남자는 제정繼政적 권력을 지닌 특별한 지위에 있었지만, 어떤 남성이 그들을 대표할지, 그리고 누구를 그 자리에서 물러나게 할지를 결정하는 것은 여성이었다. 남자는 가족을 부양하는 여자의 노동을 인정하고 고마워했다. 여성은 재산과 땅을 소유할 수 있었으며 그것을 딸에게 물려줄 수 있었다. 여성이 게으르고 까다로운 남편과 헤어지는 것은 상대적으로 쉬웠으며, 그를 집에서 내쫓을 수도 있었다. 또한 유럽 인은 이로쿼이 족에서 여성에 대한 강간이나 신체적 학대가 거의 없다는 것을 발견했다. 심지어 어떤 집단이 다른 집단의 여성을 전리품으로 취했을 때도 그런 일은 전혀 일어나지 않았다.

　비록 초기 농업 활동이 여성의 지위를 신장시켰더라도 농업이 점점 힘든 노동이 되면서 여성의 상황도 나빠졌다. 정주성의 농업 생활 방식으로 여성은 아이를 안고 다니는 일에서 해방되었으며, 그로 인해 한 번에 오로지 한 명의 아이만 돌보면 되었다. 농업에는 일손이 많이 필요했으며, 아이를 빨리 가진 가족은 더 큰 노동력을 만들어냈고, 이것은 더 많은 땅을 경작하고 더 많은 부를 축적할 수 있도록 해주었다. 늘어난 식량으로 빠르게 커지는 가족을 먹일 수 있었다. 우리가 4장에서 살펴보았던 것처럼 자연선택은 낮은 번식률을 선호했다. 즉, 다른 아이를 갖기까지의 간격이 긴 것이 선호되었다. 그런데 농업 사회에서는 아이를 빠르게 많이 낳는 여성이 갑자기 적합도가 제일 높은 여성이 되었다. 여러 페미니즘 연구자들이 지적한 것처럼, 여성이 '집에서 아이 낳는 기계'가 되면 여성의 권한은 축소된다.

큰 동물을 가축화하고 쟁기를 도입하면서 남성은 갑자기 식량 생산에 있어서 중요한 역할을 맡게 되었다. 고대 이집트와 레반트 지역의 예술 작품에서는 밭을 갈고 가축을 다루는 남성을 찾아볼 수 있다. 관습적으로 남성은 여성보다 평균적으로 더 크고 힘이 세기 때문에 이런 일에 더 뛰어났던 것으로 생각된다. 하지만 곡물과 가축의 축적은 인류 역사에서 최초로 재산이라고 불릴 만한 것이 되었고, 부유해진 남성은, 훌륭한 사냥꾼이 그랬던 것처럼, 아마도 많은 섹스를 했을 것이다. 농업에 따른 이득이 매우 컸기 때문에 남성들은 농사를 선호하게 되었다. 농사로 부자가 된 남자는 많은 아내와 자식을 거느리며 엄청난 적합도 이익을 누렸을 것이다. 또한 그는 농사로 얻은 식량을 집에서 아이를 키우는 아내에게 제공함으로써 더 많은 이득을 얻었을 것이다.

잉여 식량을 저장하고 가축을 기르며 이런 것들을 재산으로 바꾸어내는 능력이 갑작스럽게 나타나면서 인간 사회는 엄청나게 바뀌었다. 가축, 곡물 그리고 돈은 도난당할 수 있고, 비옥한 토지에서 쫓겨날 수도 있었다. 따라서 사람들은 자신의 땅과 재산을 지킬 필요가 생겼다. 남성은 그들의 땅이나 재산을 도둑맞았을 때 정말 많은 것을 잃게 된다. 반면에 그것을 빼앗은 이는 많은 것을 얻게 된다. 자원을 지키는 것은 동맹을 필요로 했고, 남성에게 있어서의 최고의 동맹은 그와 유전적 이해관계를 공유하고 있는 형제나 아들과 맺는 동맹이었다. 따라서 남성의 혈연을 중심으로 구성되며 남성들이 농장을 넓히고 농장을 지키는 데 도움을 주는 가족은 여성을 중심으로 구성되어 사위를 들여야 하는 가족보다 더 많은 부를 축적하고 저장할 수 있었다. 이러한 상황에서는 딸보다 아들에게 재산을 물려주는 것이 더 이득이 되었고, 그 결과 아들에게 재산을 상속하는 것이 더 선호되었다.

부의 축적은 족장, 왕, 장군, 성직자처럼 부유하고 권력을 가진 지배 계층의 등장으로 이어졌다. 운 좋은 소수의 남성은 천상법과 지상법을 만들고 시행했다. 농업에 따라 부와 권력이 나타나면서 여성은 끊임없이 아이를 낳아야 했고 양육을 도맡아야 했기 때문에, 가장 성공한 농업 사회에서 여성은 권력을 거의 갖지 못했다. 남성이 법을 집행하고 신의 의지를 해석할 힘을 가지게 되면서, 법은 남성의, 특히 부유한 남성의 이익을 따르게 되었다. 대부분의 여성은 남편이 있었지만, 남성은 가난하면 군대의 일반 사병밖에 될 수 없었고 오직 일부 부유한 남성들만이 많은 아내를 가질 수 있었다. 그들은 자신의 성적 만족감과 번식적 이득을 위해서 젊은 여성의 무리를 거느릴 수 있었다. 결국 농업의 성공은 가부장제 patriarchy로 귀결되었다.

때마침 유럽에서는 산업혁명이 일어났다. 18세기 말, 영국과 유럽의 경작지는 거의 포화 상태였고, 인구 성장은 식량 생산을 넘어섰으며 토머스 맬서스는 지금까지 볼 수 없었던 대규모의 기근, 전염병 그리고 죽음을 예견했다. 4장에서 살펴보았듯이 19세기는 부모의 전략이 양보다는 질로 전환되던 시기였다. 이전에는 많은 아이를 낳으면 농장에 일손을 늘릴 수 있었지만, 오늘날에는 단지 부양해야 하는 가족의 숫자만 늘어난 것이 되었다. 갑자기 아이를 적게 낳고 집중적으로 교육시키는 것이 상류층으로 이동하는 주요 방법이 되었다. 적은 아이에게 집중적으로 투자를 하려면 부모의 고된 노동이 필요했고, 이로 인해 협력적 갈등은 지난 1000년간의 농업 사회에서 나타났던 것과는 반대로 이제 여성의 이해관계에 맞춰 움직이기 시작했다. 여성의 역할은 많은 아이를 낳는 출산 기계에서 돈을 벌고 아이를 교육시키는 것으로 점차 변해갔다. 적어도 노동자 계층에서는 그랬다.

19세기 말 여러 사회에서 여성들이 그 이전까지 누렸던 것보다 더 크고 광범위한 정치적 이득을 거두었던 것도 우연이 아니다. 산업혁명은 구조적으로 경제 및 사회적인 격동을 일으켰다. 이러한 변화의 대부분은 좋지 않았지만, 노동자 계급의 여성이 지닌 노동적 가치와 아이에 대한 투자의 중요성이 부각되기 시작했고 이에 따라 여성이 집 안팎에서 하는 일들의 가치가 향상되었다. 바로 그 시기에, 남성이 그동안 누려왔던 권리를 여성도 누려야 한다는 주장을 펼치는 페미니스트가 나타났다. 여성도 사유재산을 갖고, 경제 활동에 자유롭게 참여하며, 대표자에게 투표하고 정치 운영에 참여해야 한다는 주장이었다.

생물학과 페미니즘은 그동안 불편한 관계에 있었지만, 나는 번식에 따른 생물학적 손익 차이가 페미니즘에서 다루는 문제의 핵심에 있다고 생각한다. 가족 내의 의견 충돌에 대한 생물학의 통찰력은 개발경제학을 재정의했으며, 이로 인해 오늘날 여성의 경제적 권한의 강화가 가난, 유아 사망, 에이즈AIDS, 인구 증가를 이겨내는 데 결정적이었다고 여겨지고 있다. 그리고 산업 사회에서 여성의 상황이 개선됨에 따라 기술적, 법률적 개선도 이루어졌고 그 결과 여성이 짊어져야 할 어머니로서의 부담도 줄어들었다. 50년 전에는 피임약 한 알로 여성이 자신의 임신 가능성을 조절할 수 있게 되었다. 또한 낙태가 안전하고 저렴해지면서, 좋지 않은 시기 혹은 환경에서 아이를 갖지 않아도 되었다. 급여가 보장된 육아 휴직으로 여성은 일터를 떠나서도 여전히 가족을 부양하면서 어머니 역할을 할 수 있었고, 또 아이를 갖기 이전에 일하던 곳으로 돌아갈 수 있었다. 쌍방에게 책임을 묻지 않는 이혼no-fault divorce이 허락되면서, 부부가 갈등과 협력의 균형이 맞지 않는 결혼에서 벗어날 수 있게 되었다.

많은 보수주의자는 이러한 발전이 오늘날의 가정 생활에 주는 영향을 두고 한탄한다. 산업 국가에서의 이혼율은 20세기 내내 꾸준히 증가했고 혼인율은 떨어졌다. 남성적 관점을 분명히 선호하는 교단과 보수주의자는 모두 이런 추세를 한탄한다. 하지만 나는 우리가 이런 변화 때문에 불행해질 일은 없다고 생각한다. 혼인 인구의 비율은 현대 사회의 안녕을 나타내는 지표가 될 수 없다. 호주에서는 2010년에 줄리아 길라드Julia Gillard가 최초의 여성 총리로 선출되었다. 나는 여러 언론에서 길라드가 아직 미혼이며 동거 중이라는 사실을 의외로 성숙하게 다루어서 기뻤다. 기혼인지 미혼인지에 대한 사실은 고리타분한 교리에 구속되지 않는 우리에게 별로 중요하지 않다. 남녀 관계와 성 역할을 예전 방식대로 정의하는 것은 여성과 남성을 돕기보다는 오히려 방해가 되기 쉽다. 21세기의 새로운 경제 구조와 환경 속에서 우리는 부부의 관계와 부모로서의 역할을 새롭게 정의해야 한다.

**7**

# 전쟁 같은 사랑

## Love is a battlefield

**순차적 일부일처가 모든 걸 말해준다고 생각한다.**

–트레이시 얼만(Tracey Ullman), 1989

자연스러운 혼인 형태는 무엇일까?

우리는 일부일처, 일부다처, 일처다부

아니면 난교를 하는 생물인가?

인간의 혼인 형태는 시간의 흐름에 따라 이 모든 모습을 거쳐왔다.

그러나 사람의 혼인 형태를 딱 하나로 설명할 수 없다.

혼인 형태는 사회도 변화시킨다.

여기서 나는 힘있고 부유한 남성들이 자유분방하게 결혼할 때,

아니면 다수의 여성과의 섹스를 독점할 때

사회적으로 어떤 끔찍한 일이 일어날지 고찰해보고자 한다.

남아프리카공화국의 대통령 제이콥 주마Jacob Zuma는 평범하게 태어났다. 주마는 정규 교육 과정을 5년 밖에 받지 않았지만, 노동 조합 운동과 인종 차별 반대 운동을 이끌고 넬슨 만델라와 함께 로벤섬에 투옥되기도 하면서 일생에 한 번 겪을까 말까 한 경험을 했다. 남아프리카공화국의 타보 음베키Thabo Mbeki 전대통령은 항상 테일러 수트를 입고 멋진 정치인의 품위를 뽐냈지만, 주마는 아직도 줄루 족 전통의 표범 가죽 옷을 입고 인종 차별을 반대하는 민중 가요인 '레튜 무시니 왐Lethu Mshini Wami(나에게 기관총을 주세요)'을 부르며 나타나기도 한다. 주마는 사람들에게 호불호가 갈리는 좀 괴짜 같은 인물이다. 그는 대중적 인기를 얻어 대통령이 되었고, 아파르트헤이트(남아공에서 실시된 인종 차별 정책—옮긴이 주)가 끝난 이후에도 더 나아진 게 없다고 느끼는 이들의 마음을 달래주고 있다. 하지만 업무실에서 그는 나라를 통치하는 것이 얼마나 어려운지를 알아가고 있다. 2004년 이후 주마는 끊임없이 무기 거래에 대한 부정부패 혐의를 받았지만, 용케 살아남아서 교묘하게 음베키를 대통령 자리에서 물러나게 했다.

주마가 통치하는 남아프리카공화국도 주마처럼 모순으로 가득 차 있다. 아파르트헤이트의 폐지, 그리고 넬슨 만델라가 1994년에 대통령으로 선출된 것은 기적에 가까운 일이었다. 하지만 남아프리카공화국에는 여전히 고질적인 성차별과 폭력이 존재하고 있다. 2010년 월드컵을 흠잡을 데 없이 유치하기 위해 현대식 사회 기반 시설을 건설하고 관리 노하우를 받아들였지만, 수십 개 민족 집단에서는 전통적이고 시대에 뒤쳐진 관습이 신성불가침으로 남아 있다. 남아프리카공화국의 성평등 법안은 세계에서 가장 진보적인 법안 중 하나이며 의회의 여성 의원 비율도 높지만, 여전히 성차별이 만연하다. 강간은 끔찍할 정도로 자주 일어나며, 5백만 명 이상이 에이즈에 감염되어 있다. 주마는 음베키 정부에서 거부되고 표류하던 에이즈 관련 법률을 바로잡았다. 그러나 그는 사생활 속에서 그의 무지함을 내비쳤다. 그는 에이즈 검사에 양성 반응을 보인 어떤 지인을 강간했다는 혐의를 받았지만 그 섹스는 상호 합의된 것이었다는 주마의 주장이 받아들여져서 2005년에 무죄를 선고 받았다. 주마는 에이즈 감염을 피하기 위해서 콘돔을 사용하는 대신 섹스 후 샤워를 했다고 시인했다.

너무나 잘 알려진 그의 혼외 관계 외에도, 제이콥 주마는 결혼을 다섯 번이나 했다. 하지만 연이은 결혼으로 가십 잡지를 달구긴 했으나 한 번에 한 남자와만 결혼했던 엘리자베스 테일러와는 다르게, 주마는 동시에 세 명의 아내를 두고 있는 일부다처 남성이다. 그의 두 번째 아내인 은코사자나 들라미니 주마Nkosazana Dlamini-Zuma 내무장관은 1998년에 주마와 이혼했다. 주마의 세 번째 아내는 2000년에 자살로 생을 마감했다. 그러나 주마는 결혼을 멈추지 않는 것 같다. 그는 둘 이상의 여성의 가족에게 약혼을 의미하는 아프리카 전통의 결혼지참금인 로볼라lobola를 이미 지불했다. 주마는 적어도 네 명의 여성을 아내 및 약혼녀로 두고 있고, 전해진 바에 따르면 적어도 22명의 자식이 있다고 한다. 진화적인 관점에서, 일부다처와 혼외 관계에 대한 갈망은 주마에게 높은 적합도 이득을 가져다주고 있다.

그러나 그의 일부다처는 논쟁의 여지가 있다. 주마가 다섯 번째 결혼을 한 직후 2010년에 영국에 공식적으로 방문했을 때, 대부분의 언론은 그의 일부다처를 집중적으로 다루었다. 왜 영국인들은 외국 수장의 독특한 가족 관계에 그렇게 관심을 가졌을까? 주마의 지지자들이 주장하는 것처럼, 부르주아적 가치를 다른 문화에 강요하려는 옹졸한 문화 제국주의의 발로였을까?

## 자연스러운 사랑 Love in the natural way

가족 제도와 결혼 관습은 집단마다 정말 다양하다. 일생 동안 엄격하게 일부일처를 지켜야 하는 형태부터 몇 년간만 지속되는 짧은 일부일처 형태, 여러 남성이 둘 이상의 여성과 결혼하는 일부다처 형태, 한 여성이 둘 이상의 남성(형제인 경우가 많다.)을 남편으로 맞는 일처다부 형태도 있다. 그렇다면 인간에게 있어 '자연스러운' 혼인 형태는 무엇일까?

일부 인류학자와 성 연구자들은 우리에게 깊고 진실된 짝 관계를 형성할 수 있는 능력이 있으며, 일부일처가 자연스러운 것이라고 주장했다. 인간의 섹스에 대한 가장 영향력 있고 인기 있는 작가 중 한 명인 헬렌 피셔Helen Fisher는 '일부일처가 자연적인가?'라고 물었다. 그녀는 "그렇다. (중략) 인류에게서 일부다처 또는 일처다부는 선택적이고 예외적인 상황에서 일어난 것 같다. 일부일처가 법칙이다."라고 답했다. 이런 답변은 보수주의자 및 근본주의자의 입맛에 딱 맞는다. 그들은 분노에 차서 목이 메이지 않고서는 '진화'라는 단어를 말할 수 없는 이들이며, 평생의 일부일처가 자연적인 관계의 모습이라고 명랑하게 주장하는 이들이다. 오래된 복음서에 따르면 일부일처의 고결한 길에서 벗어난 이는 죄인일 뿐만 아니라 자연의 섭리를 더럽히는 것이다.

하지만 우리가 자연적으로 일부다처라거나 남자는 많은 여자를 사랑하고 아내로 맞을 수 있지만 여성은 오로지 한 명의 남성과 짝을 맺으려는 경향을 보인다는 주장에 대한 증거도 있다. 이러한 입장은 일부다처 남성과 그들을 본받고 싶어하는 남성들에게 당연히 인기가 있다. 80퍼센트 이상의 사회에서는 한 남성이 한 명 이상의 여성과 결혼하는 것을 용인하고 있다. 그렇다면 일부다처가 더 일반적인 형태처럼 보인다. 하지만 그런 일부다처 사회에서는 오로지 소수의 남성만이 한 명 이상의 아내를 갖는다. 또한 단지 수백 명으로 이루어진 일부다처 사회의 수가 전체 일부다처 사회의 수를 부풀렸다. 2억 5천만 명이 살아가는 인도네시아는 일부다처가 허용되는 국가들 중 인구가 가장 많은 곳이다. 하지만 오늘날 대부분의 사람은 그보다 인구가 많지만 일부다처를 법적으로 허용하지 않는 국가에서 살아가고 있다.

좀 더 복잡하게 만들어보면, 인간의 성생활은 원래 난잡하다는 증거도 있다. 심리학자 크리스토퍼 라이언Christopher Ryan과 카실다 제타Cacilda Jethá는 《왜 결혼과 섹스는 충돌할까Sex at Dawn》에서 우리가 사랑에 빠지고 짝 결합을 하는 동시에 풍부한 성적 다양성을 즐기기도 한다는 것을 지적했다. 현존하는 여러 수렵채집 및 자급자족 사회에서 결혼은 단지 몇 년간만 지속되곤 한다. 현대 사회의 여러 기혼 남성과 여성은 동시에 몇 명과 성적 관계에 얽혀 있다. 라이언과 제타는 적어도 농업이 출현하여 남성이 부를 축적하기 이전의 우리 조상들은 그러했을 것이라고 주장한다. 인간은 짧은 시간 동안 다수의 상대와 사랑을 하고 섹스를 하면서 동시에 '누가 누구와 하는지'에 대해 깊이 신경 쓰고 있으며, 상대의 부정을 발각하는 데 잔인할 만큼 정확한 능력을 갖추게 되었다.

내 생각에는 인간에게 단 하나의 '자연스러운 혼인 형태'란 없다. 일부일처, 일부다처, 일처다부 등의 혼인 형태는 상상할 수도 없이 다양한 무언가를 정리하기 위해 만든 단순한 분류 상자와 같다. 진화는 남녀 각각에게 가능한 행동의 목록들을 만들어내고 그들이 환경에 따라 행동을 조절하는 방식에 영향을 미친다. 식량의 양 또는 성비와 같은 환경이 변하면 개인은 행동을 조절할 것이다.

그 결과, 개인들의 작은 변화가 모여서 광범위한 행동 패턴에 꽤 큰 변화가 일어날 수 있는 것이다.

심지어 단일한 제도하에서도 혼인 형태에는 개인마다 차이가 크다. 예를 들면 소위 '일부다처 사회' 속에서도 보통 10퍼센트 이하의 남성만 둘 이상의 아내를 갖는다. 대부분의 기혼 남성은 한 아내를 맞고, 아예 결혼을 하지 못하는 남성도 많다. 마찬가지로 미혼 여성도 있고, 일부일처의 여성도 있고, 일부다처의 여러 아내 중 한 명인 경우도 있다. 모두는 살아가기 위해, 보통은 번식을 위해, 그렇게 하고 있는 것이다. 그리고 성이 진화한 이래로 우리 조상은 매 세대마다 성 역할의 범위를 넓히기 위해 협상해왔다.

인간 사회에서 아이와 재산 소유권에 대한 책임을 규제하기 위해 만들어진 혼인 제도는 우리의 혼인 방식에 분명한 영향을 준다. 하지만 우리는 그런 관습이 혼인 형태를 규정한다고 그대로 믿어서는 안 된다. 심지어 오로지 일부일처만 허용하는 서구 사회에서도 대부분은 일생 동안 한 명 이상의 섹스 상대를 갖는다. 사실 많은 사람들이 삶의 특정 시기 동안 한 번에 한 명 이상의 섹스 상대를 두기도 한다. 장기간의 연애 관계 또는 일부일처의 혼인 형태에 있는 남성과 여성도 다른 사람과의 관계를 찾아 나서고 그런 관계에 빠져든다. 그런 관계는 매우 짧게, 또 어떤 경우는 몇 년간 이어진다. 이러한 일은 너무 흔해서 엄격하게 한 명의 상대만 허락하는 성적 정절이야말로 일반적이기보다는 오히려 예외적이라고 할 수 있을 것이다.

심지어 단순한 일부다처 형태조차도 정말 복잡해질 수 있다.

일부다처는 다양한 형태로 나타난다. 동시에 여러 여성과 결혼을 한 제이콥 주마, 그리고 한 번의 결혼식에서 스물일곱 명의 여성과 결혼을 했던 나이지리아의 음악가 펠라 쿠티Fela Kuti는 둘 다 확실한 일부다처 남성으로 여겨진다. 하지만 진화적인 의미에서 결혼은 관계를 따지는 데 무의미할 수 있다. 진화적인 관점에서 엘린 노르데그렌Elin Nordegren과 결혼했지만 다른 많은 여성과 잠자리를 가진 타이거 우즈도 다소 일부다처적이라고 할 수 있다. 로드 스튜어트Rod Stewart는 여러 여성 모델과 잇따라 결혼하거나 연애를 해왔다. 그는 디 해링턴Dee Harrington, 브릿 에클런드Britt Eckland, 알라나 해밀턴Alana Hamilton, 켈리 엠버그Kelly Emberg, 레이철 헌터Rachel Hunter 등과 결혼했으며, 최근에는 페니 랭커스터 스튜어트Penny Lancaster-Stewart와 관계를 가졌다. 이것은 우리가 완곡하게 '순차적 일부일처'라고 부르는 좀 특별한 종류의 일부다처다. 그 형태에는 단지 정도의 차이만 있을 뿐이다. 사람들이 일상적으로 장기적인 성적 관계를 여럿 경험하는 오늘날 서구 사회에서는, 거의 모든 남성이 일부다처주의자인 것이다. 심지어 그들이 정절을 지키지 않는 것도 아닌데 말이다.

여성에게도 같은 맥락이 적용된다. 오로지 몇몇 사회에서만 여성은 한 번에 한 명 이상의 남성과 결혼할 수 있다. 가장 잘 연구된 일처다부 사회는 티벳 중부의 고지대에 자리하고 있다. 그곳에서는 한 여성이 여러 형제와 집단 결혼을 하며, 그 형제는 가계에 공동으로 기여하며 아이들의 아버지로서 협력한다. 이런 특이한 결혼 형태는 더 이상 차지할 만한 땅이 남아 있지 않은 가파른 계곡에 농사를 짓는 가정에서만 나타난다. 형제가 농장을 나누어 가질 수 없기 때문에, 그리고 형제 중 누군가가 다른 곳으로 이주하여 성공적으로 정착하고 아내를 맞고 살아가기가 어렵기 때문에, 형제들은 한 여성과 일처다부 생활을 하는 것이다. 하지만 아홉 번의 결혼을 했던 엘리자베스 테일러처럼 순차적으로 일부일처 혼인을 이어간 여성도 일처다부적이다. 그리고 혼외 관계를 갖는 것도 여성이 일처다부를 저지르는 또 다른 방법이다. 적어도 진화적인 관점에서는 말이다.

인간의 섹스와 결혼에 대한 자연사는 이 책의 네 가지 주제가 모두 함축되어 있는 문제다. 그 첫 번째 주제는, 진화가 어떻게 사회를 만들어왔는가 관찰하려면 그것이 각 개체에 작용하는 일련의 과정을 이해해야 한다는 것이다. 무엇이 '자연적'인지 이해하려면 각 개인—섹스를 즐기는 남녀뿐만 아니라 그들과 미래를 공유하는 배우자와 가족들까지—의 이해관계를 살펴볼 필요가 있다.

두 번째 주제는 생물학은 무엇이 옳고 그른지 그리고 사회가 어떻게 기능해야 하는지를 규정할 수 없다는 것이다. 하지만 진화를 이해하는 것은 사회가 어떻게 오늘날의 형태로 나타나게 되었는지, 우리가 어떻게 옳고 그름이라는 **개념**을 가지게 되었는지를 파악하는 데 꼭 필요하다. 인간을 단지 생물 종의 한 유형이라고 생각하거나, 남성과 여성을 서로 다른 행성에 살고 있는 사람처럼 생각하는 것만으로는 한계가 있다. 사람들은 우리가 상상할 수 있는 모든 성적 관계—외도, 간통, 치정—가 가능할 뿐만 아니라, 꽤 철두철미하게 실행에 옮기고 있다. 이러한 다양성은 진화의 산물이다. 도덕주의자는 그들이 추구하는 삶의 방식이 자연주의적 승인을 받길 원하지만, 성적 관계의 다양성은 도덕주의자가 가정하는 정형화되고 '고정된hardwired' 방식에서는 나오지 않는다. 우리가 생물 종으로서 자연적으로 이런저런 패턴을 따른다고 (또한 충분히 가능한 또 다른 패턴은 따르지 않는다고) 주장하는 것은 곧 기만이다.

세 번째 주제는 여성 그리고 그 여성과 짝을 맺고 있는 남성의 이해관계를 포함한 각 개인의 진화적 이해관계가 격렬한 갈등 상황에 놓이는 경우가 많다는 것이다. 그리고 마지막 주제는 남성과 여성이 그들이 태어났던 환경에서 가능한 한 잘 적응할 수 있도록 능력을 진화시켜왔다는 것이다. 초기 호미니드 조상의 문란한 성관계에서 부부 간의 짝 관계와 협력적 갈등이 어떻게 진화했는지를 보여준 6장에서 나는 이미 이 두 주제를 다루었다. 그리고 이제 그 이야기를 다시 시작하려고 한다.


## 일부다처의 진화 Evolution of polygyny

라이언과 제타에 따르면 일부다처는 새로운 현상이다. 농업으로 남성이 대부분의 자원을 장악하는 환경이 만들어지고 "여성은 자원을 얻거나 신체 보호를 위해서 자신의 번식 능력을 거래해야 하는 세상에 살게 되면서" 일부다처가 나타났다는 것이다. 나는 이러한 주장에 반대한다. 비록 농업이 나타나고 그로 인해 남성이 재산을 관할하게 되면서 남성이 전례 없는 권력을 휘둘렀고 여성에게 성생활과 번식을 강요하고 지배했지만, 이것은 단순히 진부하고 각색된 이야기일 뿐이다.

농업 이전의 역사부터 다져진 문란한 성생활은 오늘날 자급 자족 및 수렵채집 사회—특히 비교적 자원이 풍부한 열대 지방 부족 사회—에서 여전히 나타나고 있다. 아체 족, 메히나쿠 족 사회에서는 연애 및 결혼 관계가 오래 지속되지 않고 쉽게 무너지며, 혼외정사가 많다. 사막 또는 북극 알래스카의 이누이트 족이나 애서배스카Athabasca 족처럼, 극지방에서는 부부가 서로의 노동력에 크게 의존하고, 결혼은 오랜 기간 지속되며, 생존을 위해 부부가 양쪽 모두 열심히 일한다.

일부다처 사회는 남자가 고된 노동을 해야 하는 수렵 사회에 집중되어 있을 것이라고 생각할 수도 있다. 결국 가장 열심히 일하고 식량을 많이 구해오는 남성이 최고의 남편감이기 때문에 인기가 많을 것 같다. 하지만 일부다처는 일반적으로 남자가 게으른 문화에서 나타난다. 부부가 경제적으로 서로 크게 의존해야 하는 고위도의 극지방이나 사막에서는 일부일처가 일반적이다. 남자가 여자만큼 가족을 부양하는 데 힘쓰지 않는 열대 지방에서는 일반적으로 일부다처가 나타난다. 남자들은 여가 시간이 생기면 다른 부족과 전쟁을 하고 부족 내에서 더 높은 지위에 오르려 하는 등 다른 남성과 경쟁하는 데 관심을 둔다. 두 명 이상의 아내를 둔 남성은 보통 족장, 샤먼, 주술사 등 지배 계층의 남성들이다.

여러 사회에서 여성은 강제적으로 결혼하며 일부일처 또는 일부다처 집단을 이룬다. 호주 북부의 아넴Arnhem 지역에서 유목생활을 하는 애보리지니(호주 원주민) 사회에서는 20세기 중반에 선교사가 나타나기 전까지는 일부다처가 흔했다. 짐 치즘Jim Chisholm 과 빅토리아 버뱅크Victoria Burbank에 의해 연구된 어떤 정착민의 경우, 일부일처를 이루는 남성은 평균적으로 자기 아내보다 일곱 살이 더 많지만, 일부다처를 이루는 남성은 아내보다 평균적으로 열일곱 살이 더 많았다. 이런 사회에서, 높은 지위에 오른 노인은 젊은 남성이 집단에 편입되는 것을 감시하며 누가 종교 의식을 거행할지를 정하고 어머니에게 딸의 남편을 고를 수 있는 권한을 주곤 했다. 당연하게도, 그런 남성은 많은 아내를 두었다.

치즘과 버뱅크가 연구한 아넘 지역의 애보리지니는 일부다처를 허용하는 사회에서 일반적으로 나타나는 또 다른 특징을 보인다. 남성은 지위와 권력을 차지하기 위해 다투며, 그런 지위와 권력은 가능한 한 많은 여성을 얻기 위해서 쓰인다. 많은 아내를 가질 수 있다는 바로 그 가능성 때문에 남자들은 다른 남성과 격렬하게 싸우며, 한편으로는 여성을 강간하기도 한다. 치즘과 버뱅크에 따르면, "아내를 얻기 위해서나 아내가 떠나는 것을 막기 위해서 또는 아내가 혼외 관계를 끊게 하기 위해서, 애보리지니 남성은 자주 폭력을 사용한다."

농업이 나타나기 훨씬 이전부터 남성과 여성은 지위, 부, 권력의 불평등에 대응하는 능력을 진화시켰다. 인간 역사에서 불평등은 항상 존재했지만 농업이 시작됨과 함께 불평등은 더욱 커졌다. 지주가 부를 축적하고 그 재산과 토지를 자기 아들에게 물려줄 방법을 찾게 되면서, 부유한 남성은 점차적으로 지주, 지도자, 입법

관, 노예주, 평화유지자, 조세관, 신의 해석자 등의 역할을 소유해 갔다. 사회 불평등이 커질수록 지배 계층의 권력 지배는 더욱 엄격해졌다. 그리고 그들은 자신의 아내와의 관계를 영원히 독점하고 아내와 첩의 수를 늘리기 위해서 권력을 휘둘렀다.

역사를 통틀어서 많은 아내를 가질 수 있었던 이는 가난한 소작농이 아니라 부유한 남성이었다. 성서에서는 솔로몬 왕이 많은 재산을 지니고 있었을 뿐만 아니라 700명의 아내와 300명의 첩을 거느리고 있었다고 설명한다. 최근의 사례를 보면, 작고 가난한 나라인 아프리카 스와질란드의 국왕 소부자 2세Sobhuza II(1899~1982)는 70명의 아내를 맞이하고 210명의 자손을 보았다. 서로 다른 시대, 다른 나라의 사람들이 재산과 권력의 불평등이 나타났을 때 서로 비슷한, 예측 가능한 반응을 보인다. 이러한 사실은 불평등에 대한 우리의 반응이 예전부터 진화한 형질이라는 것을 말해준다. 농업이 나타나며 남녀가 엄청난 불평등에 반응하는 방식은 수렵채집 시기에 나타나던 작은 불평등으로부터 이득을 얻기 위해 우리 조상들이 획득한 초기 적응 방식이 다듬어진 것이다.


## 섹스가 아니라 전쟁을 하자 Make war, not love

허버트 스펜서Herbert Spencer는 '번식'을 종을 영속시키기 위한 수단으로서 완곡하게 바라본 빅토리아 시대의 신사 중 하나였다. 1876년에 스펜서는 전쟁으로 남자가 많이 죽어서 살아남은 남성보다 여성의 수가 많은 사회에서는 일반적으로 일부다처 형태가 나타난다는 꽤 쓸모 있는 사실을 찾아냈다. 하지만 그는 일부다처가 출생률을 최대로 높여서 전쟁에 따른 사상자의 수를 메우기 위한 적응이라고 성급한 결론을 내렸다. 스펜서는 남성 당 여성의 수가 많으면 일부다처가 권장되는 사회로 빠르게 변모할 것이라고 주장했다. 왜냐하면 각 여성이 더 많은 번식 기회를 갖기 때문이다. 하지만 그는 사회가 정체를 알 수 없는 목표 달성을 위해 하향식으로 일부다처를 강요하는 것이 아니라, 남성과 여성 각각이 그들의 진화적 이해관계에 따라 행동한 결과로 일부다처가 나타나는 것임을 깨닫지 못했다. 스펜서를 통해서 우리는 남성과 여성의 번식 활동에 만연해 있는 깊은 갈등을 알아채지 못한 고루한 빅토리아식 사고의 한계를 볼 수 있다.

일부다처 남성의 이해관계는 파악하기 쉽다. 많은 여성과 결혼한 남성은 진화적 의미에서 당연히 대성공을 거둔 것이다. 두 번째 아내를 두면 남성은 친자의 수를 두 배로 늘릴 수 있다. 또한 다른 아내를 얻음으로써 가정 내 노동력을 늘릴 수도 있다. 여러 아내를 맞게 되면, 남성은 일부일처가 남성의 번식 성공도에 채운 족쇄에서 극적으로 벗어난다. 남성은 다른 여성과 결혼할 기회가 있을 때마다 그런 기회를 얻기 위해 필사적으로 노력하는 방향으로 진화했다. 이런 남성이 우리 조상의 대부분을 이루었을 것이다.

그러나 미혼 남성은 사회가 일부다처를 용인할 때 진짜 패배자가 된다. 한 남성 당 아내가 둘이라면, 또 다른 한 명의 남성은 결혼할 수 없다. 한 남성 당 아내가 셋이라면, 또 다른 두 명의 남성은 결혼할 수 없다. 이런 계산은 남성 당 아내의 수가 늘어나면서 계속될 수 있다. 진화적 의미에서의 패배자들 중 일부는 결혼을 하지 않고서도 오래 살 수도 있지만, 결혼을 하지 못한 다수의 남성이 (그럴 수 있을 만큼) 충분히 오래 사는 것은 아니다. 스펜서가 지적했듯이, 일부다처와 폭력에는 직접적인 관계가 있다. 사회 내에서 일부다처가 만연할수록, 주변 집단이나 부족과 전쟁을 일으킬 가능성이 높아지며, 사회 내의 폭력 및 살해 위험 수준도 높아진다.

폭력은 일부다처의 원인이자 결과다. 전쟁이 잦은 사회에서 분쟁으로 많은 젊은 남성이 죽어버리고 살아남은 남성보다는 여성의 수가 많은 경우, 폭력은 일부다처의 원인이 된다. 그 결과로 어떤 여자는 자기 남자를 찾지 못하고, 어쩔 수 없이 결혼을 하지 않거나 어떤 남자의 둘째 또는 셋째 부인이 되어야만 한다. 남자가 부족할 때, 다수의 남성은 둘 또는 심지어 세 명의 아내를 가지며, 그들 중에 덜 매력적인 남성도 적어도 한 명의 아내를 맞이하게 된다. 또한 전쟁은 아내의 수를 늘릴 수 있는 직접적인 방법이다. 고대에는 다른 마을을 습격하여 젊은 여성을 아내로 맞기 위해 데려오는 경우도 있었다. 강한 전사를 보유한 호전적인 남성 집단은 그들의 마을과 여자들을 지킬 수 있었고, 다른 집단을 습격하여 신부를 갈취할 수 있었다. 가장 용맹한 집단은 금방 일부다처제 집단이 되었고, 가장 용맹한 전사는 많은 아내를 가졌다.

남성에게 더 높은 지위, 많은 재산, 높은 서열에 대한 동기는 일부다처 및 빈번한 혼외 관계에 대한 욕구와 공진화했다. 자연선택은 출세하기 위해 모든 일에 위험을 무릅쓸 준비가 되어 있는 남성을 선호했다는 징후가 분명히 나타난다. 인류 역사에서 최고의 진화적 승리자를 뽑는 대회가 열린다면, 나는 내 월급을 징기스 칸 Genghis Khan에게 걸 것이다. 그는 인류 역사상 가장 거대한 제국을 세우고 (1206년부터 1227년까지) 통치했다. 징기스 칸에 따르면, "가장 큰 행복은 적을 분산시키고, 파괴하며, 적의 도시가 잿더미가 되는 광경을 지켜보고, 그를 사랑한 이가 눈물을 떨구는 것을 보며 그의 아내와 딸을 품에 거두는 것이다." 오늘날 DNA 증거는 패배자의 아내와 딸들을 자신의 품에 두는 것이 징기스 칸이 전쟁을 하는 주요 동기였다는 것을 보여준다. 징기스 칸은 Y 염색체에 독특한 돌연변이를 지니고 있었는데, 이 작은 유전 물질은 오로지 아버지로부터 아들에게만 전달될 수 있다. 오늘날 아시아의 남성 여덟 명 중 한 명, 세계 남성의 200명 중 한 명(대략 1,600만 명의 남성)이 그 돌연변이 DNA를 갖고 있다. 그리고 그들의 아버지 조상을 추적해보면 징기스 칸으로 수렴한다.

징기스 칸과 그의 후손들은 동해에서부터 지중해까지의 영역을 지배했고, 정복한 마을의 여성과 소녀들을 임신시킬 기회를 마다하지 않았다. 그들은 또한 엄청나게 많은 여성을 강간하고, 성노예로 삼고, 또 그녀들과 결혼하기도 했다. 징기스 칸의 손자였던 쿠빌라이 칸Kublai Khan은 마르코 폴로Marco Polo를 총애하여 중국으로 보내기도 했으며, 몽골 제국을 거느리며 매일같이 영토를 넓혀갔다. 밤마다 그는 7,000명의 여성으로 이루어진 하렘을 즐기며, 임신가능성이 높은 여성들을 체계적으로 순환시키면서 그의 침실에 들였다.

아들에게 상속되는 많은 재산과 권력은 인간이 지금까지 만들어냈던 것 중 가장 거대한 유전적 왕국을 건설하는 기반이 되었다. 그러나 징기스 칸의 전설적인 이야기가 역사에서 매우 희귀하게 일어나는 사건은 아니다. 전쟁을 벌인 남성은 오랫동안 높은 적합도를 누렸다. 전쟁에서 가장 중요한 것은 강간과 약탈로, 남자는 아내와 노예, 보물을 챙겨서 돌아왔다. 군대의 규모가 커질수록 남성의 지위는 높아졌고, 군사 활동으로 더 많은 이익을 보았다. 그는 그 수익을 딸에게 투자해서 동맹을 맺기 위해 다른 집단으로 시집을 보낼 수도 있었고(또 손자를 보고), 아들에게 투자해서 정복과 번식의 패턴을 계속 반복할 수 있었다.

폭력은 일부다처의 원인인 동시에 결과다. 한 명의 남성이 징기스 칸처럼 엄청난 수의 자식을 볼 수 있다는 사실은, 누군가 대박을 터뜨리면 다른 수많은 남성의 진화적 적합도는 0이 된다는 것을 의미한다. 이런 패배자들 중 한 명이 되는 것을 피하기 위한 천 년 동안의 성선택이 남성에 미친 영향은 아무리 과장해도 지나치지 않다. 우리 조상들은 부와 권력을 좇던 남성들이었고, 특히 진화적 승리자와 패배자의 차이가 컸을 때 더 열심히 부와 권력을 좇았다는 것을 기억하라. 이러한 선택의 오랜 역사의 결과, 남성들 간의 불평등이 커질수록 그들은 더 열심히 노력하게 되었다. 그리고 이러한 모든 노력은 경쟁과 폭력으로 이어졌다.

마틴 데일리Martin Daly와 마고 윌슨Margo Wilson의 살인에 대한 연구는 진화심리학의 발전 과정에서 시사하는 바가 가장 큰 연구이다. 그들은 미국과 캐나다에서 일어난 살인에 대한 자료를 분석하여 젊은 남성이 살인의 가해자 혹은 희생자가 될 위험성이 가장 높다는 것을 보였다. 이것은 살인에 대한 자료가 존재하는 모든 집단에서 동일했다. 오늘날 그리고 예전 사회에서의 살인 자료를 광범위하게 분석한 데일리와 윌슨의 결과는, 사회 내에서 동성 간 살인의 95퍼센트 이상이 남성 간에 일어난 것이며, 이러한 살인은 '남성들 간에 지위를 얻고 대우를 받기 위한 빈번한 경쟁의 참혹한 결과'라는 것을 보였다.

경제 및 사회적 환경은 젊은 남성이 사회 내에서 지위를, 여성으로부터 눈길을, 라이벌 남성으로부터 대우를 받기 위해 얼마나 노력하는지에 영향을 미친다. 남자들은 부의 불평등이 클 때 서로를 죽일 가능성이 커진다. 하지만 가난한 지역일수록 수입 불평등이 크다는 문제 때문에 초기 연구들은 살인과 부의 불평등 간의 연관성을 다루는 데 어려움을 겪었다. 불평등보다는 가난이 남성 간 살해의 원인일 수도 있기 때문이다. 하지만 캐나다에서는 상대적으로 가난한 대서양 연안의 사람들이 브리티시 콜럼비아나 앨버타 주와 같은 부유한 서부 지역 사람들보다 더 많은 복지 혜택을 받기 때문에 평균 소득이 상대적으로 균등하므로, 불평등과 평균 소득 간의 관계가 오히려 반대가 된다. 데일리와 윌슨 그리고 그의 동료인 숀 바스뎁Shawn Vasdev은 소득 불평등으로 캐나다 지역의 살인 발생율을 예측할 수 있지만 평균 소득으로는 예측할 수 없다는 것을 보였다. 그들은 또한 불평등의 연간 변화 추세가 살인율 변화 추세와 비슷하다는 것도 밝혀냈다.

다큐멘터리 작가인 마이클 무어Michael Moore는 〈볼링 포 콜럼

바인Bowling for Columbine〉에서 캐나다와 미국 국경 부근의 집들을 방문하여 대문이 잠겨 있지 않은지, 사람들이 범죄를 얼마나 걱정하는지 등에 대해 조사함으로써 캐나다가 미국보다 훨씬 덜 폭력적이라는 사실을 밝혔다. 무어는 이것을 합법적인 총기 소유권에 대한 미국의 열망 때문이라고 했지만, 미국 대부분의 주에서 나타나는 높은 살인율은 가계 소득의 높은 불평등으로 설명할 수도 있다. 미국에서 소득이 가장 평등한 주의 살인율은 캐나다에서 소득이 가장 불평등한 지역의 살인율과 비슷하게 나타났다. 사회 내 불평등은 남성—특히 상대적으로 낮은 사회 계층의 젊고 가난한 남성—이 더 공격적으로 행동하게 하며, 장래를 위해 큰 위험을 감수하게 만든다. 무엇보다 적합도가 0인 남성이 되는 것을 피하기 위해서, 그리고 역사적으로 많은 자손을 본 소수의 남성들 중 한 명이 되기 위해서 그들은 그렇게 행동한다. 남성 간의 소득 차이가 크고, 결혼할 기회와 혼외 관계를 맺을 기회의 차이가 클 때, 그들 간의 경쟁은 더 심해진다. 남자들 사이의 불평등은 일부다처제로 직접적으로 이어지고, 불평등과 일부다처제는 폭력이 팽배하는 경쟁적인 환경을 만들어낸다.


## 후기 성도 (모르몬교 성도) The Latter Day Saints


초기 모르몬교의 역사는 일부다처에 따른 갈등으로 점철되어 있다. 1820년대 후반에 조셉 스미스Joseph Smith는 천사 모로나이Moroni

에게 모르몬 경전을 얻었다. 그 경전은 그가 '개정 이집트어Reformed Egyptian'라고 부르는 언어로 금판에 새겨져 있었다. 스미스는 모자속에 넣어둔 특별한 '선지자의 돌'을 응시하면서 그 계시를 여러서기에게 받아쓰도록 했다. 그렇게 모르몬 경전Book of Mormon를 저술하는 고된 과정을 통해 조셉 스미스는 계시자가 되었다.

모르몬 경전이 만들어진 직후, 신은 조셉 스미스에게 나타나서 일부 모르몬 남성이 여러 아내와 결혼하는 것을 허락했다고 한다. 스미스, 그의 후계자였던 브리검 영Brigham Young 그리고 선택된 몇몇의 권위 있는 모르몬 신도들은 '복혼plural marriage'에 대한 계시가 지켜질 수 있도록 책임지고 그 일을 충실히 수행했다. 스미스는 30명이 넘는 여성과 결혼했고, 브리검 영은 51명의 아내가 있었다. 하지만 모르몬교와 일부다처의 관계는 간단하지 않았다. 스미스는 자신이 복혼을 했다는 사실이나 복혼에 대한 지지를 부인했다. 비록 스미스가 33명에서 60명의 여성과 결혼 또는 '정신적으로 결합'해 있다는 주장이 있었지만, 그의 첫 아내였던 엠마는 그에게 여러 명의 아내가 있다는 사실을 부인하고, 스미스가 죽고나서 몇십 년 후 그녀가 죽을 때까지도 복혼을 완강히 반대했다.

스미스와 다른 원로들은 그들의 복혼과 여러 여성과의 정신적 결합을 숨기기 위해서 정말 노력했다. 또 그 여성들 중 일부는 다른 남성과 결혼을 하기도 했다. 하지만 스미스의 비밀스런 일부다처와 그의 권위적인 성향 때문에 교단 내에서 분노와 원망이 일어났고, 1844년에 스미스는 암살당했으며 교단은 세 부분으로 분열되었다. 브리검 영은 가장 큰 교단을 이끌고 서부로 이동해 오늘날의 유타 주에 정착했다. 영의 통치 아래 복혼은 교리의 한 부분으로 인정되었지만, 실제로 복혼을 한 남성은 매우 극소수였다. 복혼은 교단 내에서 심각한 문제를 일으켰으며, 공식적으로 금지되기까지 수십 년 동안 미국에서 비난을 받았다.

초기 교회 지도자는 그들의 직위를 이용하여 오늘날 사이비 종교의 지도자가 하는 것과 똑같이 비양심적인 방법으로 자신들의 번식적 이해관계를 추구하곤 했다. 1989년에 데이비드 코레쉬David Koresh는 그가 이끄는 다윗파Branch Davidian가 모든 여성을 성적으로 독점할 수 있도록 했다. 그는 15명의 자식을 보았으며, 그가 범한 여성의 일부는 미성년자이기도 했다. 짐 존스Jim Jones는 그의 인민사원People's Temple 내의 사람들끼리는 혼외정사를 금지했지만, 자신은 따로 사원 내의 남성 또는 여성과 섹스를 할 수 있는 권리를 가졌고 그에 탐닉했다.

데이비드 코레시와 짐 존스와 마찬가지로, 초기 모르몬교의 원로들은 정신적인 지주라는 그들의 직위를 한껏 이용하여 신이 허락한 경제적·성적 도둑정치kleptocracy를 펼쳤다. 그들은 집단의 노동력을 갈취해서 부유해졌으며, 추종자들의 아내와 딸들을 모아 사적인 하렘을 두기도 했다. 모르몬교의 어떤 분파는 지금도 일부다처 형태를 보이지만, 지도자가 섹스 기회를 독점하는 대부분의 사이비 종교처럼 곧 분열될 것으로 보인다. 섹스 기회에 대한 극단적인 불평등이 오래 지속되는 경우는 거의 없다. 모르몬교의 경우처럼 몇십 년 동안만 이어지거나, 짐 존스나 데이비드 코레시처럼 몇 년간만 지속될 뿐이다.

# 모든 아내가 다 같은 건 아니다 Not all wives are created equal

일부다처 형태는 남자가 적거나, 부유하고 영향력을 지닌 남성의 이해관계가 평균적인 남성의 이해관계를 넘어서는 사회에서 나타난다. 그렇다면 여성의 이해관계는 어떨까? 조지 버나드 쇼는 예리하게도 "여성은 모성 본능에 따라 3등 남성을 독점하는 것보다 1등 남성을 10분의 1 정도만 공유하는 것을 더 선호한다."라고 말한 적이 있다. 남성 간의 재산 차이가 클 때, 어떤 여성은 그저 그런 남성과 일부일처를 이루는 것보다 부유하고 권력을 지닌 남성을 다른 여성들과 공유함으로써 더 많은 자원을 취할 수 있다. 어떤 이론가는 남편에게 얻어낼 수 있는 자원을 최대화하려는 여성의 성향으로부터 일부다처 비율의 국가 간 차이를 설명할 수 있다고 주장한다.

어떤 남성이 아이에게 물려줄 수 있는 뛰어난 유전자를 지니고 있다면, 여성들은 그 남성을 공유하여 이익을 얻을 수 있다. 인류학자 바비 로우Bobbi Low는 일부다처가 기생충과 질병이 창궐하는 곳에서 흔하다는 것을 발견했다. 특히 말라리아, 한센병, 리슈마니아증처럼 사람을 죽음에 이르게 할 수 있고 생존자에게 눈에 보이는 흔적을 남기는 질병이 그랬다. 질병에 감염되지 않거나 감염된 질병을 물리칠 수 있는 수컷이 최고의 수컷이다. 뛰어난 면역 체계를 나타내는 훌륭한 유전자를 지닌 짝은 자식에게 그 유전자를 물려주어 훌륭한 아버지가 될 수 있다.

여성이 면역 체계가 의심이 되는 남성의 아이를 낳는 모험을 하기보다는 뛰어난 면역 유전자를 지닌 남성과—심지어 그 남성이 기혼자더라도—결혼한다는 가설에 대해서는 아직 정밀한 조사가 이루어지지 않았다. 병이 많은 곳은 소득 수준이 낮고, 교육 수준도 낮고, 부유한 집과 가난한 집의 소득 차이가 큰 곳인 경우가 많다. 이런 곳의 여성은 더 위생적이고 의료 서비스가 잘 갖추어진 사회의 여성에 비해 남성에 대한 상대적인 정치적, 경제적, 사회적 권력이 더 낮다. 이러한 모든 요소는 가장 부유하고 힘이 있는 남성의 이해관계를 선호한다. 아기에게 전해줄 뛰어난 면역 유전자를 얻기 위해 여성이 일부다처를 한다는 설명보다, 불평등과 여성의 낮은 지위 때문에 여성이 일부다처를 한다는 설명이 나에게는 더 그럴듯해 보인다.

하지만 과학은 그럴듯한 정도에 따라 가설을 걸러내는 것이 아니다. 과학은 알맞은 정보를 수집하고, 그 가설을 검증할 수 있는 올바른 실험을 실행하는 것이다. 나는 경제학자와 진화생물학자가 가까운 미래에 이 문제를 다루기 위해 힘을 합칠 것이며, 일부다처 남성이 일부일처 남성이나 결혼을 하지 못한 남성에 비해 정말 우월한 면역 체계를 지니고 있는지 여부를 검증하고, 이러한 유전자가 자손에게 주는 이득이 드라마틱한 갈등으로 꽉 찬 일부다처 사회에서 여성이 입는 손해를 넘어서는지 여부 등을 검증할 것이라고 희망한다.

조지 버나드 쇼는 아마도 틀렸을 것이고, 일부다처는 일반적으로 여성에게 이익이 되지 않을 것이다. 남편을 공유하면, 아내와 남편, 그리고 또 다른 아내들 간에 달갑지 않은 갈등이 새롭게 생겨난다. 결국, 여성에겐 적어도 두 종류의 이해관계가 발생한다. 하나는 이미 존재하는 아내로서의 이해관계며, 다른 하나는 새로운 아내로서의 이해관계다.

남성과 그의 첫 번째 아내는 일부일처로 결혼 생활을 시작하며, 그들은 아이에 대한 상호적 이해관계를 공유한다. 부부와 그들의 가족은 엄격한 일부일처 사회에서와 같은 방식으로 결혼에 대한 결정에 이른다. 하지만 문제는 남편이 또 다른 아내를 고려하면서 발생한다. 이것은 남편에게 좋은 일이지만, 첫 번째 아내는 얻는 이득이 거의 없으며 오히려 많은 것을 잃는다. 그녀와 그녀의 자식들은 더는 남편의 자원 또는 남편이 가족과 보내는 시간 등을 독점할 수 없다. 대신 그녀는 더 젊고 매력적일 가능성이 높은 두 번째 아내와 이 모든 것을 공유해야 한다. 새로운 아내를 들이는 결정으로 부부의 이해관계에 엄청난 갈등이 빚어질 수 있다.

그렇다면 누가 두 번째 아내가 되길 원하는가? 질투로 가득 찬 첫 번째 아내와 함께 남자의 관심과 자원을 나누어 갖는 운명을 지닌 이는 누구인가? 질투심을 억누르는 것에서부터 폭력으로 이어질 수 있는 악랄한 분노까지, 아내들의 적개심은 다양한 형태로 나타난다. 아내들은 남편 곁을 차지하기 위해 다투며 물질 자원을 얻기 위해 싸운다. 그리고 갈등과 경쟁은 아이의 건강과 생존에 처참한 영향을 미칠 수 있다. 사하라 사막 이남 지역의 일부다처 여성은 일부일처의 여성보다 우울증, 정신병, 남편의 신체적 학대 등으로 고통받는 경우가 더 많다. 그리고 아내들은 남편에게서 에이즈와 같은 전염성 성병이 옮을 위험이 더 높다. 이러한 고통은 어린 나이의 아내일수록 더욱 심하다. 어린 아내는 나이 든 아내에 비해 자원이 적기 때문에 임신율이 낮고, 그녀의 아이들이 어린 나이에 사망할 위험도 더 높다.

여성은, 특히 일부다처 사회의 여성은, 일부다처를 좋지 않게 바라보는 경우가 많다. 세계에서 가장 큰 일부다처 국가인 인도네시아의 여성들은 결혼을 여러 번 하는 것을 선호하지 않는다. 인도네시아 법은 아내가 허락하고 남편이 모든 아내를 동등하게 대해줄 수 있을 때만 남편이 다른 아내를 가질 수 있다고 규정하고 있다. 이러한 법은 남녀가 서로 다른 이해관계를 지닌다는 것을 고려한 것으로, 일부다처 수준을 낮게 유지시킨다. 인도네시아에서는 겨우 스무 번 중 한 번 꼴로 일부다처 결혼이 이뤄지고 있다. 그럼에도 불구하고 인도네시아 여성들은 일부다처를 불법화하기 위해 거리로 나서고 있으며, 많은 처를 두고 있는 정치인은 여성의 표를 잃는 경우가 많다.

일부다처가 여성에게 나쁘다면, 왜 수백만의 여성들은 스스로 일부다처의 결혼 생활을 선택했을까? 여러 여성이 이미 하나 이상의 아내가 있는 부유한 남성과 결혼했으며, 그들은 그렇게 함으로써 괜찮은 경제적 이득을 얻을 수 있었다. 하지만 이러한 여성은 단지 힘든 상황 속에서 최선을 다하고 있을 뿐이다. 소수의 남성들이 정복, 착취, 상속 등을 통해서 가당찮은 재산을 축적하게 되면, 일부다처와 부의 불평등한 분배 문제가 함께 일어난다. 이런 사회의 여성은 경제활동에 참여할 동등한 기회를 갖지 못하며, 그들 소유의 땅과 재산을 상속받을 수도 없다. 이러한 상황 속에서, 일부

여성은 가난한 남성을 독점하는 결혼보다는 부유하고 권세 있는 남성의 재산을 부분 공유하는 대가로 자신의 번식력을 제공하는 방식이 더 나은 선택이라는 것을 알아차렸을 수도 있다.

그래서 일부다처는 여성 스스로의 선택인 경우에도 강제적인 경우가 꽤 많다. 하지만 그 강제가 언제나 암묵적으로 이루어지는 것은 아니다. 정말로 많은 여성이 자신의 부모 또는 친지들 때문에 억지로 누군가의 두 번째 부인이 되고, 돈 때문에 팔려가거나 권력이나 지위를 얻기 위해 거래되곤 한다. 일부다처는 부와 권력에 대한 남성 간 불평등 때문에 나타난 결과인 동시에, 여성을 희생하여 남성을 도와주는 권력의 심한 불균형에 따른 증상이기도 하다.

## 일부다처의 미래 The future of polygyny

오늘날에도 아프리카와 이슬람 지역의 50개가 넘는 국가에서 일부다처는 합법이다. 사하라 사막 이남의 대부분 지역에서는 부족법이 일부다처 혼인을 허용하고 있다. 아프리카 북부의 많은 나라들, 중동 그리고 무슬림 인구가 많은 아시아 나라에서는 일부다처가 민법 혹은 이슬람 율법에 따라 허용된다. 심지어 힌두교인이 대부분인 인도에서도 민법에 따라 무슬림 소수파의 남성이 네 번까지 결혼하는 것을 허용하고 있다. (다른 집단에 대해서는 일부다처를 금하고 있다.) 다른 대부분의 나라에서 일부다처는 적어도 지난 수백 년 동안 불법이었다. 그렇다면 왜 이런 나라들은 일부다처를 불법으로 하고 있을까?

첫 번째 가능성은 합법적 일부다처가 성숙한 민주주의와 어울리지 않기 때문이다. 한 세기도 전에, 조지 버나드 쇼는 "집단의 다수에게* 독신을 강요하는 결혼 체계는 그것이 도덕을 위반했다는 명목 아래 무참히 짓밟힐 것이다."라고 말했다. 또한 "오늘날의 민주적 환경에서 일부다처가 시도된다면, 그 때문에 독신으로 살아야 하는 남성들의 반란으로 무너질 것이다."라고 말했을 때, 그는 당시 기준에서 최근에 일어났던 모르몬교 사건을 염두에 두고 있었을 것이다. 20세기 말에 이르러 생물학자들이 덤벼들었다. 리처드 알렉산더Richard Alexander는 낮은 계급의 남성이 독신으로 살아야 하거나 아이를 가질 수 없을 때 부유한 지도자가 아내를 여럿 두고 있다면, 그 지도자는 남성들의 정치적 지지를 얻기가 어려워진다고 주장했다.

장기적으로 일부다처는 민주주의와 양립할 수 없다. 왜냐하면 일부다처는 다른 남성과 여성의 희생으로 가장 부유하고 가장 힘 있는 남성의 가장 깊은 진화적 이해관계를 추구하기 때문이다. 왕과 황제는 횡포하고 잔혹한 법률을 통해 엄청난 부를 축적하고, 여러 번 결혼하고, 하렘을 만들 수 있었다. 하지만 더 이상 폭정이 어려워진 상황에서 지배 계층이 국민으로부터 신뢰와 지지를 받으려면, 지배 계층 스스로 일부일처를 따르고 국민들이 사회로부터 결혼과 가정을 꾸리는 일을 보장받을 수 있어야 한다는 것을 깨달았

---

* 여기서 쇼는 '집단에서 다수인 남성에게'라는 의미로 썼다.

다. 합법적 일부다처가 남아 있는 대부분의 국가들은 예전에는 민주 정부가 들어서 있었지만 최근에 들어와 독재 정권이나 군주제로 바뀐 국가들이다. 우리는 민주주의가 성숙한 국가에서 일부다처는 불허할 것으로 예측할 수 있다.

초기 모르몬교부터 이후의 다윗파에서 나타나는 것처럼, 일부다처의 불안정성은 다음과 같은 주장을 지지한다. 장기적으로 봤을 때 남성은 여러 아내를 거느리면서 동시에 다른 남성들의 정치적 지지를 받지 못한다는 것이다. 그리고 오늘날 인도네시아의 일부다처적인 정치인이 여성 유권자들에게 인기가 없다는 사실은, 여성의 선거권이 민주주의 속에서 일부다처를 몰아내는 결정타라는 것을 의미한다. 빌 클린턴, 루디 줄리아니Rudy Giuliani, 존 에드워즈John Edwards는 짧은 외도 혐의 때문에 여성 유권자들로부터 외면을 받았다. 마찬가지로, 일부다처 남성은 여성이 투표권을 행사할 때 선거에서 이기기가 더욱 어렵다는 것을 알게 될 것이다.

민주주의는 국가가 인정한 일부다처조차도 없애려고 하는 것 같다. 하지만 심지어 일부다처가 합법이 아닌 사회에서도, 가장 부유하고 힘 있는 남성은 정부를 두거나 아내와 이혼하고 다른 젊은 여성과 결혼하며 사실상의 일부다처를 행하고 있다. 남자가 정부에게 쏟는 시간이나 돈(또는 그들 사이의 아이에게 쏟는 시간과 돈)은 그의 아내와 친자들이 사용할 수 없는 자원이다. 그러나 정부도 불륜 관계로부터 큰 이득을 보진 못한다. 가장 어린 아내가 일부다처 결혼 생활에서 고생을 겪는 것처럼, 정부도 아내보다 궁핍한 삶을 산다. 정부는 아내가 누릴 수 있는 법적 권리를 가지지 못하므로 남자가 죽거나 남자와 헤어진 후에는 지속적인 물질적 지원을 보장받지 못한다.

　부유한 남성이 정부를 갖거나 결혼을 여러 번 하거나 젊은 여성을 임신시키는 행동으로 어떤 여성은 결혼 대상에서 제외되므로, 그 결과 다른 남성의 아내가 될 여성의 수가 줄어들 수도 있다. 이것은 부유한 남성과 평범한 남성 간의 진화적 이해관계 갈등을 부활시킨다. 정부를 두거나 결혼을 여러 번 함으로써 일부다처제에서 발생하는 갈등과 유사한 갈등이 일어날 수 있다는 것을 볼 때, 사람들이 불륜을 저지른 남성이나 첩 또는 가정 파괴범을 격렬히 비난하는 행동도 이해될 수 있다.

　부유하고 힘 있는 남성은 그들의 정치적 입지를 강화시키기 위해서 일부다처라는 진화적 행운을 양보할 수도 있다. 하지만 민주주의 국가들이 왜 일부일처의 혼인 방식만을 허용하는지에 대해서는 단순히 선거에서의 지지율을 넘어서는 다른 이유가 있을 것 같다. 사회 내에서 권력과 부의 동일한 분배를 실현시키는 수단이라면 그것이 무엇이든 개인이 사회에서 차지하는 자신의 몫이 더 늘어났다고 느끼게 만들 뿐만 아니라 대다수 개인의 미래를 밝게 만든다. 그렇게 되면 성공은 재산이나 특권의 상속보다는 개인의 능력이나 경쟁력으로 결정된다. 부모가 아이에게 더 많은 투자를 해야 하는 것이 정확히 바로 이 시점이다. 투자를 늘리면 아이들은 더 건강해지고, 충분한 교육을 받음으로써 직장에서도 성공할 수 있고, 좋은 배우자를 만나고, 자신의 아이를 잘 키울 수 있다. 민주주의에 수반되는 경제적 변화로 인해, 아이에 대한 부모의 엄청난 투자가 인류 역사상 그 어느 때보다 중요해졌다.

우리가 4장에서 살펴보았듯이, 부모는 아이에게 줄 수 있는 시간, 돈, 관심이 한정되어 있고, 따라서 양육 비용이 늘어나면 부모는 더 적은 수의 아이를 갖는다. 양육이 더 비싸지면, 남녀는 어쩔 수 없이 서로의 노동력, 경제적 기여, 부모로서의 노력 등에 더욱 의존하게 된다. 물리력과 생득권birthright을 통해 부와 권력을 얻은 선택된 소수가 선호되는 것에서 똑똑하고 성실하며 포부가 큰 남녀가 선호되는 방향으로 경제 구조가 변화하면서, 일부다처는 설 곳이 더욱 없어졌다.

이러한 두 번째 진화적 시나리오는 결혼의 존재 이유에 대한 가톨릭교의 설명을 떠올리게 한다. 성 어거스틴St Augustine에 따르면, 결혼의 성례는 남자가 자기 자식에게 관심을 갖게 하기 위해서 발달한 것이다. 예전에는 유럽과 다른 가톨릭 국가에서, 영아 유기, 특히 사생아 유기의 책임은 대부분 교단에게 돌아갔다. 강제 결혼, 미혼모 태생 여부 대한 집착, 순결에 대한 강요를 통해 교단은 미혼모로부터 태어나는 아이의 수를 줄여갔고 그렇게 태어난 아이는 보호소로 보냈다. 나는 종교적 단체를 옹호하는 사람도 아니며, 특히 결혼, 가족, 여성의 복지에 대해서는 더욱 그렇다. 하지만 교단은 일부일처 혼인 방식을 표준으로 만듦으로써 남녀 간 그리고 남성과 자식 간 진화적 이해관계 갈등을 조금 누그러뜨릴 수 있었던 건지도 모른다.

## 내게 기관총을 주세요 Bring me my machine gun

나는 일부다처제, 일부다처 남성들 또는 제이콥 주마를 비판하기 위해서 이 장을 쓴 것이 아니다. 나는 자연적으로 개개인의 남성과 여성이 얼마나 다양한 종류의 성적 관계를 만들어낼 수 있는지를 보여주고, 남녀 간의 진화된 협력적 갈등이 경제적 환경과 결합하여 섹스와 결혼에 대한 사회적 수준의 패턴을 만들어내는 것을 보여주고 싶었다. 또한 나는 사회가 특정한 종류의 혼인 방식을 합법화하거나 권장하는 방식을 통해, 사회가 그 시민들의 삶을 완전히 바꿀 수 있다는 것도 보여주고 싶었다. 일부다처 혼인 방식은 사회의 영향력을 보여주는 정말 명백하고 만연한 예시다. 일부다처를 용인하고 심지어 추앙하기까지 하는 전통은 절대 무해하지 않다. 일부다처가 국가에 의해 인정되지 않고 권장되지 않는 것이 왜 대다수의 개인과 그 개인들이 살고 있는 사회의 이해관계와 관련되어 있는지에 대해서는 타당한 이유가 있다.

제이콥 주마의 섹스와 가족 생활은 드라마와 자주 비교되곤 한다. 주마의 재산과 권력이 점점 커지면서 그는 아내의 수를 늘려왔다. 아내 중 몇몇은 정치적·경제적 운이 따르는 남성과 결혼한 것이 좋은 일이었을 수도 있다. 하지만 늘어난 수입을 지금 곁에 있는 아내와 자식을 더 보살피는 데 쓰는 대신에, 주마는 체계적으로 하렘을 키워왔다. 세 번째 부인인 케이트가 2000년에 자살했을 때, 그녀는 주마와의 24년간의 결혼 생활을 '가장 슬프고 고통스러운' 시간이었다고 말하며, 주마에게 아이들을 돌보아줄 것을 간청

했다. "내가 죽더라도 아이를 굶게 내버려 두면 안 되요. 공부를 더 할 수 있게 학비도 내주고 (중략) 아이들이 쫓겨나지 않고 지낼 수 있는 아파트도 마련해주세요." 케이트는 주마가 아이들을 제대로 돌보지 않고, 아버지로서의 의무를 다하지 않은 것 때문에 상처를 받았던 것으로 보인다.

주마는 그의 일부다처에 대해 다음과 같이 변명했다. "일부일처를 이루고 있는 것처럼 보이기 위해서 혼외 자식을 숨기고 정부를 둔 정치인들이 많다. 나는 솔직하고 싶다. 나는 나의 아내들을 사랑하고, 아이들을 자랑스럽게 생각한다." 이것은 의심할 여지없이 사실일 것이다. 하지만 여기서는 주마가 그의 아내나 자식들에게 어떤 감정을 갖는지가 아니라, 아내와 자식들이 주마를, 그리고 서로를 어떻게 생각하는지에 더 많은 사람의 행복이 달려 있다.

주마의 아내 중에서 오로지 케이트만이 주마가 아버지로서의 의무를 다하지 않았다고 느꼈는지 여부는 불명확하다. 그러나 그녀가 주마에게 느낀 슬픔은 우리가 알고 있는 일부다처 가정을 생각해보면 놀랍지 않다. 인도네시아의 이슬람교도부터 미국의 모르몬 신도까지, 많은 아내를 둔 남성은 자신의 아내를 노예나 소유물로 여길 뿐 인간적으로 대하지 않는다. 또한 그들은 아내들, 그리고 그 아내의 자식들을 동등하게 대우하는 것에도 어려움을 겪는 것 같다. 그들은 단지 한 아내만 듬뿍 사랑하는 경우가 많다. 인류학자들이 일부다처 남성의 아내들 간의 '질투 어린 경쟁'이라고 일컫는 것이 주마의 집에서 일어났다. 주마의 네 번째 아내인 놈푸멜렐로 음툴리-주마Nompumelelo Ntuli-Zuma는 주마가 그의 다섯 번째 아내에게 관심을 쏟는 것에 특히 질투를 느꼈다. 심지어 의회 개원식 때 사람들이 보는 앞에서 길 밖으로 밀어내기까지 했다.

그렇다면 만약 일부다처 때문에 주마의 사생활이 엉망진창이 되고 그의 아내와 아이들의 삶도 어려워졌다면 어떻게 될까? 개개인이 감내해야 하는 비용은 분명히 엄청나겠지만, 그 비용은 주마의 성생활과 직접적으로 얽혀 있는 사람들이 치뤄야 할 것이다. 그런데 주마는 전통적인 일부다처와 그로 인해 강화되는 부족의 성 역할을 옹호하는 사람으로서, 여러 남성과 거의 대부분의 여성에게 피해를 주는 법안을 제정한다. 그것은 남자에게 최악으로 나타난다. 남성들끼리 무모하고 폭력적으로 경쟁하려는 성향, 여성을 번식을 위한 노예처럼 다루는 성향, 그리고 아이들에 대한 관심을 줄이려는 성향들이 그렇다. 번식력이 좋은 아내들을 두고도 외도를 밥 먹듯이 하고 강간 혐의에 대한 재판에서도 보이는 것처럼 남녀 간의 힘의 역학을 왜곡하여 받아들이는 남성으로서, 주마는 남아프리카공화국의 여러 문제를 더 악화시키고 있다. 여성에 대한 강간과 폭력 가능성이 세계에서 제일 높은 나라에서, 제이콥 주마의 삶은 남아프리카공화국이 겪고 있는 문제를 상징적으로 보여준다. 그가 과연 여러 시민들의 이해관계가 걸린 문제를 다룰 능력이 있는지에 대해서도 의심스럽다.

비록 대다수의 시민이 일부다처를 금하는 사회에서 살 때 더 나은 삶을 누릴 수 있을지라도, 그것을 일부일처에 대한 명백한 지지 또는 특별한 합의로 여겨서는 안 된다. 또한 평생의 일부일처를 낭만화하는 것, 쌍방의 책임을 묻지 않는 이혼을 반대하는 것 그리고 일부일처의 사랑이 영원하길 기대하는 것 등은 결혼 생활이 불행하다고 느끼는 이들이나 사회, 가정, 또는 자신의 배우자의 기대에 부응할 수 없다고 생각하는 이들에게는 오히려 해가 된다.

사회가 얼마나 일부일처적이든간에, 헌신적인 관계에 있는 사람들도 (배우자나 연애 상대와 깊은 사랑에 빠진 사람들도) 혼외 관계를 찾아 나선다. 일부일처 그리고 성에 대해 고상한 척하는 것이 고귀한 것으로 추앙받던 빅토리아 시대의 영국에서 아르투르 쇼펜하우어Arthur Schopenhauer는 다음과 같이 썼다. "런던에만 8만 명의 매춘부가 있다. 일부일처 제도 아래에서 그들은 더 불행해지는 것이 아닌가? 그들의 운명은 끔찍하다. 그들은 일부일처라는 제단 위에 제물로 바쳐진 희생양이다." 단순히 사회가 일부일처 혼인만을 승인한다고 해서 여러 여성과 결혼했을 때 남성이 얻는 이익 또는 여성이 한 명 이상의 남성과 짝을 맺어야 할 이유가 사라지는 것은 아니다.

혼외 관계는 진화적인 관점에서 보면 당연한 것이다. 비록 혼외 관계가 그와 관계된 사람에게 충격을 줄 수 있지만, 보수주의자나 종교 광신도가 걱정하는 것만큼 항상 병적이고 파괴적이지는 않다. 서구의 남성과 여성이 지난 세기 동안 서로에 대한 경제적 의존에서 벗어나게 되면서 우리의 결혼 방식은 더 유연해졌다. 어쨌든 결혼을 하더라도 기간이 짧고, 남녀 모두 이혼이 쉽고, 젊은 사람이 더 자유롭게 섹스를 즐기는 것은 보기보다 현대적인 모습이 아닐 수도 있다. 이런 점에서 우리는 그 옛날의 평등했던 수렵 채집인을 닮아가고 있다.

# 8

# 어린 소녀들은
# 다 어디로 갔나?

**Where have all the young girls gone?**

인도에 머물렀거나 살고 있는 사람이라면 아들이 태어날 때까지 끈질기게
아이를 갖는 인도의 가정을 개인적으로 알고 있을 것이다.
아들이 태어날 때까지 다섯, 여섯, 심지어 일곱 명 이상의 딸이 계속
태어날 수 있다는 얘기다. 반면 아이를 더 이상 갖지 않는 집은 보통 아들이 많다.
어린 딸이 막내인 집은 거의 찾아볼 수 없다.

- 알라카 바수 (Alaka Basu), 1992

어떤 성의 빈도가 다른 성보다 낮아지면,

자연선택은 빠르게 그 불균형을 고쳐나간다.

하지만 부모는 아들과 딸을 키우는 데

한쪽에만 치우쳐 투자하기도 한다.

성비에 대한 진화적 해석은 여성과 어린 소녀들을 비하하고,

갓 태어난 딸을 죽이고, 딸은 낙태하는 몇몇 사회에서

매우 흔하게 일어나고 있는 잔혹한 행위에 대해 통찰을 제시한다.

또한 진화생물학은 이러한 사회에서

젊은 남성의 수가 너무 많은 것이 왜 지역 사회와

국제 사회의 안전을 위협하는지에 대해서도 설명할 수 있다.

경제학자 아마티아 센은 경제학이라는 '우울한 학문'에도 양심이
있다는 것을 생생히 보여주고 있다. 그는 오랫동안 가난, 기아, 성
차별, 복지의 경제에 대한 많은 연구를 진행하여 오늘날 '경제학의
테레사 수녀'라고 불리며 1998년에 노벨상을 받았다. 1990년에 센
은 여러 사회에서 여성의 가치가 평가절하되고 무관심과 학대 때
문에 평균 수명이 남성보다 짧은 것으로 나타났다는 사실에 전 세
계의 관심을 집중시켰다. 그는 적어도 1억 명의 여성이 (대부분 인
도와 중국에 살고 있다.) 남성과 비슷한 정도의 보살핌을 받지 못한
채 세상을 떠났다고 보고했다. 이들도 남성만큼 먹고 남성과 같은
권리를 누릴 수 있었다면 살아남을 수 있었을 것이다. 그의 연구는
주로 여성과 어린 소녀의 삶에 초점이 맞춰져 있었으며, 갓 태어난
또는 아직 태어나지 않은 여아에 대한 문제는 거의 다루지 못했다.
많은 논쟁을 불러일으켰던 센의 논문이 나오고 20년이 지난 오늘,

적어도 1억 명이 넘는 여성과 소녀들이 태어나지도 못하고 또는 태어나자마자 살해를 당해서 사라진 것으로 추정된다.

몇몇 국가에서 소녀에 비해 소년의 비율이 이상하게 높다는 점에서, 많은 소녀들이 어디론가 사라졌다는 사실을 알 수 있다. 중국에서는 21세기의 첫 다섯 해에 100명의 여자아이가 태어나는 동안 120명의 남자아이가 태어났다. 큰 차이가 없는 것처럼 보일 수도 있지만, 중국의 엄청난 인구수를 생각해보면 2020년에 20세 이하의 남자아이가 여자아이에 비해 3천만에서 4천만 명이 더 많아진다는 것을 의미한다. 이러한 문제가 단지 중국에만 국한된 것은 아니다. 인도, 파키스탄, 한국, 대만, 그리고 이전의 소비에트 연방국들과 발칸 반도의 국가들도 심각한 여성 및 여아 부족을 겪고 있다. 충격적인 사실은 인구가 많은 지역에서 나타나는 기형적인 성비는 여성으로 태어났어야 할 태아와 어린 소녀 수백만 명이 살해되었음을 의미한다는 것이다.

여아 낙태 그리고 여아 살해는 수 세기 동안 몇몇 사회에서 나타난 고질적인 문제를 더 악화시킨다. 그 문제는 소녀들이 방치되고 유기되며 때로는 살해되는 것이다. (그 결과로 성비가 남성에게 치우치게 된다.) 이러한 일들은 너무 만연해 있고 너무 오래전부터 일어났기 때문에, 단순히 먼 나라에서 일어나는 또는 먼 시대에 일어났던 별난 사건으로 치부해서는 안 된다. 이번 장에서 나는 여아 살해와 같은 혐오스러운 행위를 유발하는 진화적 이해관계의 깊은 갈등뿐만 아니라 남아 선호의 기원에 대해 진화생물학이 어떻게 그 이해를 도울 수 있는지 설명할 것이다. 나는 여러분이 세계를 이해하려고 노력하는 동안에는 여아 살해 같은 행위에 대한 판단을 유보할 수 있다고 생각하지만, 이해하고 난 뒤에도 용인할 수 없는 행동은 더 이상 용인되어서는 안 된다는 것을 분명히 깨달았으면 좋겠다. 나는 인간이라는 진화된 생명체가 문화나 경제와 상호작용하여 수백만 인구의 비극을 유발할 수 있다는 것을 보일 것이다. 여러분이 생물학을 이해함으로써 그러한 비극의 흐름을 바꾸어낼 수 있길 희망한다.

내가 할 이야기는 여아 낙태부터 어린 소녀들의 유기와 죽음, 그리고 만연한 여성 학대까지 수백만 여성의 비극에 대한 것이다. 하지만 이러한 수많은 개인적인 비극 외에도, 성비가 한쪽에 치우쳐서 생기는 사회적 문제는 곧 전 지구적인 비극이 될 것이다. 즉, 결혼할 때가 되었음에도 가족을 이룰 가능성이 희박한 젊은 남성들은 앞길이 막막한 다른 젊은 남성과 최악의 유대를 형성하게 될 것이다. 그리고 그런 남성은 정말로 문제를 일으킬 것이다. 중국과 남아시아의 젊은 남성이 그 지역, 그리고 전 세계에 일으킬 문제는 부분적으로 생물학적인 요인 때문이다. 진화에 대한 이해는 이러한 문제를 다루고 해소하는 데 필수적인 도구가 된다.

여성에 비해 상대적으로 너무 많은 남성이 존재함으로써 나타나는 문제는 정자 분류, 배아 선택, 그리고 더 선호하는 아이의 성을 선택할 수 있게 하는 체외수정 등의 기술이 합법화되면서 더 심해진다. 호주 및 몇몇 선진국에서는 체외수정 클리닉을 운영하는 사람이나 그런 기술의 성공으로 이득을 볼 수 있는 사람들이 이 기술을 일반적으로 사용할 수 있도록 합법화하기 위해 로비를 하고 있다. 이 기술을 통해 부모들은 아이방을 꾸밀 벽지 색깔에 맞춰 아이의 성을 고를 수 있다. 앞으로 보게 될 것이지만, 진화적 관점에서 보면 체외수정에 따른 성별 선택을 이용할 사람들은 분명 남아를 고르기 위해 그런 수단을 사용할 것이라고 예측할 수 있다. 하지만 태어난 아이가 어른이 되었을 때 그에 따른 비용을 치르는 것은 궁핍한 이의 아들들이다.


### 성별 결정 Sex determination

일반적으로 100명의 여아가 태어날 때마다 105명의 남아가 태어난다. 남자아이는 여자아이보다 병에 걸리기 쉽고, 사고도 잘 나며, 사춘기에 일어나는 폭력 사건에서 사망할 가능성이 좀 더 높다. 그래서 결국 어른이 될 무렵 남자의 수와 여자의 수는 비슷해진다. 마치 성비가 남녀 짝을 일대일이 되도록 알맞게 보장하는 것처럼 보인다. 하지만 또 다른 관점에서 보면 이러한 조절은 완전히 낭비적인 일이다. 만약 성이 단순히 종의 영속을 위한 것이라면, 한 남성이 수백 명의 여성의 난자를 수정시켜도 된다.

　희귀한 포유류의 수를 늘리는 데 관심이 있는 보전생물학자는 수컷보다 암컷의 수를 더 늘리려 할 것이다. 자궁의 수가 늘어나면 자손의 수도 늘어난다. 동물 육종가도 이것을 알고 있다. 최고의 수말은 한 시즌에 번식을 위해서 열댓 마리의 암말과 교미를 하고, 수탉 한 마리는 수백 마리의 암탉과 교미를 하며, 최고급 황

소의 정자는 수천 마리 암소의 난자를 수정시키는 데 쓰인다. 하지만 자연선택은 보전 운동처럼 치밀하게 계획되어 진행되지 않는다. 진화 과정에서의 승리자와 패배자는 보통 개체들이며, 진화의 오랜 시간 동안 동일한 수의 아들과 딸을 낳아온 개체일수록 아주 높은 인센티브를 얻는다.

인간의 성비가 왜 비슷해지는지를 이해하기 위해서, 남성 한 명당 여성 아홉 명이 있는 개체군을 상상해보자. 모든 아이는 한 명의 생물학적 어머니와 한 명의 생물학적 아버지를 갖기 때문에, 한 명의 여성이 한 명의 아이를 낳는다면 모든 남성은 평균적으로 아홉 아이의 아버지가 된다. 남성에 대한 이러한 엄청난 적합도 이익 때문에 여성보다 남성으로 태어날 가능성을 높여주는 유전자에 강한 선택압이 작용할 것이고, 그 유전자는 개체군 내에 빠르게 퍼질 것이며, 결국 몇 세대 안에 동일한 성비가 될 것이다. 이렇게 강력한 형태의 자연선택은 '음의 빈도 의존성negative frequency-dependence'이라고 불린다. 왜냐하면 항상 더 희귀한 성의 자손을 가질 가능성이 큰 유전자가 선호되고, 그에 따라 더 흔한 성의 비율은 줄어들기 때문이다.

흥미롭게도 아들을 낳지 못해서 이혼당하거나 처형당하는 왕실의 여성이 분명히 존재하며, 그보다 낮은 계급의 여성들도 똑같이 혹독한 대우를 받았다. 이러한 아이러니는 생물을 배운 고등학생이면 설명할 수 있다. 아이의 성은 어머니가 아닌 아버지에게 물려받은 유전자로 결정된다. 어머니에 의해 만들어지는 난자는 어머니의 유전 정보의 반을 담고 있다. 그리고 같은 유전정보의 양이 아버지가 만든 작은 정자에도 담겨 있다. 정자와 난자가 만나서 수정이 되면, 새로 태어난 배아는 완전한 유전정보를 갖춘다. 반은 어머니로부터, 그리고 나머지 반은 아버지로부터 온다.

아이가 남성인지 여성인지는 아버지로부터 온 정자에 정상적인 모습의 X 염색체가 있는지, 아니면 조그마한 Y 염색체가 있는지에 따라 달라진다. (어머니의 난자에는 항상 X 염색체만 들어 있다.) Y 염색체는 오로지 신체를 남성으로 만드는 유전 신호를 포함하는 아주 작은 유전 정보만을 담고 있다. 난자를 만나는 데 성공한 정자가 X 염색체를 갖고 있을 때, 두 부모로부터 X 염색체를 받은 배아는 일반적인 발생 경로를 따라서 여성이 된다. 반면, Y 염색체를 가진 정자가 수정에 성공하여 난자의 X 염색체를 만나면, 정자의 Y 염색체는 발생 경로를 바꿔 배아를 남성으로 발생시킨다.

정자세포의 반은 Y 염색체, 나머지 반은 X 염색체를 갖고 있기 때문에, 모든 아이의 반은 남자, 나머지 반은 여자가 될 것 같다. 하지만 난자를 수정시키기 위해 X 또는 Y 염색체를 가진 정자 중 어느 것이 선택될 것인가는 조작될 수 있다. 예를 들어, 배란이 일어나는 시기 중 언제 섹스를 하는가에 따라 어떤 성 염색체를 가진 정자가 경주에서 이기는지에 약간 영향을 줄 수 있다. 여성 질 내부의 산도와 혈당도 영향을 줄 수 있는 요인들이다. 이들의 영향은 매우 복잡하고 미묘하다. 하지만 그 요인들은 우리에게 진화적 이해관계를 제공하기 위해 진화해왔다. 전쟁 중 혹은 전후 시기처럼, 남자의 수가 적을 때는 남자아이를 갖도록 유도하는 유전자가 선호된다. 하지만 그 유전자들은 남자의 수가 너무 많을 때는 자연선택에 의해 제거된다. 그 결과로 성비를 동일하게 유지시키는 자기 조절 균형이 일어난다.

## 운명 바꾸기 Tipping the scales

성비가 동일하게 유지된다고 해서 부모가 항상 동일한 수의 아들과 딸을 낳는다는 것은 아니다. 동물이 아들과 딸에게 다르게 투자하여 얻을 수 있는 이득에 대한 복잡한 이론의 발전은 현대 진화생물학이 완성시킨 가장 훌륭한 이야기 중 하나다. 1973년 성비에 대한 강의에서, 29세에 이미 진화생물학계의 가장 영향력 있는 연구가 중 하나였던 밥 트리버스Bob Trivers는 여러 사회에서 여성은 태어난 집보다 부유한 집으로 시집을 가는 경우가 많다고 언급했다. 왜냐하면 여성은 경제적으로 더 나은 사람과 결혼하는 반면, 가난한 가정의 남성 그리고 그와 동일한 수의 부유한 가정의 여성은 결혼을 하지 못한 채 남겨지기 때문이다. 그 강의에 참석했던 박사 과정 학생 댄 윌라드Dan Willard는 부유한 부모일수록 딸보다 아들을 낳고 궁핍한 부모는 그 반대로 낳는 것이 자연선택에 의해 선호된 결과일 수 있다는 점을 깨달았다. 중요한 것은 그러한 경향이 전체 성비를 일정하게 유지시킨다면 안정적이라는 것이다. 트리버스와 윌라드의 아이디어를 적절하게 설명하기 위해서, 말벌과 붉은 사슴의 삶을 잠깐 살펴볼 필요가 있다.

　몸집이 큰 암컷이 작은 암컷보다 더 많은 알을 낳거나 더 많은 자손을 남기는 종에서는, 아들보다 딸에게 더 많은 공을 들이는 것이 부모에게 이득이 될 수 있다. 경제학 용어로, 딸에게의 한계 투자 가치는 아들에게의 한계 투자 가치보다 높다고 할 수 있다. 여러 말벌 종에서, 암컷은 곤충이나 거미를 죽이거나 마비시킨 뒤 그 몸에 알을 낳는다. 그리고 그 알이 부화하면 애벌레는 성체가 될 때까지 곤충의 몸을 먹고 자란다. 만약 작은 곤충에 알을 낳았다면 자라나는 성체의 몸집도 작을 것이며, 반대로 큰 곤충에 낳은 알은 큰 성체로 성장할 것이다.

말벌에서 성이 결정되는 방식 때문에 암컷 말벌은 알이 어떤 성으로 발생할지를 분명히 결정할 수 있다. 난자를 수정시키면 암컷이 되며, 만약 난자를 수정시키지 않은 채로 낳으면 그 알은 수컷으로 발달한다. 큰 암컷은 작은 암컷보다 스무 배나 더 많은 알을 낳을 수 있기 때문에, 큰 딸은 어미에게 더 이득이다. 몸집이 큰 아들이 작은 아들에 비해 나은 정도는 그리 크지 않다. 하지만 아직 놀랄 단계는 아니다. 암컷 말벌은 작은 숙주를 잡았을 때 알을 수정시켜 낳으려 하지 않는다. 하지만 큰 숙주를 잡았을 때는 알을 수정시켜 딸을 낳고자 한다. 큼지막한 숙주를 잡았을 때 그 안에 아들을 낳는 것보다 딸을 낳는 것이 더 많은 손자를 볼 수 있기 때문이다.

일반적으로 포유류는 수컷이 암컷보다 크고, 가장 큰 수컷은 교미에 있어서 최고의 몫을 차지할 수 있다. 여러 포유류에서, 어미가 몸 상태가 좋으면 무작위적인 경우보다 더 많은 아들을 낳고, 어미가 몸 상태가 나쁘면 더 많은 딸을 낳는다. 예를 들어, 붉은 사슴의 암컷은 대부분 성공적으로 번식을 할 수 있지만 수컷은 다르다. 가장 크고 강한 수사슴만이 암사슴 무리를 이끌고 다른 수사슴의 도전을 물리칠 수 있는 지위에 오를 수 있다. 이때 붉은 사슴의 암컷은 정말 좋은 몸 상태일 때만 자궁 속의 태아에게 충분한 영양을 공급하고 태어난 뒤에도 충분한 젖을 먹임으로써 아들을 낳는 이득을 누릴 수 있다. 그리고 이런 일은 실제로 그들에게 일어난다. 높은 서열에 있는 건강한 암사슴은 그 집단의 아들의 60퍼센트를 낳는다. 그 아들이 무리를 거느릴 만큼 충분히 크고 강하게 자라서 오래 살아남는다면, 아들에 대한 투자는 막대한 이익으로 이어진다. 몸 상태가 좋지 않은 어미는 딸을 낳고 많은 젖을 먹이지 않는다. 왜냐하면 좋은 암사슴을 길러내기 위해서는 그리 많은 노력이 들지 않기 때문이다.

포유류에 대한 트리버스와 윌라드의 가설은 1,000건이 넘는 연구에서 독립적으로 검증되었다. 엘리사 캐머런Elissa Cameron은 그 모든 연구를 조사하여 포유류의 어미가 번식기에 충분한 영양을 섭취할 수 있으며 건강한 상태에 있다면 딸보다 아들을 낳으며, 어미의 영양상태가 좋지 않을 때는 그 반대의 경우가 나타난다는 점을 확인했다. 그녀는 높은 혈당이 수컷 배아의 착상과 성장을 유도할 수도 있다고 주장했다. 체외 수정에 의해 착상된 소의 배아에 대한 연구가 이 가설을 지지하고 있다. 수컷 배아는 포도당이 높은 배지에서는 잘 살아남았지만, 포도당이 적은 배지에서는 암컷 배아에 비해 제대로 성장하지 못했다.

사람의 경우에도 몸 상태가 좋고 부유하거나, 높은 지위에 있

고 정치적 인맥이 많은 부부에게서 아들이 생길 가능성이 높을 수
도 있다. 마찬가지로, 궁핍하고 지위가 낮은 부부는 주로 딸을 선
호한다. 오늘날 르완다에서는 다른 일부다처 사회처럼 두 번째 혹
은 그 이후의 아내들은 일부일처에서 한 명의 아내가 얻는 것만큼
의 충분한 지원과 자원을 얻지 못한다. 그 결과로 아내들은 스트레
스를 받고 그 관계에서 생긴 자식들은 성장이 더 느리고 어린 시
절에 죽을 가능성이 더 높다. 따라서 이런 아내에게서 생긴 자손은
일부일처 관계에서 생긴 자손보다 딸일 가능성이 더 높다. 이 사실
은 어머니의 지위와 신체 상태가 출생 시 성비에 영향을 준다는 가
설을 지지한다.

　흥미로운 자료를 곧잘 찾아내곤 하는 캐머런과 프레더릭 델
러룸Frederik Dalerum은 〈포브스Forbes〉 잡지에 실린 866명의 억만장
자를 조사하기 시작했다. 그들은 억만장자의 자녀 성비가 평균적
으로 6 대 4(남아 대 여아)라는 것을 알아냈다. 이 수치는 21세기 중
국과 인도에서 가장 왜곡되어 나타난 성비만큼이나 극단적인 수
치다. 그들은 또한 두 세대 이상에 걸쳐 가족이 부유했던 억만장자
14명의 가계도를 조사하여, 억만장자는 딸보다 아들을 통해서 더
많은 자손을 얻는다는 것을 확인했다. 그 아들들은 젊고 아이를 많
이 낳을 수 있는 아내를 맞았으며 그중 다수는 이혼을 하고 새로
젊은 아내를 맞기도 했다. 일부다처라고도 불릴 수 있는 '순차적
일부일처'의 패턴을 보인 것이다. 또한 그들은 혼외정사를 통해 더
많은 자손을 보았다. 반면 억만장자의 딸은 모두 하나의 자궁만을
갖고 있으므로, 아들과 동일하게 투자를 해도 딸에게는 많은 자손

을 볼 수 없다. 그래서 돈이 넘칠 때 아들을 갖는 것은 진화적으로 매우 적절한 전략인 반면, 딸을 갖는 것은 그다지 이득이 되지 않음을 알 수 있다.

## 산업화 이전 독일의 딸들 Neglect in pre-industrial Germany

나는 억만장자가 백만장자나 적당히 부유한 사람들보다 반드시 영양상태가 더 좋은 것은 아니라고 분명히 말할 수 있다. 따라서 억만장자 부부에게 아들을 더 많이 갖게 한 메커니즘은 아마도 극단적인 '상대적 부' 때문일지도 모른다. 나는 억만장자가 특별히 아들을 더 쉽게 가질 수 있다거나 출산 전후의 딸을 버리는 건 아니라고 생각한다. 하지만 이전 세기에서는, 재산과 딸을 유기하는 일은 밀접한 관련이 있었다.

부모는 아주 사소하고 미묘하며 무의식적인 방식으로 아들과 딸을 차별할 수 있다. 아들과 딸은 부모들이 음식을 주는 정도, 예방 접종을 받는지 여부, 아플 때 부모가 얼마나 빨리 병원에 데려가는지 등에서 약간 차이가 난다. 그리고 이것은 아들과 딸의 생사에 영향을 줄 수 있다. 이런 일이 집단 전체에서 벌어지면, 양육 과정에서의 정말 작은 차이는 어린 나이에 사망하는 소년과 소녀 수에 엄청난 차이를 만들어내며, 결국 성비도 왜곡시킨다.

산업사회 이전 유럽에서 성직자와 관료들은 가족 생활에 대한 자세한 기록을 남겼다. 이 기록은 몇몇 영리한 진화생물학자의 훌륭한 연구 거리가 되었다. 에카르트 볼런드Eckart Voland는 수십 년 동안 일부 독일 교구에 보관된 기록들을 분석했다. 1720년에서 1869년 사이에 아들과 딸이 돌까지 살아남을 확률은 부모의 사회경제적 지위에 달려 있었다. 궁핍한 부모—소작농, 노동자, 상인—의 아들이 가장 높은 사망률을 나타냈다. 놀랍게도 부유한 지주의 딸이 다음으로 높은 사망률을 나타냈다. 그 다음은 지주의 아들이었으며, 땅이 없는 가난한 가족의 딸이 돌 이전에 사망할 위험이 가장 낮았다.

리첸Leezen 지역에서는 딸이 일반적으로 더 부유한 가정으로 시집을 갔다. 지주의 딸은 덜 부유한 가정의 딸과 결혼 시장에서 경쟁을 해야만 했다. 반면에 지주의 아들은 신붓감이 많아서 선택하기도 어려웠다. 궁핍한 가정에서 아들의 결혼 전망은 어두웠지만 딸은 더 부유한 가정으로 쉽게 시집을 갈 수 있었다. 아들과 딸이 손자를 낳을 확률은 평균적으로 동일하지만, 부유한 가정에서 태어난 아들은 딸보다 훨씬 더 많은 자손을 남길 것이다. 같은 이유로, 궁핍한 가정의 딸은 아들보다 나을 것이다. 부유한 가정에서 태어난 딸, 가난한 가정에서 태어난 아들의 높은 사망률은 부모가 자신의 장기적인 진화적 전망에 따라 아들과 딸에 대한 투자를 조절한다는 트리버스와 윌라드의 가설에 완벽하게 들어맞는다. 볼런드도 같은 생각을 했다. 그리고 그는 부유한 지주의 딸은 아마도 아들보다 좀 더 소홀한 대우를 받고, 제대로 못 먹고, 의료 지원도 덜 받았던 반면 궁핍한 가정에서는 그 반대의 상황이 나타났을 것이라고 주장했다.

흥미롭게도 지주인 부모가 죽었을 때 농장의 소유권은 대부분 아들이 물려받았다. 이것은 부계 혈통 내에서의 부와 번식 성공도 간의 관계를 강화시켰다. 부모의 관점에서, 아들에게 땅을 물려주는 것은 딸에게 땅을 물려주었을 때보다 더 많은 손자를 보장받을 수 있었다. 그리고 이러한 이득은 땅이 아들에게 상속될 때마다 더 증폭되었다. 볼런드는 또 다른 독일 교구를 대상으로 한 연구를 통해, '남아와 여아의 사망률 차이'가 '아들이나 딸을 낳았을 때 생기는 적합도 손익에 재산 수준이 미치는 영향'과 밀접한 관련이 있다는 것을 다시 한번 확인했다.

리첸 지역의 부유한 가정에서 딸이 소홀한 대접을 받은 것과 거의 비슷한 시대에 그 반대의 상황이 200킬로미터 떨어진 크룸호른Krummhorn에서 일어났다. 리첸 지역과 다르게, 크룸호른 지역의 인구수는 한계에 이르러서 더 이상 팽창할 수 없었다. 경작지가 모자라기 때문에 경제 성장이 거의 일어나지 않으며 가족이 재산을 축적할 기회도 사라졌다. 부유한 지주들은 여러 자식에게 땅을 나누어줄 수가 없었다. 그 결과 오로지 한 아이가, 일반적으로 가장 어린 아들이 농장을 물려받아 그것으로 가정을 꾸렸다. 리첸 지역과는 다르게 딸은 재산이 적거나 땅이 없는 가난한 계급으로 시집을 간다. 다른 아들들은 놀랍게도 결혼을 하지 않고 아이도 낳지 않은 채 가정에 머문다. 이런 아들은 번식을 포기하고 사회적 지위를 유지하는 것을 더 선호하는 것 같다.

크룸호른의 매우 경쟁적인 경제 및 생태 환경은 아들이나 딸을 갖는 것에 따른 수익을 거꾸로 바꾸었다. 지주의 자녀들은 출생시 가장 높은 성비를 나타내며(100명의 여성 당 116명의 남성*), 이 것은 아마도 트리버스-윌라드 메커니즘에 따라 상대적으로 더 부 유한 가정일수록 아들을 많이 낳기 때문에 나타나는 결과일 것이 다. 하지만 부유한 집안의 어린 아들은 전체 연구 집단 중에서 가 장 사망률이 높다. 그래서 첫 돌이 될 때까지 성비는 비슷해지다가 15세가 되면 91까지 떨어진다. 반면에, 재산이 적거나 땅이 없는 노동자들의 자손은 성비가 일정하게 유지된다. 여기서도, 비록 리 첸 교구와 다른 방향이지만, 부유한 지주는 아들과 딸을 서로 매우 다른 방식으로 돌보는 것 같다. 그리고 이것은 아들과 딸에게서 보 상받을 수 있는 기대 적합도와 일치한다. 재산 상속 그리고 아들이 나 딸을 통해 부모가 얻는 적합도 보상 간의 관계는 그동안의 인간 사회를 통틀어서 계속 영향을 미쳤다. 흥미롭게도, 재산 상속의 패 턴과 여성이 상위 계층과 결혼하려는 경향은 오늘날 중국과 인도 에서도 나타나고 있다.

## 아들 한 명 낳기 정책 One-son policy

오늘날 세계에서 남성의 성비가 가장 높은 곳은 중국이다. 중국에 서는 최소한 한 명이라도 아들을 낳으려는 강한 남아 선호 사상이

---

* 나는 100명의 여성 당 남성 수로 표현하는 전통적인 성비 계산법을 따랐다. 따라서 성비 값이 100을 넘으면 남성이 많다는 의미다.

수 세기 동안 이어졌으며, 이는 여자아이를 살해하고 유기, 방치하는 것으로 이어졌다. 중국은 세계에서 가장 인구가 많은 나라인 만큼 성비가 조금만 틀어져도 수백만 명의 남자아이가 더 태어나게 된다. 이 문제는 역사상 가장 거대한 사회공학적 실험 때문에 더 악화되고 있다. 그것은 바로 '아이 한 명 낳기 정책'이다.

오늘날 세계 인구의 여섯 명 중 한 명은 중국에 살고 있다. 중국의 인구수는 13억이며 6주마다 백만 명씩 증가하고 있다. 1979년에 중국 정부는 부부가 오로지 한 명의 아이만 갖도록 하는 전체주의적인 정책을 시행하여 국민들이 출산을 억제하도록 장려했고, 또 강요했다. 이러한 정책은 단순히 선전 수준에 그치지 않고, 미시적 재생산 관리를 통해 지방 정부 수준에서 피임을 통제했으며, 강제 불임 수술을 시행하여 위반자에게는 벌금, 이행자에게는 금전적인 보상을 제공하는 등 다양한 방법으로 이루어졌다.

하지만 이 정책은 중국 내에서 일관되게 시행되지 못했다. 그나마 양육 비용이 비싸고 출산율이 떨어지는 도시에서 제일 잘 이루어졌다. 시골 지역에서는 정책이 좀 더 느슨해져서 둘째, 셋째를 갖는 것을 허용했다. 동부 연안 지역의 인구밀도가 높은 곳에서는 부부의 40퍼센트 정도가 둘째 아이를 갖는 것이 허용되었고, 보통 첫째가 딸이었을 경우가 그랬다. 중남부 지역에서는, 첫째가 딸이거나 장애가 있는 경우에, 또는 부부가 모두 외동일 때 둘째를 가질 수 있었다. 몽골 내륙이나 티베트, 신장Xinjiang 지역처럼 외곽에 있으면서 인구밀도가 낮은 곳에서는 아이의 성에 상관없이 모든 부부가 둘째 혹은 셋째를 가질 수 있었다.

아이 한 명 낳기 정책이 때로는 딸만 낳은 가족에게 아이를 더 가질 수 있도록 허용한다는 사실은 중국의 한족 사회에서 아들의 중요성을 정부가 인지하고 있다는 것을 의미한다. 특히 아들은 나이든 부모를 공양한다. 부모의 입장에서 아들을 갖는 것은 나이가 들었을 때 보살핌을 받을 수 있다는 보장을 받는 것이다. 딸은 결혼해서 남편의 가족으로 들어가기 때문에 딸에게 아들과 같은 공양을 기대하기 어렵다.

도시의 부부에게 오로지 한 명의 아이만 갖게 하고, 이미 딸이 있는 부부에게 아이를 더 갖게 해주는 것만으로는 성비가 편향되지 않는다. 왜냐하면 둘째 아이의 경우도 아들 또는 딸로 태어날 가능성이 거의 같기 때문이다. 하지만 아이 한 명 낳기 정책과 아들에 대한 열망은 어머니의 자궁에서 일단 배아가 착상하고 태아가 된 뒤에 일어나는 일에 영향을 줄 수 있다. 1980년대 말과 1990년대 초에, 중국에서는 출산 전 초음파가 유행했다. 초음파는 태아와 태반에 나타나는 여러 문제를 효과적으로 진단하는 데 사용되었을 뿐만 아니라, 성 감별을 더 용이하게 해주었다. 인구수 조절에 대한 정부의 열망 덕택에, 초음파의 성 감별은 의도적으로 딸을 낙태시키는 데 요긴하게 사용되었다.

중국에서 단지 성 감별을 이유로 낙태하는 것은 불법이었지만, 초음파를 이용한 성 감별 이후 낙태된 태아의 대부분은 딸이었다. 이런 기술은 많은 부부가 아들을 원한다는 사실을 쉽게 깨닫게 해주었다. 그 결과, 1980년부터 출생 성비는 계속 상승했다. 그러나 낙태가 딸을 낳지 않는 유일한 수단은 아니었다. 중국 작가 신란Xinran은 《사랑하는 딸을 잃은 중국 어머니들Message from an Unknown Chinese Mother: Stories of Loss and Love》에서 자신의 딸이 살해되거나 다른 곳으로 보내지거나 버려졌던 수십 명의 여성들의 가슴 아픈 이야기를 그렸다. 어떤 여성은 정말 비참한 삶을 살고 있었고, 또 다른 여성은 자살을 택하기도 했다. 중국의 자살률이 세계에서 제일 높고, 특히 시골 여성에게 높다는 것은 우연이 아닐 것이다. 중국에서는 갓 태어난 딸을 살해하는 일이 너무 만연해서 조산원이 추가요금을 받고 이 일을 하기도 한다. 한 조산원은 가족이 원치 않는 딸이 태어났을 때 딸려 있는 탯줄로 아이를 목 졸라 죽였다는 사실을 신란에게 폭로했다.

도시에 살고 있는 중국인 부부는 딸보다 아들을 약간 (통계적으로 유의미한 수준으로) 많이 낳는다. 2005년 중국의 도시에서는 100명의 여자아이가 태어날 때 115명의 남자아이가 태어났다. 이것은 어떤 부부가 처음 아기를 가졌을 때 그 아기가 딸이라면 낙태했을 것이라는 사실을 의미한다. 만약 그들이 한번에 아들을 갖고 싶었다면, 단지 운에만 맡기지 않을 것이다. 하지만 성비의 치우침은 도시 지역에서는 큰 문제가 되지 않는다. 왜냐하면 도시의 부부는 전통적인 가치에 덜 얽매이며 아들에 대한 강한 선호도 사회적으로 점차 사라지고 있기 때문이다.

농업이 활발한 더 전통적인 중국 중부 지역에서는 여전히 남아 선호가 강하게 나타난다. 이 지역은 모든 부부가 첫째가 딸이면 둘째를 가질 수 있고, 어떤 부부는 심지어 셋째도 갖는다. 남동부의 지앙시Jianxi 구의 예를 보자. 이곳은 상대적으로 가난한, 쌀을 주로 생산하는 내륙 지역이다. 2005년에 이 지역에서는 100명의 여자아이가 태어나는 동안 137명의 남자아이가 태어났다. 이것만으로도 정말 높은 수치지만, 더 놀라운 사실은 첫째 아이의 출생 성비는 108대 100으로 평균보다 약간 높은 수준이라는 것이다. 즉, 치우친 성비는 둘째, 셋째에 의해 나타난다. 둘째의 경우 100명의 여자아이 당 178명의 남자아이가 태어나고, 셋째의 경우 100명의 여자아이 당 206명의 남자아이가 태어난다. 적어도 아들을 낳을 기회가 또 한 번 있는 가정에서는 첫 아이의 성을 골라 낳지 않는다. 특정 성별에 대한 기대치는 둘째 또는 그 이후의 출생에서 더욱 높으며, 그 각각의 경우는 아들을 가질 마지막 기회가 될 지도 모른다. 그리고 둘째 또는 셋째 아이의 성별을 단지 운에 맡기는 가정은 거의 없는 것 같다.

## 인도의 경우 India

이상적인 가족 수를 물었을 때, 인도의 부부는 아들을 적어도 둘은 가지길 바란다고 말한다. 희망하는 딸의 수는 차이가 있지만 결코 아들의 수를 넘지 않는다. 인도의 부부는 단지 딸보다 아들을 더 많이 낳기를 바라는 것에 그치는 것이 아니라, 그런 바람에 기초하여 가족계획을 세운다. 피임을 하는 부부, 그리고 자발적으로 정관 수술을 받는 남성은 단지 건강한 둘째 아들을 갖고 나서야 그렇게 하곤 한다.

중국과 마찬가지로, 인도에서의 강한 아들 선호는 오랫동안 여아 살해, 딸의 유기, 심지어 성인 여성의 유기 및 학대의 원인이 되어왔다. 18세기 말의 기록에 따르면 인도 일부 지역에서는 여아 유기 및 살해가 상습적으로 일어났으며, 그전에는 더욱 일반적이었을 것으로 추측된다. 중국처럼 인도에서도 초음파 성 감별과 낙태가 더 쉽게 이용되면서 이런 문제들은 지난 20년 동안 계속해서 악화되어 왔다.

아들 선호는 우타르 프라데시Uttar Pradesh, 비하르Bihar, 펀자브 Pubjab 주처럼 인구밀도가 높은 인도 북부 지역에서 더 강하게 나타났다. 2001년 조사에 따르면, 28개 주와 7개 연방주의 대부분에서 여자보다 남자가 많았다. 다만Daman과 디우Diu(141), 찬디가르 Chandigarh(129), 델리Delhi(122) 연방 지역과 하리아나Haryana(116), 펀자브(114) 주에서 나타나는 성비의 치우침은 충격적일 정도다. 이 문제는 가장 어린 나이 대에서 최악으로 나타났다. 이 모든 지역에 대한 2001년 조사에서, 1~6세의 여자아이 100명당 125명 이상의 남자아이가 태어난 것으로 나타났다.

남아 선호는 부분적으로, 트리버스와 윌라드가 예측한 바와 같은 방식으로, 인도 힌두교인의 사회 생활과 결혼 제도를 지배하고 있는 카스트 제도 때문에 나타났다. 여성은 더 높은 자티(카스트를 세분한 하부 카스트 계급을 일컫는 말)의 남성과 결혼하며 절대 낮은 자티의 남성과는 결혼하지 않는다. 높은 자티의 남성은 결혼 시장에서 흔치 않은 자원으로서 그와 같은 자티의 여성과 그보다 낮은 자티의 여성은 그를 두고 경쟁한다. 그 결과 신랑의 가족은 지참금으로 협상을 함으로써 아들의 혼사를 경제적 이득으로 바꾼다. 신랑의 카스트가 높을수록 그의 가치는 커지고, 지참금도 커진다. 지참금을 많이 내는 가족은 딸과 그 자식의 신분 상승을 보장할 수 있다.

비록 현재는 지참금이 인도에서 공식적으로 불법이지만, 여전히 인도의 결혼 관습에서 지참금 제도를 흔히 볼 수 있다. 도미니크 라피에르Dominique Lapierre는 소설《시티 오브 조이City of Joy》에서 지참금 제도의 결과로 발생하는 치명적인 비용을 가슴 아프게 그려냈다. 소설 속에서, 하사리 팔Hasari Pal은 흉작으로 자신이 소유하고 있던 농장을 잃은 후, 큰딸을 결혼시키기 위한 충분한 지참금을 마련하기 위해 릭샤꾼(인력거꾼)으로 일한다. 결국 결핵과 과로 때문에 하사리는 결혼식 당일에 죽게 되고, 의학 연구에 신체를 기증한 대가로 받은 돈으로 겨우 지참금을 마련하게 된다. 죽을 때까지 일을 하고 터무니없이 높은 지참금을 마련하는 대신에, 많은 예비 부모는, 특히 지참금이 잠재적인 경제적 손해가 되는 부유한 부모는 딸을 아예 갖지 않기로 결정한다.

중국의 한족 사회처럼, 인도에서도 부모는 주로 아들과 그의 아내 그리고 그 자식으로부터 돌봄을 기대할 수 있다. 딸은 결혼해서 신랑의 집으로 떠나므로 자신의 부모를 거의 돌보지 못한다. 하지만 지참금에 대한 엄청난 투자 필요성 때문에 인도에서 딸을 키우는 비용은 중국보다 더 크다. 이 문제는 남성이 우위에 있으며 농업 위주의 전통적인 경제 구조를 지닌 인도 북부 지역에서 최악으로 나타난다. 이 지역에서의 결혼은 더 엄격하게 부거적이고 지참금은 남부보다 더 비싸다.

북부 어떤 마을의 자티는 그들의 딸이 결혼해서 가게 되는 마을에서는 신부를 받지 않는다. 따라서 남편의 마을에는 젊은 신부의 친족이 아무도 없으며, 그녀의 새 이웃들은 친정과 아무런 연관도 없는 사람들이다. 신부와 이웃들 간에 혈연 관계가 없는 것은 그녀의 사회적 영향력을 떨어뜨리며, 그녀로 하여금 이방인들의 친절에만 의존하게 만든다. 어린 신부는 친지 및 친구들과 떨어져서, 그녀의 동기나 이해관계와 상충되는 사람들로 둘러싸인다. 그녀는 아무것도 없는 바닥에서부터 사회적 동맹과 자신의 아들, 딸로 이루어진 혈연 집단을 구축하며 결혼 생활을 보낸다. 이런 맥락에서 보면, 성년이 된 아이의 어머니가 자신의 아들이 구축해가는 혈연들과 동맹을 중요하게 여기는 것도 이해할 수 있다. 딸들은 결혼하면 마을을 떠나버리지만 아들들은 결혼한 이후에도 계속 마을에 남아 있기 때문이다.

인도 남부의 결혼 패턴은 북부와 중요한 측면에서 차이가 있다. 남부의 마을들은 서로 결혼 상대를 교환하기도 한다. 그 결과로 남부는 북부보다 신부의 집안과 신랑의 집안 간에 더 강력한 유전적 관계 및 개인적 동맹 네트워크를 구축한다. 어린 신부는 신랑이 있는 마을의 많은 사람을 이미 알고 있고 어떤 사람과는 혈연 관계에 있기도 하기 때문에, 친정으로부터 덜 고립된다. 결혼한 딸과 친정 간에 더 가까운 관계를 유지하는 것은 어린 여성이 어떤 대우를 받고 얼마나 가치 있게 여겨지는지, 그리고 결혼을 한 뒤 여성이 어떤 사회적 지위를 누리는지에 큰 영향을 미친다. 인도 남부에서는, 여성이 더 높은 자티의 남성과 결혼하는 경우도 덜 일어나며 지참금 제도도 그다지 엄격하지 않으므로 부담이 덜하다. 그리고 여성은 사회에서, 농업에서 그리고 경제적으로도 더 힘있고 중요한 역할을 한다.

부유한 도시인일수록 성에 대해 더 현대적인 태도를 보이며, 여아 살해(힌디어로 khanya bhronn hatya)도 덜 일어날 것처럼 보인다. 하지만 놀랍게도 오히려 반대 현상이 일어난다. 영아 살해는 이런 집단에서 가장 극단적으로 일어난다. 물론 부거적 결혼 방식은 시골 지역에서 훨씬 더 많이 나타난다. 하지만 도시에서도, 특히 북부의 도시에서는, 아들이 부모와 같이 또는 가까이 살거나 오랫동안 부모를 공양한다. 적어도 한 명 이상의 아들을 가지려는 열망은 고등 교육을 받고 도시에 살고 있는 지배층에서도 나타난다. 출생률이 상대적으로 높게 나타나는 시골 지역에서, 가족은 하나 혹은 두 명의 아들을 낳을 때까지 계속 아이를 낳는 경우가 많다. 한창 인구 전환이 일어나는 시기에 도시의 부유한 가정에서는 더 적은 아이를 낳음으로써 아이에 대한 투자를 늘렸기 때문에 아들을 낳을 가능성이 더 낮아진다.

이에 더해서, 신부 지참금은 신분이 상승하고 교육을 잘 받은 도시 거주자 사이에서 가장 높게 나타난다. 아이 수가 적기 때문에 아이를 잘 결혼시키고 신분 상승을 하는 것이 이전보다 더 중요해졌기 때문이다. 지참금 관습, 그리고 그에 따른 유해한 효과는 높은 카스트에서부터 이전에는 지참금이 없었던 사회적 계층까지 널리 퍼져 있다. 미셸 골드버그Michelle Goldberg에 따르면, '최근에 인도는 갑자기 소비 상품이 넘쳐 나면서 지참금 요구가 폭발적으로 증가했고, 모든 것이 물질주의적인 무한 경쟁 상태로 돌입했다.' 많은 예비 부모에게 아들과 딸을 키우는 것에 따른 상대적인 이득과 손실은 단순히 합산되는 것이 아니다. '지금 5천 루피를 내고 나중에 5만 루피를 절약하라.'라고 광고하는 의사는 살인을 하는 것이나 마찬가지이다.

부유한 도시민의 아이가 오늘날 인도에서 가장 남성에 치우친 성비를 보인다는 사실은 아마도 단순히 사회경제적 요소 때문일 수도 있다. 성 감별과 낙태가 저렴해지고 지참금에 대한 기대가 커졌으며, 출생률이 낮아지면서 아들을 가질 기회도 줄어들었기 때문이다. 하지만 이런 경향은 다시 트리버스와 윌라드의 예측을 상기시킨다. 즉, 여성이 사회경제적인 계층 구조에서 상위 계층과 결혼할 때, 가장 부유한 집단은 남성에게 치우친 성비를 보일 것이라는 예측이다. 아마도 산업사회 이전의 독일처럼, 인도의 도시인 부부도 자녀의 결혼 가능성에 대해 반응하는 것일지 모른다. 이들은 분명히 아들의 혼사가 잘 들어오는 가정이며, 엄청난 지참금을 얻어내리라 기대할 수 있는 가정일 것이다. 이런 가정의 딸은 아들보다는 미래가 훨씬 어두울 것이고, 일단 결혼을 하려면 두툼한 지참금을 마련하기 위해 빚을 내야 했을 것이다.

비록 부유한 가정은 너무 많은 남성이 존재하는 데 크게 기여하지만, 그에 따른 비용을 떠안는 사람은 부유한 가정의 아들이 아니라는 것이 역설적이다. 아내를 얻을 수 없는 이들은 바로 가난한 가정의 아들이며, 이들에게서 사회의 가장 큰 문제가 나타난다.

## 아내의 가치 The value of a wife

상품의 수요와 공급이 그 상품의 시장 가치에 영향을 미치는 것처럼, 결혼에 관심을 둔 남녀의 상대적인 숫자도 결혼 시장에서 각 성별의 가치에 영향을 준다. 성인 남녀의 성비가 한편으로 치우치면 희귀한 성의 사람들은 더 소중해지고, 흔한 성의 사람들은 덜 소중해진다. 경제학에서 물건의 공급이 증가하거나 수요가 감소하면 공급자의 경쟁에 의해 가격은 떨어진다. 결혼 시장에서도 더 흔한 성의 구성원끼리의 경쟁은 동성 내 성선택의 압력을 높인다. 그리고 이는 대부분 불행한 결과로 이어진다.

역사를 통틀어서, 성비가 한쪽으로 크게 편향되면 사회나 문화에 엄청난 변화가 일어났다. 심지어 성비가 조금만 편향되더라도 남녀는 흥미로운 방식으로 그들의 행동을 조절한다. 2차 세계대전 이후 미국에서는 베이비 붐이 일어나 출생 인구가 1945년에 300만에서 1960년에 440만까지 늘어났다. 그 이후 출생 인구는 1970년대 중반까지 점차 줄어들었다. 미국 여성은 평균적으로 자신보다 세 살 더 많은 남성과 결혼하기 때문에, 예를 들어 1948년에 태어난 여성은 1945년에 태어난 남성과 같은 시기에 결혼 시장에 등장한다. 따라서 베이비 붐 세대의 경우, 해마다 결혼 시장에 들어서는 여성은 남성보다 더 어리고 수가 많다.

1965년에서 1980년 사이 결혼 적령기에 이른 여성의 수는 남성의 수를 초과했는데, 이처럼 여성에게 치우친 성비는 결혼율의 지속적 감소와 이혼율 증가의 원인으로 여겨졌다. 왜냐하면 남성의 공급 부족이 수요의 증가를 야기함에 따라, 남성들이 결혼 생활에 헌신하는 것, 결혼 관계에서 성적으로 충실하게 행동하는 것, 경제적으로 가정에 기여하는 것, 집안일을 하는 것 그리고 아이를 직접 양육하는 것에 대한 인센티브가 줄어들었기 때문이다.

여성에게 치우친 성비는 10대 임신율의 증가와 주로 연관된다. 소년보다 소녀가 많을 때 소녀는 성적으로 더 일찍 활발해진다. 섹스를 더 어린 나이에, 더 자주 하는 것은 남자 친구의 관심을 끌기 위한 경쟁적인 전략일지도 모른다. 소년의 수가 줄어들면 소년의 관심을 받기 위해 경쟁하는 소녀의 수는 늘어난다. 마치 수요가 늘어나면 당연히 가격이 올라가듯이 말이다. 소녀는 소년의 수가 충분할 때보다 더 많은 섹스를 하며, 이 경우 10대에 임신하는 일은 상대적으로 더 흔해진다. 남자의 수가 극단적으로 줄어들 경우, 여성이 유전자를 후대에 남길 수 있는 최선의 수단은 그냥 혼자서 아이를 낳고 키우는 것이다. 즉, 남자가 부족할 때 편모의 수는 증가한다.

하지만 여성의 수가 늘어나는 것이 여자에게 꼭 나쁜 소식이라고는 할 수 없다. 사회과학자 마샤 구탠타그Marcia Guttentag와 폴 세코드Paul F. Secord는 베이비 붐 세대에서 나타난 성비의 여성 편향은 페미니즘의 '제2의 물결second-wave feminism'을 일으키는 데 중요한 역할을 했다고 주장했다. 가정에 머무르는 것이 1950년대의 전형적인 아내의 모습이었던 것과 비교하여, 1960년대와 70년대에는 직전 세대에 비해 더 많은 여성이 독립 생활을 할 필요가 생겨났다. 또한 베이비 붐 세대의 여성은 남성을 성적으로 차지하기 위해 서로 경쟁해야 했으며, 결혼 제도로부터 섹스를 분리해야만 했다. 즉, 성 혁명기에 성이 더욱 자유로워진 것은 이전 세대의 엄격한 성적 억압에서 벗어나기 위한 것뿐만이 아닐지도 모른다. 베이비 붐이 페미니즘의 제2의 물결처럼 심오하고 중요한 무언가를 만들어냈다고 주장하는 것은 좀 이상할 수도 있다. 하지만 베이비 붐에 의해 젊은 여성이 늘어나면서 나타난 생물학과 경제학 간의 이상한 상호 관계는 바로 그 시기에 페미니즘 운동을 일으키는 데 기여했을지 모른다.

전례 없이 낮은 출생률을 보였던 1960년대 이후 출생자 집단이 어른이 되고 베이비 붐 세대의 중년 남성이 이혼하고 어린 여성과 결혼하면서, 성비는 여초에서 남초로 기울기 시작했다. 1980년부터 2000년이 넘어서까지, 결혼 가능한 남성의 수는 여성의 수를 넘어선다. 이런 상황에서 남자는 결혼을 더 소중히 여기고 가족에게 더 헌신하게 된다. 오늘날 여자가 남자보다 많은 미국 도시의 젊은 남성은 결혼을 하지 않으려고 하고, 넘쳐나는 여성들과 단기적인 관계를 가지는 것을 더 선호한다. 남성이 희소하기 때문에 35세가 넘는 남성이라도 성비가 동일했을 때에 비해 결혼하기 쉽다. 반면 남자가 상대적으로 흔한 곳에서, 남성은 결혼 초기부터 아내에게 헌신하며 여성의 마음을 사로잡기 위해 더 심하게 경쟁한다.

1910년 미국 서부의 몬태나 애리조나와 같은 지역에서는 남성의 성비가 상당히 높았다(몬태나는 100명의 여성 당 111명의 남성, 애리조나는 110명의 남성). 왜냐하면 당시 많은 남자들이 정착을 위해 그곳으로 이주해왔기 때문이다. 동부의 성비는 거의 동일했다. 1910년에는 부유한 남성일수록 가난한 남성보다 더 결혼하기 쉬웠다. 성비가 남성에게 치우친 곳에서는 기혼 남성과 미혼 남성 간의 사회경제적 지위 차이가 훨씬 컸다. 아마도 이로 인해 결혼 전망이 거의 없는 가난한 남성의 수가 늘어났을 것이다. 마치 인도나 중국에서 우리가 보고 있는 것처럼 말이다. 어쩌면 너무 많은 남자들 때문에 서부가 거친 무법지가 되었던 건지도 모른다.

## 남자가 너무 많다 Too many men

남자가 너무 많으면 좋지 않다. 누구에게나 그렇다. 19세기 중국에서는 오랫동안 관습적으로 이루어진 여아 살해 및 유기로 인해 남성의 수가 과도하게 늘어났고, 늘어난 남성은 지주나 농민을 위협하는 범죄 집단으로 흘러갔다. 이런 범죄 집단들은 때때로 그 일대를 아수라장으로 만드는 더 큰 군사 조직에 합류했다. 그 결과로 일어난 '니엔Nien' 반란 때문에, 10만 명 이상의 병사와 시민이 죽고 15년 이상 경제가 바닥을 벗어나지 못했다.

　일부다처 사회일수록 주변 집단이나 부족과 전쟁을 벌일 가능성이 높은 것처럼, 남자가 너무 많은 사회도 그 힘을 외부로 분출하려는 경향이 있다. 젊은 여성은 더 높은 사회경제적 지위를 가진 남성과 결혼하려 하기 때문에, 가난한 남성과 교육을 제대로 받지 못하고 직업이 없는 젊은 남성들은 결혼 시장에서 제일 낮은 가격이 매겨진다. 이런 남성은 사회에서 차지할 수 있는 몫이 거의 없을 뿐만 아니라 가족을 꾸려서 그들의 진화적 적합도를 높일 가능성도 없다. 아내를 맞을 수 없고 직업도 없는 남성은 이리저리 집단을 옮겨 다니며 이름 없는 방랑자가 된다. 그들에게는 반사회적 행동이나 범죄 행위를 막아줄 수 있는 집단에 대한 유대 관계나 의무가 없다. 이런 이유로 남자는 도박, 술, 마약, 매춘 등 반사회적 행동과 폭력, 범죄 행동의 빈도를 증가시키는 요소에 더 쉽게 노출될 뿐만 아니라, 위험하고, 폭력적이고, 불법적이고, 예측 불가능한 행동을 하게 된다.

정치학자 밸러리 허드슨Valerie Hudson과 앤드리아 덴 보어Andrea den Boer는 중국과 인도 등 남성에게 치우친 성비를 보이는 곳에서 이런 문제가 나타나고 있다고 주장했다. 이 지역에서는 여성의 납치와 인신매매가 증가하는 추세에 있다. 남성에게 치우친 성비가 가장 높은 지역이나 주에서는 폭력 범죄 발생률도 가장 높다. 범인은 주로 젊은 미혼 남성이고, 그들은 대부분 폭력 조직에 속해 있다. 허드슨과 덴 보어는 중국과 인도에서 과잉 남성의 수가 2020년에 6천만 명이 넘을 것이라고 추산했으며, 이들은 사회 평화와 질서를 위협할 뿐만 아니라 지역적 혹은 전 지구적인 안정도 위협할 수 있다고 주장했다.

너무 많은 남자 때문에 생기는 문제는 쉽게 해결될 수 없다. 하지만 이 문제는 반드시 해결되어야 한다. 인도나 중국에서는 성비가 매우 편향된 어린이 집단이 성장하여 성인이 되고, 결혼 가능성이 낮은 남성들이 너무 많이 등장함에 따라 여러 가지 문제가 일어날 수 있다. 절도와 살인이 엄청나게 증가할 것이며, 결혼, 성매매,

성 노예 등을 위해 여성을 납치하고 인신매매하는 일도 함께 증가할 것이다. 범죄와 폭력을 예방하고 제어하기 위한 새로운 접근법이 조속히 마련될 필요가 있다.

국제 관계에 대한 새로운 접근법도 필요하다. 중국, 대만, 인도, 파키스탄과 같은 나라에서 과잉 남성들이 그 사회의 호전성에 영향을 주는 정도는 아직 알려져 있지 않지만, 이것은 잠재적으로 우리 모두를 곤란에 빠뜨릴 문제가 될 수 있다. 파키스탄이나 아프간의 마드라사madrassa처럼 가난과 소외가 근본주의와 격렬히 뒤섞여 있는 곳에 결혼 전망이 어두운 다수의 젊은 남성이 존재할 때 문제는 더욱 심각해진다.

### 희망의 이유들 Reasons for hope

인도와 중국 같은 나라는 문화적으로 균일하지 않고 성비의 왜곡이 지역마다 다양하다. 심지어 이웃 간에도 서로 문화나 성비가 다를 때도 있다. 다른 민족과 결혼하는 것은 결혼 시장에서 주목 받지 못하는 이들을 위한 행복한 해결책이 되는 경우가 많다. 이에 대해 〈이코노미스트The Economist〉에서는 인도의 트럭 운전기사였던 발지트 싱Baljeet Singh과 이슬람교도인 그의 젊은 아내 소나 카툼 Sona Khatum에 대한 기사를 다루기도 했다. 남성에게 성비가 편향된 곳에서는 카스트 제도의 정통에 맞서 (이전에는 생각할 수도 없었던) 이슬람교도와의 결혼을 시도하는 남성의 수가 늘어나고 있었는데,

인도 북부의 하리아나 주(성비 116) 출신인 싱도 그중 한 명이었다. 남초 현상이 그다지 심하지 않은 집단에서 온 카툼은 한 세대 전만 해도 전혀 상상할 수 없던 종류의 결혼을 함으로써 그녀가 살던 지역의 심한 가난에서 벗어나 그녀의 미래를 밝힐 수 있었다.

왜곡된 성비를 만들어낸 관습은 자멸할 수도 있다. 어떤 성에 대한 수요가 많을 때, 그 수요는 다른 나라의 이민자로 충족되는 경우가 많다. 소나 카툼처럼 말이다. 이러한 식의 이동은 결과적으로 성비 왜곡을 일으키는 여러 관습과 집단 간 문화적 차이를 없앨 수도 있다. 또한 성비에 따라 변화하는 섹스와 결혼의 경제학을 볼 때 신부지참금이 영원히 오르진 않을 것이라고 확신할 수 있다. 여성의 수가 적을 때 여성은 더 소중해진다. 일부다처로 여성이 부족해진 남부 아프리카 같은 곳에서는 남성이 신부지참금을 내는 경우가 많다. 비록 인도에서는 최근 경제 발전과 폭발적인 소비주의로 인해 지참금 제도가 더 만연해지고 지참금 액수도 올라가고 있지만, 신부에 대한 수요는 결국 지참금 제도의 배후에 숨겨진 문화적인 영향력을 억누르게 될 것이다.

이런 일은 여성이 부족한 하리아나 주와 인도의 다른 지역에서 벌써 일어나고 있다. 이전에는 결혼 상대로 전혀 고려하지 않았던 집단의 여성과 결혼하는 것과 더불어, 지참금에 대한 책임을 남자가 지는 것으로 변하고 있으며, 아내를 찾아서 데려오는 비용도 보통 남자가 부담하고 있다. 중국의 여러 소수 민족은 한족처럼 강한 아들 선호 사상이 없고, 아이 한 명 갖기 정책에 엄격하게 규제받고 있지 않다. 이런 집단의 여성이 한족과 결혼하는 경우가 늘어난다면, 아들에 대한 문화적 선호도 조금은 누그러질 것이라고 예측할 수 있다.

자연선택은 딸에게 편향된 성비를 만들어내는 메커니즘을 촉진함으로써 성비를 동일하게 되돌릴 수 있다. 앞으로 20여 년 동안 인도와 중국 등지에서는 남성의 수가 여성을 상회할 것이며, 따라서 이 지역에서는 여성이 남성보다 훨씬 더 높은 적합도를 보이게 될 것이다. 만약 이런 여성들 중 일부가 성비를 여성에게 편향되도록 만드는 유전자를 갖고 있다면, 우리는 딸이 늘어나는 모습을 목격하게 될지도 모른다. 하지만 이러한 변화가 일어나기 위해서는 많은 세대가 걸린다. 만약 지금의 정책이 수 세기 동안 이어진다면, 우리는 남성에게 편향된 성비를 보이는 지역에서 여성 배아 또는 태아의 비율이 꽤 높아질 것이라고 예측할 수 있다. 그때까지 우리가 남성이 너무 많을 때 나타나는 사회경제적 피해를 극복할 수 있는 더 쉬운 방법을 찾아낼 수 있을 것이라고 기대해보자.

아마티아 센이 그의 책에서 지적했듯이 케랄라 주는 인도의 다른 지역과는 달리 성비 문제가 없다. 2001년 조사에서 케랄라 주에는 100명의 여성 당 95명의 남성이 있었고, 지난 한 세기 동안 남자보다 여자가 더 많았다. 케랄라 주는 몇 가지 중요한 측면에서 인도의 다른 지역과 차이가 있다. 먼저 여성의 기대 수명이 남성보다 6년 정도 더 긴데, 이것은 부분적으로 다른 주와는 다르게 여성이 의료기관에 갈 수 있기 때문이다. 또한 99퍼센트의 여성이 글을 읽고 쓸 수 있다. 이 수치는 인도의 다른 지역에 비해 훨씬 더 높은 수치다. (인도의 식자율은 평균 65퍼센트다.) 이것은 19세기 초부터

주 차원에서 시행된 교육 지원 정책 때문이다. 또한 케랄라 주는 최고의 복지 체계를 갖추고 있고, 역사적으로 공산주의 정부 등 좌파 정부가 들어선 경우가 많으며, 다른 보수적인 주에 비해 시민들의 정치참여도가 높다.

또한 센은 케랄라 주 사람의 5분의 1이 속해 있는 나이르 카스트 계급은 모계를 통해 혈통을 이어갈 수 있다는 사실에 주목했다. 재산은 아들과 딸에게 동등하게 상속된다. 나이르 계급은 오늘날 케랄라 주를 구성하고 있는 대부분의 작은 왕국을 통치하고 관할하며 케랄라 주 지역에 큰 영향을 미쳤다. 혈통과 재산 상속에서 여성의 중요성은 나이르 계급에서의 여성의 지위뿐만 아니라 케랄라 지역의 많은 부분에 영향을 미쳤다. 여성에게 약간 치우친 성비는 소녀와 여성들이 다른 인도 대부분의 지역에서 전형적으로 나타나는 의료 혜택 미비와 상습적인 유기로 고통받지 않는다는 것을 의미할 뿐만 아니라, 딸의 낙태나 영아 살해 등이 드물다는 것을 의미하기도 한다. 여성을 소중히 여기고, 여성을 교육하고, 여성에게 힘을 실어주는 사회는 분명히 딸도 소중하게 여긴다.

남성에게 편향된 성비는 여성을 소중히 여기지 않는 사회의 특징이다. 성비를 남성으로 치우치게 만드는 모든 요인은 결혼 시장에서 여성의 가치를 높이지만, 이것이 여성의 삶과 사회에 대한 여성의 기여를 더욱 가치 있게 만들 수 있는지의 여부는 사회가 그에 대한 준비가 되어 있는지에 달려 있다. 대한민국의 경우, 한 세기 전만 해도 인도나 중국처럼 남성에게 치우친 성비를 보였고 아들에 대한 선호를 나타냈다. 하지만 여성에 대한 교육과 여성의 경제 참여가 엄청나게 개선되면서 인구 성장 속도가 완화되고 남아 선호 사상도 점차 사라져갔다. 인도와 중국에서는 성비 불균형이 지난 20년 동안 계속해서 심화된 반면, 한국에서는 한 세대도 안 되어서 성비가 정상 범위로 돌아왔다. 한국이 이렇게 될 수 있었던 원인은 아직 완전히 파악되지 않고 있다. 하지만 한국의 경우는 진 화적 힘과 문화적 힘의 강력한 상호 관계를 통해 거대한 관성을 극 복할 수 있다는 것을 보여준다.

# 롤링스톤스에게
# 돌을 던져라!

**Blame it on the Stones**

**침묵 다음으로, 표현할 수 없는 것을 가장 잘 표현하는 것은 바로 음악이다.**

– 올더스 헉슬리(Aldous Huxley), 1931

음악은 문화의 결정체인 동시에

매우 깊은 진화적인 뿌리를 가지고 있기도 하다.

음악이 우리 뇌에서 자극하는 부분은

원래 다른 목적으로 진화한 영역이다.

하지만 음악을 만드는 것과 관련된 영역은

오로지 그 기능만을 위해 진화했다.

음악은 특히 상대의 관심을 끌고

성인기로 이행하는 사회적 과정을 학습하는 데 중요하다.

음악은 아마도 동물계에서 가장 복잡하고 섬세한

구애 방법일지도 모른다.

롤링스톤스The Rolling Stones는 모든 로큰롤 밴드 중에서 가장 위대하고 멋진 밴드일 것이다.* 1970년대 혹은 그 이후에 태어난 사람은 1960년대에 롤링스톤스가 얼마나 인기가 있었는지, 온 세상이 그들에게 얼마나 미쳐 있었는지 짐작하기 어려울 것이다. 그들이 무대 위에 설 때마다 팬들은 미친 듯이 소리를 질렀다. 경찰은 마약을 근절하기 위해 스톤스를 끈질기게 추적했으며, 비평가들은 그들을 멸시하고 조롱했다. 당시에 그들은 너무 공격적이고 선정적이며 퇴폐적이어서, 오히려 더벅 머리 스타일로 미소짓던 비틀즈The Beatles는 상대적으로 단정하게 보일 정도였다. 한편 롤링스톤스는 진화생물학자들이 꼭 대답해야 할 질문을 던진다. 왜 로큰롤 같

---

* 롤링스톤스는 비틀즈나 AC/DC만큼 많은 음반을 내지는 못 했더라도 비틀즈보다 수십 년은 더 오랫동안 밴드 활동을 했다. 그리고 AC/DC가 진짜 교복을 입던 시기에 롤링스톤스는 이미 국제적인 스타였다.

은 쓸모없는 짓을 하는가? 다양한 악기를 연주하며 초창기의 롤링 스톤스를 이끌었던 브라이언 존스Brian Jones는 마약을 너무 자주 해서 점점 일하기 어려워졌고, 녹음이나 라이브 공연에 참여하기도 힘들어졌다. 그는 괴팍한 성격으로 밴드 구성원들과 사이가 틀어졌고, 결국 밴드에서 쫓겨났다. 그리고 그는 갑작스레 사망했다. 27세의 나이로 수영장에서 익사체로 발견된 것이다. (살해당했을 가능성도 있다.) 브라이언 존스는 록 스타가 되었지만 그것이 길고 생산적인 삶을 의미하진 않았다.

이 책의 남은 부분에서는 주로 1950년 이후의 록 음악과 서양의 대중음악을 살펴볼 것이다.* 음악을 단지 문화현상의 일부로만 본다면 록은 20세기 문화의 일탈 현상으로 볼 수 있다. 록 음악의 특징이라고 할 수 있는 반항 정신과 코드의 임의적 변화는 원래 블루스 음악에서 먼저 시도된 것으로, '예술적 영감'에 의한 변형을 거쳐 한 로커에서 다른 로커로 전해졌다. 이것은 음악학자나 문화평론가가 선호하는 방식의 설명이다. 소위 '포스트모더니즘 비평'이라 불리는 모호한 관점에 따르면 '누가 누구의 것을 베꼈는지'에 대한 비밀스런 계보를 파헤치는 것이 바로 대중음악의 역사를 해석하는 방식이다.

반면, 진화생물학자는 록을 즐기는 것처럼 사망 위험을 엄청나게 높이는 것들이 우연히 생겨나진 않는다는 가정에서 출발한

---

* 나는 여기서 음악사의 사소한 부분에 대해서는 신경 쓰지 않을 것이다. 나는 더 포괄적인 음악 운동을 지칭하기 위해 'rock 'n' roll', 'rock and roll', 'rock'을 병행하여 사용했다.

다. 대중적이고 재미있으며, 섹시하고 치명적이며, 대부분의 사람이 잘 해내기 힘든 일은 설명이 필요하다. 여기서 우리는 좀 더 제대로 물음을 던질 필요가 있다. 우리는 록 음악이 단지 두 세대 밖에 지나지 않았다는 것을 알고 있다. 음악을 만들고 듣는 것이 각각의 뮤지션과 청중의 번식적 적합도에 어떤 영향을 주었는지 묻는 것은 전체의 일부분만 설명해줄 뿐이다. 우리는 록 음악처럼 세상을 뒤흔들고 변혁시키는 섹시하고 위험한 무언가를 하게 만들도록 각 개인의 유전자에 가해진 진화적 과정이 무엇인지에 대해 생각해야 한다.

나는 록이나 다른 음악 장르가 전적으로 문화적 현상에 지나지 않으며 너무 문화적이어서 생물학적 진화와는 무관한 현상이라는 생각이 틀렸다는 것을 밝히고 싶다. 상식적으로 록이 문화가 아니라고 주장하는 사람은 없다. 그리고 록은 1950년대에 리듬 앤 블루스, 포크, 블루스, 재즈, 컨트리 등의 음악적 전통 속에서 태동했다는 것도 잘 알려져 있다. 록은 학습과 모방을 통해 퍼져나갔다. 2차 세계대전 직후에 형성된 특별한 사회경제적 분위기나 라디오, 레코드 플레이어, 텔레비전의 확산도 록의 유행에 일조했다. 비록 록 음악이 전형적인 문화 현상이긴 하지만, 또한 록은 우리의 진화된 생물학적 토양에서 자라났다. 이런 관점에서 보면 왜 우리가 록 음악에 푹 빠질 수밖에 없었는지, 21세기에 막 들어선 10년 동안에도 록 음악은 왜 여전히 강력한지를 설명할 수 있다. 디스코, 탄트라, 모리스 춤Morris dancing, 마크라메macramé처럼 예술성이 부족한 문화 양식들도 우리의 생물학적 측면에 기대고 있을 수도 있다. 하지만, 여기에는 섹스, 반항, 분노, 위험, 자유 등이 뒤섞여 있는 연금술사의 마약과 같은 것이 없다. 그래서 그것들이 예술성이 부족하다는 것이다. 록 음악을 인간의 생물학적 측면을 날것 그대로 표현한 문화적 양식으로 볼 때, 록 음악은 '대중의 아편'이라는 종교와 의례 행위에서 많은 유사성을 지님을 알 수 있다.

## 케이크 Cake

록이 있고 음악이 있기 이전에, 이미 진화생물학자들은 음악의 기원에 대해 수없이 언급해왔다. 하버드 대학교의 신경과학자 스티븐 핑커Steven Pinker는 인간 본성에 대한 적응적 관점의 대가로, 그의 책《마음은 어떻게 작동하는가How the Mind Works》에서 음악은 사실 적응이 아니라 치즈케이크와 같은 것이라고 주장했다. 예를 들어, 딸기 치즈케이크는 맛을 즐기려는 우리의 진화적 성향을 자극하는 현대의 발명품인 것이다.

우리가 진화시킨 것은 잘 익은 과일의 달콤함, 견과류와 고기의 기름진 질감, 신선한 물의 상쾌함을 느끼도록 해주는 신경회로들이다. 치즈케이크에는 자연 속의 그 어떤 것에도 존재하지 않는 감각적 자극이 압축되어 있다. 왜냐하면 치즈케이크에는 우리를 행복하게 만들려는 목적을 위해 인공적으로 조합된 기분 좋은 자극들이 가득 채워져 있기 때문이다.

핑커는 이어서 "음악은 귀로 듣는 치즈케이크이며, 우리 정신의 (중략) 민감한 부분을 간지럽히는 정말 맛있는 음식과 같다."라고 주장했다.

핑커는 중요한 점을 지적했다. 우리는 무언가가 자연선택에 의한 적응이라고 주장할 때는 항상 주의해야만 한다. 우리는 치즈케이크를 만드는 능력이 적응이라고 주장하지 않고서도, 인간의 진화 과정에서 어떻게 맛있는 치즈케이크가 발명될 수 있었는지 이해할 수 있다. 자연선택은 이미 존재하는 재료를 기반으로 한다. 오늘날 음악이라고 부르는 것이 만들어지기 훨씬 이전에, 아마도 우리의 마음은 리듬과 예측성을 즐기고 어떤 소리나 목소리에 흥분하거나 진정할 수 있는 능력을 진화시켰을 것이다. 하지만 우리가 오늘날 즐기는 음악이 단순히 치즈케이크처럼 우리 뇌에 미리 마련되어 있는 감각을 자극하는 방식으로 작동하는 것은 아니다.

치즈케이크와는 다르게, 음악은 초창기부터 인간 사회에서 완전히 새로운 것이 아니었다. 오늘날 모든 사람이 음악을 만들고 즐긴다는 사실은 현생 인류가 아프리카에서 퍼져나가기 이전에도 음악이 있었음을 의미한다. 가장 오래된 악기는 3만 년도 더 된 뼈피리다. 하지만 사람들은 뼈피리를 만들고 연주하기 훨씬 이전부터 노래를 하고 박수를 치며 나뭇가지나 돌을 두들겼을 것이다. 또한 음악은 오늘날 수렵채집인의 전통적인 삶에서도 중요하다. 만약 사람들이 수만 혹은 수십만 년 동안 음악을 해왔다면, 우리의 음악 능력이 자연선택에 의해 다듬어질 기회는 충분하다. 우리는 귀로 듣는 치즈케이크에 대한 아이디어를 완전히 받아들이기 전에 진지하게 이 가능성에 대해 생각해봐야 한다.

1870년대에 축음기가 발명되기 전까지, 사람들은 음악을 라이브로 듣고 즐겼다. 이 시기의 음악은 집단의 거의 모든 일원이 관여하는 상당히 사회적인 예술 형태를 띄었다. 오늘날의 '부족'도 단체로 모여서 노래를 부르고 춤을 춘다. 교회 신자는 마치 십자군 병사들처럼 주일 찬송가를 부르며 함께 걷는다. 군인은 군악대의 애국적인 음악에 감동하며 행진한다. 그리고 거의 모든 도시에서는 매일 밤마다 남녀가 클럽과 술집, 라이브 카페에서 춤을 춘다. 그중 사람들이 가장 많이 모이는 곳은 바로 록 콘서트장이다. 1969년 브라이언 존스가 사망한 후 사흘 뒤에, 다른 롤링스톤스 멤버들은 런던의 하이드 파크에서 25만 명의 팬에게 오랫동안 무료 공연을 펼쳤다. 하지만 이 관객 수는 1994년 12월 31일에 브라질 리우의 코파카바나 해변에서 열렸던 로드 스튜어트의 콘서트에 비하면 아무것도 아니다. 이 콘서트에는 350만 명의 팬들이 모였다.*

아마도 음악이 왜 진화했는지 이해하려면 사회적 삶에서 음악이 어떤 역할을 하는지부터 설명해야 할 것 같다. 음악은 집단 내 사소한 갈등을 해소하고 집단의 기능을 개선함으로써 구성원 간의 유대관계를 형성하는 데 좋은 수단이 아니었을까? 아니면 음악은 전쟁 전에 혹은 심지어 전쟁터에서 집단을 더 강하게 하고, 용기를 불러일으키고, 강한 소속감을 갖게 할 수 있지 않았을까? 이러한 생각들은 좀 직관적으로 보인다. 이런 생각에 따르면 백파

---

* 로드 스튜어트의 콘서트를 좋아한 사람들로 구성된 관중이라고 써야겠다.

이프backpipe의 발명은 어떻게 설명할 것인가?

집단선택설은 진화생물학자를 불편하게 만든다. 집단에게 이익이 되어 진화한 형질이 있다면, 그 형질은 분명히 어떤 집단을 더 번성케 하거나 어떤 집단은 사라지게 했을 것이다. 여기에서 문제는, 전쟁에서 승리하는 것도 좋지만 전쟁에 조금 늦게 참여하여 다치거나 죽는 일 없이 승리하는 것은 더 좋다는 것이다. 더 나은 개체에 작용하는 선택은 더 나은 집단에 작용하는 선택보다 일반적으로 더 강하다. 따라서 우리는 집단 수준의 이익 가설을 전적으로 받아들이기 이전에 개체 수준의 이익을 매우 주의 깊게 살펴야만 한다.

음악이 집단에 효과적이기 때문에 자연선택되었을 수도 있지만, 음악가가 되고 음악을 듣고 춤추고 즐기는 그 자체에도 합당한 이득이 많이 있다. 음악은 짝을 유혹하기 위해 노래와 같은 의사소통 체계로부터 생겨났을 수도 있다. 고래와 긴팔원숭이, 새가 이와 유사한 방식으로 노래하는 능력을 독립적으로 진화시켰다. 훨씬 더 정교하고 의미를 가진 소리 그리고 그것을 해독하는 능력을 통해, 그 세대에서 가장 똑똑한 호미니드는 최고의 짝을 유혹할 수 있었다. 그리고 이것은 결국 언어로 이어졌다. 이 멋진 가설은 이미 1871년에 찰스 다윈이 진화에 대한 그의 두 번째 책이었던《인간의 유래와 성선택》에서 제시했다.

다윈에 따르면 '인류의 조상은, 남성이든 여성이든 상관없이, 언어로 서로의 사랑을 표현하기 이전에는 멜로디와 리듬으로 상대를 매료시키려 했을 것이다'. 다윈은 동물이나 식물이 왜 불필요한 비용이 드는 형질들을 진화시켰는지 생각하다가 이 가설을 떠올렸다. 포식자의 눈에 띌 수도 있는 새들의 화려한 깃털과 노래가 그런 형질이다. 다윈은 이러한 형질 때문에 개체가 더 많은 번식 기회를 가진다는 사실을 알아챘고, 그러한 번식적 이득이 화려하고 아름다운 형질을 진화시킨다고 예측했다.

성선택은 가장 빠르고 극단적인 진화적 변화를 일으킬 수 있다. 왜냐하면 번식은 진화적인 성공을 의미하기 때문이다. 한쪽이 구애 신호를 보내고 상대가 그에 대한 선호를 보이는 과정은 서로의 진화에 영향을 주며, 그것들을 기이한 극단으로 몰고 간다. 동물계는 구애 신호로 가득하다. 귀뚜라미는 한밤중에 울어대고, 나방은 밤 공기 속으로 매혹적인 화학 물질의 칵테일을 내뿜으며, 마나킨새는 빛 줄기로 물든 숲에서 밝은 색의 깃털을 뽐내고, 물고기는 탁한 강물 속에 전기장을 내보낸다. 이 모든 것이 짝을 찾고 유혹하기 위한 신호다.

다윈은 음악이 언어의 탄생에 산모 역할을 했으며, 말하는 능력은 노랫소리를 내는 능력에서 진화했다고 생각했다. 우리가 오늘날 알고 있는 음악과 언어는 같은 기원에서 진화했다. 음악과 언어 중 무엇이 먼저인지를 결정하는 것은 닭과 달걀 문제를 푸는 것처럼 불가능할 수도 있겠지만, 음악과 언어는 같은 하드웨어에 의존하는 것 같다. 우리가 언어를 만들어내고 이해하는 데 사용하는 뇌의 여러 부분은 음악을 만들고 들을 때도 관여한다. 하지만 음악과 언어는 서로 다른 방식으로 뇌를 자극한다. 이러한 사실은 음악과 언어가 서로 연관되어 있긴 해도 같지는 않다는 것을 의미한다.

140년 정도가 지났지만, 오로지 소수의 연구자들만 성선택을 통해 음악과 의사소통이 진화했다는 다윈의 가설에 관심을 가졌다. 진화심리학자 제프리 밀러가 그들 중 한 명이다. 밀러는 흥미롭고 박식한 그의 책《연애Mating Mind》에서 인간의 마음이 생존기계인 것 만큼이나 정교한 연애기계라고 주장했다. 밀러에 따르면, 인간의 마음에서 가장 인상적인 특질 몇 가지는 짝을 유혹하고 즐겁게 해주며, 상대에게 섹스하고 가정을 이루자며 설득하기 위해 진화했다.

언어와 의사소통도 여기에 해당된다. 첫 만남을 갖고 섹스를 하기로 결정하는 순간까지, 함께 있는 남녀는 거의 항상 대화를 한다. 상대와 재미있게, 매력적으로 대화를 하는 것은 쉽지 않다. 그래서 대부분의 우리는 그런 대화를 배우기 위한 시행착오를 겪는다. 심지어 우리가 데이트 상대로서 충분히 자신이 있고 능력이 있더라도, 대화가 끊기는 것은 사이가 멀어지고 있다는 분명한 신호다. 이처럼 결혼한 지 오래된 부부에서도 한쪽 또는 양쪽이 모두 대화에 관심을 보이지 않으면, 섹스에 흥미가 떨어지는 것만큼 관계에 치명적일 수 있다. 저메인 그리어는 말했다. '대화를 멈춰버린 이와 가까이 있을 때 느끼는 외로움보다 더 잔인한 것은 없다.'


## 더 많이 노래할수록 더 많이 얻는다 Sing more, get more

밀러에 따르면, 대화도 어렵지만 시의 운율과 음보는 더 어렵다.

따라서 시적 능력은 단순한 호소를 넘어서 강한 인상을 준다. 노래를 잘하는 것—타이밍과 리듬뿐만 아니라 목소리, 선율, 화음 등을 자유자재로 다루는 것—은 훨씬 더 깊은 인상을 줄 수 있다. 이런 모든 요소를 갖추고 진심을 담은 가사가 있는 노래를 작곡하는 능력은 값진 기적과도 같은 것이다. 연주하고 노래하고 작곡을 하는 것처럼 어려운 일을 하지 않아도, 노래는 곡과 가사 그 자체로 구애의 형태가 될 수도 있다.

브라이언 존스의 요절은 우리의 진화적인 의문점에 어떤 단서를 남겼다. 그는 어머니가 모두 다른 네 아이의 아버지였다. 다른 롤링스톤스 멤버들은 존스처럼 불행하게 요절하진 않았지만 존스만큼이나 많은 자식을 가졌다. 롤링스톤스의 기타리스트였던 키스 리처드Keith Richards는 아직도 정정하며 68세의 나이에도 연주 활동을 계속하고 있다. 그는 두 여성에게서 다섯 명의 자식을 보았다. 보컬리스트였던 믹 재거Mick Jagger는 두 번 결혼했고 여성편력으로 유명했다. 그는 지난 50년 동안 세상에서 가장 인기 있는 여성들과 데이트했고, 공식적으로 네 명의 여성에게서 일곱 명의 자식을 보았다.

비록 드럼을 연주했던 찰리 와츠Charlie Watts가 예외이긴 하지만, 브라이언, 키스, 믹은 인간의 진화사에서 음악이 어떻게 성선택될 수 있었는지를 보여주는 살아 있는 화석이다. 그들이 당대에 가장 자식을 많이 본 남성이라고 할 수는 없지만, 그 시대에 피임법이 발달하지 않았다면 그들이 얼마나 더 많은 아이를 보았을지는 알 수 없다. 롤링스톤스에게 접근했던 가임여성의 수만 따져도 역사적으로 그에 비할 남성은 몇 명 되지 않을 것이다. 키스 리처드가 말한 것처럼 그들은 '피라냐로 가득찬 강에 서 있는 것만큼 기회가 많았다'.

음악을 하는 사람은 짝을 구할 때 직면할 수 있는 가장 큰 진화적인 문제점 두 가지를 이겨낸다. 하나는 짝을 만나서 관심을 끄는 것이고, 다른 하나는 그들을 유혹하는 것이다. 밴드가 라이브 공연을 한다는 것은 밴드 멤버들이 잠재적인 짝에게 자기 자신을 선보이는 것을 의미한다. 그들이 의도했든 아니든. 잠재적인 짝을 만나고 알아가는 데는 음악을 하지 않는 사람보다는 별 볼 일 없는 밴드라도 음악을 하는 사람이 조금이라도 더 유리하다. 그리고 밴드가 유명해질수록 공연을 보러 오는 사람은 더 늘어나며, 잠재적인 짝의 대상도 늘어난다. 만약 우리의 선조들 중 음악을 만들던 사람이 현재의 록 스타가 누리는 번식적 이득의 일부만이라도 누릴 수 있었다면, 음악을 하는 능력에 대한 성선택은 인류의 진화사 동안 더욱 강하게 작용했을 것이다.

여러 사회에서 남성과 여성은 서로 관심을 표현하기 위해 음악을 사용한다. 토요일 밤마다 러브마켓이 열리는 베트남 북부 고지대 마을 사파Sapa의 노래하는 젊은이부터 해가 질 무렵 세레나데를 부르는 18세기 이탈리아의 연인들까지 말이다. 음악을 하고 노래를 부르고 춤을 추는 것은 자신의 기량을 대중 앞에 드러내는 것이다. 라디오헤드Radiohead는 "누구나 기타를 칠 수 있다"고 말했지만, 전당포에 맡겨진 기타와 앰프, 드럼 키트를 보면 꼭 그렇진 않은 것 같다. 악기 연주를 배우기란 쉽지 않다. 거장의 수준에 오를 수 있는 이는 정말 극소수다. 많은 록 뮤지션이 독학으로 악기 연주를 터득했다는 사실은 수단과 기회가 제한적인 이에게 록 음악은 그들의 능력과 동기를 실현시키는 최선의 도구가 된다는 것을 보여준다. 이 모든 요소가 갖춰질 때, 우리는 현존하는 최고의 성적 과시 도구의 하나를 가지게 된다.

음악이 성적 과시 행동이라는 주장은 왜 우리가 고생해서 음악을 만드는지를 매우 잘 설명해준다. 또한 그런 주장은 왜 음악의 힘이 한갓 표현을 초월하여 그토록 숭고해질 수 있는지도 설명한다. 자연선택은 대개 단순한 기능을 선호한다. 치아는 일생 동안 매일같이 음식을 자르고 부수는 데 사용된다. 뼈는 활동적인 신체를 지탱할 만큼 튼튼하지만 지나치게 단단해져 너무 무거워지지는 않는다. 장은 모든 음식물에서 가능한 한 많은 영양분을 얻어내려 한다. 그러나 매력은 다르다. 계속 진화한다. 개체를 매력적으로 보이게 만드는 유전자는 단 몇 세대 만에 널리 퍼질 수 있고, 겨우 열 세대 전에 매력적이었던 형질이 오늘날에는 평범한 것이 될 수도 있다. 제프리 밀러는 다음과 같이 썼다.

> 지미 헨드릭스Jimi Hendrix 같은 호미니드 조상은 "그래. 우리 음악은 이 정도로도 충분하니까 여기까지만 할게."라고 말할 수 없었을 것이다. 왜냐하면 그들은 에릭 클랩튼Eric Clapton 같은 호미니드, 제리 가르시아Jerry Garcia 같은 호미니드, 존 레넌John Lennon 같은 호미니드와 경쟁하고 있었기 때문이다. 음악의 미학적·감정적인 힘은 성선택의 군비경쟁에서 우리에게 필요한 바로 그것이다.

음악이 단순히 재능 있고 뛰어난 몇몇이 섹스를 하기 위해 사용하는 도구에 그쳤다면, 음악은 지금만큼 큰 힘을 갖지 못했을 것이다. 그동안 음악을 만들고 춤을 추는 것은 (항상 그런 건 아니지만) 대부분 성인 또는 10대들을 집단으로 끌어들이는 일과 관련되어 있었다. 현대의 '부족'들도 마찬가지다. 젊은 남녀는 상대가 노래를 부르고 춤추는 능력을 관찰하고 즐기면서 누가 최고의 짝이 될 수 있는지 판단한다. 상대가 어려운 일을 하는 모습을 계속 지켜보는 것은 동물이 짝 후보의 유전적 자질을 평가하려는 것과 정확히 같은 종류의 행동이다.

음악은 춤과 함께할 때 더욱 강력한 구애의 수단이 된다. 나의 조부모 세대에서는 왈츠와 폭스트롯foxtrot을 출줄 아는 것이 사교적인 예의였다. 춤은 남녀가 대화를 할 수 있을 만큼 서로 가까이 다가가는 좋은 방법이다. 춤을 추지 못하는 사람은 그럴 기회도 잃는다. 내가 1990년대에 대학에 다닐 때 학교에서 가장 인기가 많은 동호회는 사교댄스 클럽으로, 일주일에 5일 밤은 4시간 연속으로 수업을 열었다. 파소도블레paso doble나 탱고tango를 능수능란하게 추면 강렬한 인상과 로맨틱함을 보여줄 수 있다. 하지만 서툰 막춤도 춤을 추는 이의 다정함, 능숙함, 조정력 등을 알릴 수 있다. (또는 그것이 부족하다는 것을 들킬 수 있다.)

최근 연구에서는 고속 비디오카메라를 이용하여 춤을 추는 남성의 움직임을 잡아내 컴퓨터에서 가상의 몸이 그 움직임을 모방하도록 했다. 그 애니메이션을 본 여성은 목과 몸통, 오른쪽 다리(대부분의 남성은 오른다리잡이였다.)를 구부리고 뒤트는 동작을 하며 더 격렬하게 춤을 추는 남성을 선호했다. 남성들은 춤을 출 때 여성에게 평가받는다는 것을 알기 때문에 내심 춤추기를 꺼려한다. 아마도 남성에게 춤은 여성의 비키니와 같은 것일 수도 있다.

20세기의 기술로 음악은 더욱 휴대하기 쉬워졌고, 사람들은 춤을 추고 유혹하고 고백하는 데 사용할 음악을 고를 수 있게 되었다. 록의 초창기에, 젊은 여성과 남성은 그들이 라디오나 차에서 어떤 음악을 듣는지 그리고 어떤 음반을 구매하는지로 서로의 취향, 정치관, 성격을 알릴 수 있었다. 나중에는 악기를 배우거나 큰 돈을 들이지 않고서도 믹스 테이프나 CD에 사랑과 마음을 담아서 선물로 줄 수 있었다. 오늘날 악기를 정통하게 다루는 사람은 많이 없지만, 대부분은 라이브 밴드나 디제이 또는 스피커가 있는 곳에서 사랑을 표현할 수 있다. 스피커로 노래를 들려주는 것은 직접 기타로 연주하는 것보다는 덜 인상적이지만 훨씬 더 쉽다. 우리는 우리가 사랑을 표현하는 데 사용할 음악을 연주하도록 아티스트와 계약을 하고, 그들에게 비용을 지불한다.

기술은 사람들이 자신만의 음악을 선택할 수 있게 해줌으로써 재즈, 로큰롤, 힙합 등 20세기 음악 발전의 발판이 되었다. 레코드 플레이어를 통해, 전 세계의 사람들은 밴드가 녹음한 곡을 똑같이 들을 수 있었다. 20세기 초반 재즈가 폭발적으로 유행하면서 연주자들은 그들이 가본 적도 없는 도시에서 엄청난 스타가 될 수 있었다. 이어서 사람들은 라디오와 텔레비전을 통해 이전에는 불가능했던 방식으로 음악을 들을 수 있었다. 전쟁 후 미국 전역이 호황을 누리고 중산층이 늘어나면서, 레코드 플레이어와 라디오는 흔한 가정제품이 되었고, 텔레비전도 금방 보급되었다. 이 시기의 십 대들은 이전 세대보다 돈을 벌기가 더 쉬웠으며 아이를 갖고 일자리를 구해야 한다는 압박을 덜 받았다. 그들은 갑자기 강력한 소비 집단이 되었다. 45rpm의 레코드 싱글을 구매하고, 주크박스를 틀고, 그들을 위해 제작된 라디오 프로그램을 경청했다.

이제 기술은 힙합 음악을 성장시켰다. 신세대는 붐박스, 믹스테이프, 샘플러로 자신만의 음악을 만들고 리메이크했다. 이러한 20세기의 기술 발전 이후, 가정의 각 구성원에게 서로 다른 음악을 파는 것이 가능해졌다. 10대 청년들은 부모의 지루하고 고리타분한 음악에서 벗어날 새로운 기회를 움켜쥐었다.


## 십 대 정신 Teen spirit

내가 내 돈을 직접 주고 산 첫 앨범은 U2의 〈언더 에이 블러드 레드 스카이Under a Blood Red Sky〉였다. 나는 열세 살이었고, 내 고등학교 친구들은 모두 그 곡을 연주했다. 열세 살은 자기가 원하는 음반을 사고 자기만의 음악 취향을 가지기 시작하는 나이이다. 사춘기 초기의 아이들은 자신의 부모나 손위 형제, 자매가 듣는 음악을 수동적으로 따라 소비하는 것을 멈추고 자신만의 음악 취향을 만들어가기 시작한다. 우리의 성적·사회적 정체성도 사춘기 및 성인 초기에 만들어진다. 섹스와 음악은 이때 밀접하게 얽힌다.

재미있는 사고 실험을 해보자. 가장 좋아하는 노래를 떠올리고, 언제 그 노래를 처음 들었는지 기억해보자. 나는 내가 좋아하는 밴드인 R.E.M의 〈루징 마이 릴리젼Losing my Religion〉을 떠올렸다. 그 노래를 처음 들었을 때 나는 스물한 살이었고, 대학 동기들과 방학을 즐기는 중이었다. 나는 독특한 만돌린 연주 부분에 매료됐고, 노래에서 그리는 슬픈 짝사랑에 사로잡혔다. (그 노래는 완벽히 나를 위한 노래였다.) 기억에 대한 연구에 따르면, 사람들은 성인기 후기나 아동기보다는 성인기 초기에 일어난 개인적 사건들을 더 잘 기억한다고 한다. 심리학자들은 이를 '추억 범프reminiscence bump'라고 부른다. 암스테르담 대학의 스티브 얀센Steve Janssen의 최근 연구에 따르면, 중년이 되었을 때 사람들이 가장 잘 기억하는 가수나 노래는 주로 16세와 21세 사이의 사춘기 말기 및 성인기 초기에 좋아했던 가수나 노래다.

이와 반대로 가장 좋아하는 책이나 영화를 물어보면, 사람들은 더 최근에 접한 것을 대답한다. 사춘기에 우리가 음악과 맺는 관계는 성인기 초기를 거치며 더욱 강력해지기 때문에, 16세와 21세 사이에 강한 음악적 추억 범프가 생긴다는 주장은 나름대로 일리가 있다. 이것은 우연이 아니다. 우리는 사랑에 빠졌을 때 음악을 듣고, 사랑이 깨졌을 때 음악을 들으며, 섹스에 눈을 뜨고 진정한 우정의 의미를 배워갈 때 음악을 듣는다. 우리가 어머니의 자궁을 떠나서 밝고 시끄러운 세상으로 나온 뒤, 가장 중요하고 위험한 전이 과정을 거쳐갈 때 우리가 따라가는 길이 바로 음악이다.

○ ○ ○

침팬지와 현생 인류 간의 가장 중요한 차이점을 알고 싶다면, 무엇보다도 발생 속도를 살펴보면 된다. 갓 태어난 침팬지의 뇌는 어른 침팬지의 반 정도 크기지만 갓 태어난 인간의 뇌는 어른 뇌의 4분의 1밖에 안 된다. 이것은 우리의 해부학적 결함 때문이다. 여성을 혐오하는 설계자 혹은 자연선택의 눈먼 점진적인 과정만이 그런 결함을 만들어낼 수 있다. 포유류의 새끼는 태어나려면 어미의 골반을 지나야 한다. 따라서 인간의 아이는 침팬지보다 상대적으로 덜 성숙한 채로 태어나며, 아이의 뇌와 신체는 성장하는 데 더 오랜 시간이 걸린다. 침팬지는 기능적으로 완전한 성인이 될 때까지 10년이 걸린다. 하지만 인간은 10대 후반이 되어서야 성숙한다. 아동기와 청소년기가 길어진 것은 인간이 다른 유인원에서 분화되면서 나타난 가장 중요한 진화적 변화 중 하나다. 긴 청소년기에 대한 그럴듯한 이유 중 하나는, 우리의 뇌는 훨씬 더 정교하기 때문에 (복잡한 사회 생활과 성 생활은 큰 뇌를 가졌을 때만 가능하다.) 생식을 위한 준비에 더 오랜 시간이 필요했다는 것이다.

어린 소년은 수염이나 커다란 상체 근육이 없고, 젊은 남성에게 나타나는 섹스에 대한 끈질긴 관심이나 섬뜩한 공격성을 보이지 않는다. 사실 그런 생각을 한다는 것 자체가 정말 역겹다. 마찬가지로 어린 소녀도 가슴이 발달하지 않고 배란이 일어나지 않으며 생리를 하지 않는다. 만약 소녀에게 그런 일이 일어나면 신문 표제 기사 거리가 된다. 하지만 자연선택은 이런 모든 변화가 일어나는 시기를 조율할 때도, 더 명확한 형질(예를 들어 위 내 효소들의 작용 방식)을 조절할 때와 유사한 방식으로 처리한다. 사춘기가 될 때까지 가슴이 커지고 수염이 자랄 일은 없다. 왜냐하면 어린아이는 그런 형질이 필요 없기 때문이다. 대신 아이들은 빨리 성장하려고 하며, 걷기, 말하기, 무엇을 먹을지 등 살아가기 위해 일반적으로 배워야 하는 것을 가능한 빨리 배우려고 한다. 자연선택은 사춘기의 시기를 조절하여, 우리 선조들이 성인의 특성을 가질 필요가 있는 나이에 도달했을 때 우리 몸이 이차성징을 나타내도록 했다. 어린아이가 성인 남녀로 성장하는 동안 수염이나 가슴, 생리처럼 뇌도 성인의 것으로 발달하면서, 그들을 어른 세계에서 사회적으로 성공할 수 있도록 준비시킨다.

아이의 상태에서 성인 남녀 상태로 성장하기까지 우리 몸, 특히 뇌는 호르몬에 따라 엄청나게 변화한다. 청소년은 신체적 변화를 받아들이는 법을 배워야 할 뿐만 아니라 더 다양하고 강렬해진 감정을 다루는 법도 배워야 한다. 그들은 성인의 복잡한 관계, 규율, 관습을 다루는 법을 배운다. 또한 그들은 동성의 다른 친구와 동맹 관계를 맺고, 깨고, 다시 동맹을 맺는 법을 배운다. 그리고 그들은 당황스러운 시행착오를 통해 사랑의 모호한 법칙들을 배운다. 어떻게 사랑하고 사랑받는지, 상대가 마음을 줄 때 어떻게 그것을 눈치채고, 거절당했을 때 어떻게 침착함을 유지하는지 등에 대해서 말이다. 그 밖에도 청소년들은 자신과 진화적·사회적으로 연관되어 있는 부모와의 관계도 정립해야 한다. 부모 또한 그동안 애지중지 키워온 아이를 떠나보내야 하는 서툰 변화를 겪는다. 사춘기를 경험하는 청소년들이 젊음을 즐길 만한 자신감이나 균형감이 부족한 것은 당연하다.

10대에는 자아정체성과 씨름하기 시작한다. 나는 누구인가? 무엇을 위해 사는가? 다른 이들은 나를 어떻게 생각하나? 그리고 가장 중요한 질문, 오로지 나만 이렇게 느끼고 생각하는 것인가? 일관된 정체성을 형성하는 것은 우리가 일생에서 해결해야 하는 가장 중요한 문제 중 하나다. 그리고 사춘기 후기와 성인기 초기는 우리의 정체성을 결정함에 있어 가장 중요한 시기다. 사춘기의 뇌는 자신이 타인을 어떻게 생각하는지와 타인이 나를 어떻게 판단하는지 기억할 만큼 충분히 성숙해졌다. 또한 사춘기의 뇌는 타인의 마음이 어떻게 작동하는지, 나의 마음과는 어떤 차이가 있는지에 대해 불완전하게나마 파악하기 시작한다. 그 밖에도 청소년들은 사회적 지위에 대한 물음도 이해하기 시작한다. 여기서 사회적지위란 부모에게 물려받는 지위와 자신의 능력 및 노력, 함께 어울리는 사람 등에 의해 만들어지는 지위가 모두가 해당된다.

'음악은 거친 영혼을 진정시킨다', 그리고 여기서 거친 영혼이란 10대를 뜻한다. 좋은 음악은 사춘기의 거친 격동을 꽤 진정시킬 수 있다. 사춘기의 청소년은 성인의 다채로운 감정들을 표현해내고, 더욱 복잡해진 사회 속에서 자신의 자리를 찾아가는 법을 배우는 데 음악이 도움이 된다는 것을 깨닫곤 한다. 선생님들도 엄청나게 애쓰고 있지만, 10대들은 고등학교에서 배우는 것만으로는 부족하다. 셰익스피어나 크랩스 회로, 미분도 중요하지만, 청소년들은 그보다 더 오래된 다른 배울 거리에 집중하곤 한다. 그것은 10

대 그들에 대한 것이고, 사람과 사회가 어떻게 작동하는지에 대한 것이며, 사랑과 섹스, 그리고 그에 동반되는 복잡한 일들에 대한 것이다. 척 베리Chuck Berry의 〈스쿨 데이즈School Days〉에서부터 브루스 스프링스틴Bruce Springsteen의 〈노 서렌더No Surrender〉까지, 로큰롤은 오랫동안 학교와 현실의 교착점에 있었다.

교육 연구를 통해, 섬세한 작가나 음악가에게 분명히 나타나던 다음의 세 가지 사실이 증명됐다. 첫 번째는 우리는 이야기에서 배운다는 것이며, 두 번째는 우리는 즐길 때 학습 효과가 가장 높다는 것이다. 마지막은 젊은 사람들은 동년배 혹은 그들보다 나이가 약간 더 많은 사람에게 배울 때 더 잘 받아들인다는 것이다. 이를 볼 때 대중음악은 가장 훌륭한 학습 수단이라는 것을 알 수 있다. 배리 파버Barry A. Farber의 흥미로운 책 《로큰롤의 지혜Rock 'n' Roll Wisdom》는 우정에서 우울, 정체성에서 죽음까지, 록의 가사에 내포된 교훈을 심리학적 관점에서 소개하고 있다. 록에는 진부하고, 평범하고, 터무니없는 가사가 많지만 일부 노래는 지혜를 담고 있다. 그러나 이 지혜들은 쉽게 증발해버릴 수 있기 때문에 커다란 경고 표지를 붙인 작은 병에 조심스럽게 싸서 팔아야 할 정도이다. 그렇기 때문에 훌륭한 작사가인 밥 딜런Bob Dylan, 패티 스미스Patti Smith, 레너드 코언Leonard Cohen은 뛰어난 시인으로도 여겨진다.

록의 시대에 10대 청소년들은 음악에서 편안함과 유대감을 찾았을 뿐만 아니라 많은 지혜도 얻었다. 아티스트는 그들의 청중보다 나이가 약간 더 많은 수준이었기 때문에, 그들은 동년배로서의 신뢰감과 조금 더 어른이라는 권위를 함께 얻었다. 자기가 가장 좋아하는 가수가 탐닉, 분노, 무력감을 노래하면 그 메시지는 금방 전달된다. 우리는 어떤 노래가 바로 나 자신을 위해 쓰였다고 한번쯤 느낀 적이 있을 것이다. 물론 음악이 20세기에 발명된 것도 아니고, 지난 10년 동안의 모든 대중음악이 그랬던 것처럼 모차르트, 푸치니, 베르디의 오페라도 사랑, 우정, 갈등을 이야기했을 것이다. 돈 지오반니don Giovanni는 바로 로큰롤 배드 보이의 전신이 아닐까? 하지만 대중음악의 힘은 그 친밀성에 있다. 노래의 주제가 매우 오래된 것이라도, 또 옛날 노래들은 지금의 젊은이들의 심정을 대변하지 못하는 것처럼 보일지라도, 중요한 것은 대중음악의 청중은 그 노래를 소유하고 있으며 그 노래와 관련되어 있다고 느낀다는 것이다. 이제 누가 이탈리아 어로 노래해야만 했던 과거의 유럽인들에게 신경쓰겠는가?

## 상대를 알아가기 Getting to know you

10대 청소년 또는 젊은 사람들은 처음 만나면 음악에 관한 이야기로 대화를 시작할 것이다. 제이슨 렌트프로우Jason Rentfrow와 샘 고슬링Sam Gosling은 텍사스 대학교에서 60명의 학부생을 두 명씩 짝을 지은 뒤 온라인 채팅을 통해 서로를 알아가도록 실험을 진행했다. 첫 주 동안 참가자의 60퍼센트는 책, 옷, 영화, 텔레비전, 스포츠보다 음악에 대해 더 많이 이야기했다. 렌트프로우와 고슬링은 사람들이 인터넷 데이트 사이트에 올린 프로필도 분석했는데, 그 결과도 같은 패턴을 보였다. 사람들의 프로필에는 좋아하는 밴드나 음악이 주로 쓰여 있었다. 사람들은 자신이 누구인지 알리기 위해 음악 취향을 말할 뿐만 아니라, 상대를 평가함에 있어서도 음악 취향이 꽤 괜찮은 선별 수단이 될 수 있다고 생각한다.

이어진 연구에서, 렌트프로우와 고슬링의 연구진은 음악 취향이 사람의 성격과 잘 연결될 수 있음을 밝혔다. (323쪽 표 참고. 이 표는 성격의 5대 요소와 핵심 6요소를 보여준다.) 그들은 2,000명의 실험대상자의 성향을 분석한 후 음악 취향에 따라 사람들을 네 가지 성향으로 구분할 수 있음을 알아냈다.

- **사색적이고 복잡한 취향**Reflective and Complex – 블루스, 재즈, 클래식, 포크 음악을 좋아하는 사람은 감정이 차분하고, 새로운 것에 개방적이며, 평균 이상의 지능과 어휘 능력을 지닌다.
- **치열하고 반항적인 취향**Intense and Rebellious – 록, 얼터너티브, 헤비메탈을 좋아하는 사람은 개방적이고, 활동적이며, 평균 이상의 지능과 어휘 능력을 지닌다.
- **긍정적이고 전통적인 취향**Upbeat and Conversational – 컨트리, 영화 음악, 종교 음악, 팝 음악을 좋아하는 사람은 쾌활하고, 외향적이며, 성실하고, 정치적으로 보수적이며, 부유하고, 활동적이다. 그리고 낮은 개방성, 낮은 우월감, 낮은 어휘 능력을 보인다. 나는 팝을 좋아하는 사람에게 무언가 내가 이해할 수 없는 것이 있다고 생각했다.
- **열정적이고 율동적인 취향**Energetic and Rhythmic – 랩 또는 힙

합, 소울, 펑크, 일렉트로닉을 좋아하는 사람은 매우 외향적이고, 쾌활하며, 활동적이다. 또한 쉽게 자기 생각을 털어놓곤 하며, 정치적으로 자유주의자인 경우가 많다.

음악 취향과 성격의 이러한 연관성은 임의적인 것이다. 성격이 다르면 서로 다른 경험과 자극을 찾고, 따라서 취향도 다르다. 음악의 종류가 정말 다양한 원인 중 하나는 사람들의 성격이 다양하기 때문일 것이다.

어떤 밴드나 노래를 선호하는지 보면 더 정확한 성격을 알 수 있다. 1990년대에 너바나Nirvana, RATMRage Against the Machine처럼 정치적으로 진보 성향인 밴드와 건즈 앤 로지즈Guns 'n' Roses나 본 조비Bon Jovi처럼 조금 진부하고 거창하며 반사회적인 음악 사이에는 세계관이나 정치관에서 큰 차이가 있다. 록에 관심이 없거나 덜 골수인 록 팬들에게는* 이들 모두가 거칠게 기타 소리를 내는 로커로 여겨질 테지만 말이다. 밴드의 정체성이나 이미지가 그 밴드의 매력을 만든다. 성격 유형을 음악 취향에 따라 구분하는 것에서 알 수 있듯이, 팬들도 자신의 성격과 잘 맞는 성향의 밴드를 좋아한다. 우리는 우리가 듣고 이야기하는 음악을 통해, 그리고 우리가 입고 보여주는 밴드의 물품을 통해 우리의 성격을 알린다.

음악 취향은 좋은 신호가 된다. 왜냐하면 음악 취향은 원한다고 속일 수 있는 것이 아니기 때문이다. 내 음악 취향은 '치열하고

---

* 그리고 21세기의 클래식 록 라디오 방송국에게도.

반항적인 취향'과 '사색적이고 복잡한 취향' 사이 중간쯤에 있고, 약간은 '열정적이고 율동적인 취향'이기도 하다. 내가 힙합 음악을 좋아하는 척하기는 어렵다. 왜냐하면 열렬한 힙합 팬이라면 내가 트릭 대디Trick Daddy와 디디Diddy, 제이지Jay-Z와 제이스무스J-smooth 를 구분하지 못하는 것을 바로 알아차릴 수 있기 때문이다. 조금이 라도 그들의 대화에 끼어들려면 나는 그들의 음악을 듣고 지금까 지 그들이 이룩한 업적을 모두 살펴봐야 할 수도 있다. 우리 실험 실 동료들이 좋아하는 제프랩zef-rap의 소식을 빠짐없이 챙기는 것 도 쉽지 않은 일이다.

사람들은 밴드의 음악을 듣고 (주로 차에서 소리를 크게 키워 놓 고 듣는다.) 그들에 대해 이야기하고, 그들이 나온 음악 잡지나 가십 잡지를 읽고, 밴드 이름이 새겨진 티셔츠를 입고 다니면서 그 밴드 를 알린다. 라모네즈Ramones는 1996년에 활동을 중단했으며 핵심 멤버도 이미 고인이 되었지만, 라모네즈의 티셔츠는 아직도 잘 팔 린다. 새로 나온 라모네즈 티셔츠는 21세기 초반에도 '난 신경 안 써'라는 뜻을 가장 확실하게 나타내는 수단이다.* AC/DC, 롤링스 톤스, KISS, 나인 인치 네일스Nine Inch Nails, 건즈 앤 로지즈, 메탈리 카 등의 밴드가 사용하는 문양은 상업적으로 잘 알려진 로고이기 도 하다. 좋아하는 밴드의 티셔츠를 사고 싶은 욕구가 지나친 나 머지, 어떤 광팬들은 밴드의 문양으로 문신을 새기기도 한다. 어떤

---

* 펑크의 진정한 계승자는 '제2의 라모네즈'도, '섹스 피스톨즈의 부활'도 아니다. 세계로 눈 을 돌려보라. 케이프타운에는 디 앤트보르트(Die Antwoord)가 있다.

## 성격의 5대 요소와 핵심 6요소

성격은 매우 복잡하며, 완전히 똑같은 사람은 없다. 하지만 그토록 다양한 성격을 몇 개의 범주로 구분할 수는 있다. 이것은 성격 심리학의 오랜 목표이기도 하다. 가장 널리 알려진 분류법은 5대 요소 또는 5요소 모델이다. 여기서 성격은 개방성Openness, 성실성Conscientiousness, 외향성Extraversion, 친화성Agreeableness, 신경증성Neuroticism의 다섯 가지 기준에 따라 구분된다. (이 다섯 요소를 앞 철자를 따서 OCEAN이라고 부른다.)

어떤 형질은 함께 나타나기도 한다. 상상력이 풍부하고 모험적이며 통찰력이 뛰어난 사람은 관심도 넓고 호기심이 많다. 이러한 모든 성향을 갖고 있는 사람은 '**개방성**' 측면에서 높은 점수를 받는다. 다른 측면은 다음과 같다.

- **성실성** 사려 깊고 자제력이 있으며, 목표 지향적이고 조직적이며 세심한 부분까지 살피는 성향
- **외향성** 이야기하지 좋아하고 사회적이며 표현적인 성향
- **친화성** 친절하고 다정하며 호혜적이고, 믿음이 가고, 협동적인 성향
- **신경증성** 근심스러우며 침울하고, 민감하며 감정적으로 불안한 성향 때때로 신경성은 감정 안정성Emotional Stability라고도 불린다. 웹에서 성격의 5대 요소를 검색해보면 테스트를 포함하여 정말 많은 정보가 있다. 그중에서도 샘 고슬링의 웹사이트(www.outofservice.com/bigfive)를 추천한다.

어떤 심리학자는 성격의 요소에 인지 능력과 관련된 다양한 테스트를 얼마나 잘 수행하는지를 나타내는 '일반 지능General Intelligence'을 포함시키기도 한다. 일반 지능이 포함되면, 5대 요소Big Five는 핵심 6요소Central Six가 된다.

음악을 좋아하는지 나타내는 외형적 신호는 10대들이 마음에 맞는 친구를 찾는 가장 효과적인 수단이며, 서로를 알아가는 대화의 첫 마디가 된다.

음악 취향은 성격뿐만 아니라 지위를 나타내기도 한다. 학교와 체제를 반대하는 하위문화는 스포츠 또는 헤비메탈, 랩, 컨트리 같은 특정 음악 장르를 중심으로 형성된다. 록도 초창기에는 사회경제적 지위가 낮은 사람들의 하위문화였다. 그들은 그 음악 장르에 대한 깊은 지식이 통용되는 그들만의 세계에 은둔하며 사회적 소외감을 치유하기도 한다. 이와 대조적으로, 행복한 사회 및 가정의 삶을 누리는 학생(나중에 어른이 되었을 때 높은 지위를 누릴 가능성이 높은 10대들)은 팝처럼 대중적인 음악이나, 포크나 블루스처럼 사색적인 음악, 그리고 클래식이나 오페라처럼 젊은 층이 선호하지 않는 음악 등 받아들이는 음악 장르의 폭이 넓다. 아마도 사회경제적 지위가 높을수록 지식과 사회적 기술도 높으므로 다양한 음악을 즐길 수 있는 것 같다. 아니면 다양한 음악을 즐기는 능력과 다양한 집단과 어울리는 능력은 실제로 높은 지위로 이어진 결과일 수도 있다. 이것은 마치 정치인이 선거를 위해 지역 주민들과 연줄을 만드는 것과 같다.

## 섹스를 기억하다 Remembering sex

10대와 청소년들이 성과 사랑, 섹스의 세계에 발을 내딛기 시작할 때 대중음악이 그들의 삶에 미치는 영향력을 볼 때, 대중음악의 힘이 구애와 섹스에서 나온다는 것은 분명한 것 같다. 하지만 중장년층의 경우는 어떨까? 중년이 되어서도 우리의 기억 속에는 특별한 누군가를 처음 만나서 춤을 추고 섹스를 했을 때 듣던 음악이 깊이 남아 있다. 우리가 청년기에 듣던 음악을 가장 행복하게 기억한다는 '추억 범프'는 우리의 음악적 정체성과 성적 정체성 간의 긴밀한 연관 관계를 다시금 확인시켜준다.

　노인이 되어서도 사람들은 그들의 정체성을 이해하고 발달시키며, 다른 사람과 대화하고 평온함을 누리고 마음을 표현하는 데 음악이 도움이 된다고 말한다. 이것은 어릴 때 듣는 음악의 역할과 매우 흡사하다. 차이가 있다면 단지 나이가 들어서는 추억과 함께, 때로는 잃어버린 젊음을 후회하면서, 젊은이에게 아직 짐이 되고 있지 않다는 기분으로 음악을 듣는 것뿐이다. 이것은 우리가 거금을 내고 오래된 밴드의 재결합 콘서트에 가거나, 우리 젊음의 이면에서 한동안 잊혀졌던 모습을 보려고 하는 이유이다. 내가 좋아하는 호주의 작가인 마크 대핀Mark Dapin은 재결합 콘서트에 어울릴 만한 문구를 나에게 알려주었다. 이 문구는 역사학자 티머시 가튼 애쉬Timothy Garton Ash가 이제 60대가 된 체코의 팝 그룹 골든 키즈 Golden Kids의 재결합 콘서트에서 관중을 묘사한 것이다.

　그들은 함께 박수 쳤다. 하지만 골든 키즈가 〈수잔Suzanne〉을 부를 때는 오로지 침묵만 감돌았다. ⋯ 후회로 굳어지기도, 또는 후회로 가득 차기도. 섹스를 기억하는 중년의 침묵.

# 소년에 대하여

**About a boy**

**좋은 뜻으로 시작해, 가난에서 벗어났다 …
우리는 그냥 이렇게 있으면서 미친 듯이 즐길 거야!**

사운드가든(Soundgarden)과 펄 잼(Pearl Jam)의 드러머 맷 캐머런(Matt Cameron),
2010년 그런지(grunge)*를 시작하며,

*grunge, 시애틀에서 유래한 매우 시끄러운 록 음악 — 옮긴이 주

록은 성적 혁명sexual revolution의 음악이다.

하지만, 페미니즘의 제2의 물결은 록을 그냥 비켜간 것 같다.

록을 하는 사람의 대부분은 남자다.

이 사실은 록에 성차별적인 측면이 있다는 것을 암시하는 동시에,

생물학적 성차를 만들어내는 과정의 특징을 보여주기도 한다.

이 장에서, 나는 록 음악이 (보통 남성들 간의 끈끈한 동료애를 통해)

다른 경쟁집단의 남성들을 제치고

여성을 유혹하려는 남성 뮤지션들의 진화적인 의도의

영향을 받았다고 주장할 것이다.

2002년 3월, BBC 6 Music이 개국했다. BBC 6 Music은 팝과 록 음악을 좋아하는 사람을 위한 라디오 방송국으로, '중요한 음악에 더 가까이'를 모토로 삼았다. BBC 6 Music은 1960년대 이후의 대중음악을 주로 다루고 음악 전문가를 사회자로 내세우면서, 다양한 라이브, 쉽게 접할 수 없는 녹음물, 다큐멘터리 자료나 인터뷰를 제공하며 엄청난 성공을 거두었다. 문자로도 가능한 온라인 메시지 창을 통해 청취자들과 소통하기도 했다. 청취자는 주로 열성적이고 열렬한, 남자들이었다. 너무 남자들밖에 없어서, BBC는 2007년 말에 여성 청취자를 늘리기 위해 여성이 좋아할 만한 인기 디제이를 영입하는 등의 변화를 주었다. 이러한 변화는 6 Music의 기존 청취자에게는 마치 레드 제플린Led Zeppelin 재결합 콘서트의 드럼 연주를 〈브리튼 갓 탤런트Britain's Got Talent〉의 수전 보일Susan Boyle에게 맡기겠다는 것처럼 보였다.

BBC의 대중음악파트를 이끌고 있던 레슬리 더글러스Lesley Douglas는 이러한 변화를 설명하기 위해 남녀가 음악을 듣는 방식이 서로 다르다고 주장했다. '여자는 음악에 감성적으로 반응하는 경향이 있다. 반면 남자는 음악과 관련된 지식에 더 관심을 보인다. 앨범이 어디에서 만들어졌는지 등에 대한 정보처럼 말이다'. 당연히 더글러스의 의견은 여성 음악 저널리스트를 포함한 수많은 사람들에게 전혀 먹히지 않았다.

BBC 6 Music의 사례와 그에 대한 더글러스의 논평이 돌발사건은 아니다. 2004년 〈롤링 스톤Rolling Stone〉 지는 로큰롤 50주년을 기념하기 위해 음악가, 작가, 음반사 관계자에게 지난 50년간 록에 가장 큰 영향력을 미친 아티스트가 누구라고 생각하는지 물어보았다. 조사 결과 선정된 322명의 솔로 아티스트와 밴드 구성원들 중에서 여자는 겨우 26명밖에 되지 않았고, 나머지 296명은 남자였다. 가장 높은 순위를 차지한 여성은 9위의 어리사 프랭클린Aretha Franklin이었고, 그 위로는 비틀즈, 밥 딜런, 엘비스, 롤링스톤스, 척 베리, 지미 헨드릭스, 제임스 브라운James Brown, 리틀 리처드Little Richard가 있었다.

비록 투표에 참여한 52명의 패널 중에서 여성은 오로지 두 명밖에 없었지만, 〈롤링 스톤〉 지가 여성 아티스트에 대한 반감을 가지고 이 리스트를 만들진 않았을 것이다. 사실, 이 리스트에서는 록이 남성에게 편향되어 있다는 사실이 오히려 과소평가되어 나타난다. 26명의 여성 중 14명은 세 개의 밴드—76위의 더 셔렐즈The Shirelles, 96위의 마사 앤 더 반델라스Martha and the Vandellas, 97위의 다이애나 로스 앤 더 슈프림스Diana Ross and the Supremes—에 속해 있다. 이 밴드들이 불멸의 밴드로 불릴 가치가 있다고 해도, 또 지난 50년 동안 대중음악의 역사에서 중요한 역할을 했다고 해도, 그들을 록 밴드로 생각하는 사람은 없다.

더글러스가 그랬던 것처럼 '감성적', '지식' 등의 단어를 덜 사용하면서 성차를 언급하기란 매우 어려운 일이다. 그리고 남녀 간에 나타나는 진화된 생물학적 차이가 록 아티스트의 성비 불균등의 부분적인 이유라고 주장하는 것은—몇몇 비평가가 주장하듯—수 세기 동안 이어진 성차별적 억압을 정당화할 위험이 있다. 그 결과, 양성 평등을 위한 싸움이 매우 중요할 뿐만 아니라 아직 끝난 것이 아니라는 사실을 알고 있는 사람은 (여기에는 나 자신 뿐만 아니라 여러 훌륭한 진화생물학자도 포함된다.) 인간의 성차에 대한 물음을 다루기를 두려워하게 된다.

하지만 여기에 문제가 있다. 분명히 남자와 여자는 정말 많이 다르다. 자폐아로 태어날 확률부터 살인죄로 처형당하는 비율까지 여러 부분에서 다르다. 그리고 이것은 남자와 여자 사이에 존재할 수밖에 없는 생물학적인 차이에서 비롯되었다. 이 책에서 로큰롤 세계의 남초 현상을 조사하는 이유는 성차의 위험하고 불안정한 바탕을 살펴보고, 어떻게 그런 차이가 나타나며 어떤 의미를 지니는지 이해하기 위해서다.

멋진 음악을 만들어내는 능력에 남녀 간 차이가 있다고 말하려는 것이 아니다. 어린 시절에 남녀는 비슷한 음악 능력을 보인다. 어린이들에게 악기 연주를 하고 싶은지 물어봤을 때 그리고 싶다고 대답한 아이의 수는 남아와 여아에서 비슷하게 나타나며, 초등생 사이에서는 음악적 재능에 뚜렷한 성차가 보이지 않는다. 오래전부터 대중음악은 남성이 주도해왔으나, 1950년대 이후 사회적 제약이 줄어들면서 여성의 참여가 꾸준히 증가하고 있다. 1958년부터 시작된 빌보드 순위에서 1위를 한 곡을 살펴보면 여성 참여가 증가하고 있다는 사실을 확인할 수 있다. 1960년대 이전에는 1위 곡의 15퍼센트만 여성이었지만 2009년에 34퍼센트까지 늘었다. 즉, 오늘날 가장 인기 있는 대중 가요의 세 곡 중 하나는 여성이 부른 곡이다. 이 추세라면 2030년 즈음에는 그 비율이 같아질 것이다. 여성의 음악은 분명 남성이 만든 것만큼 훌륭하고 인기도 높아지고 있다.

한편 여성은 디스코, 댄스, 팝 등의 장르에서는 인기를 얻고 있지만, 록이나 알앤비, 소울 등의 장르에서는 그렇지 못하고 있다. 음악비평가와 마케팅 담당자들은 스타일과 영향력 간의 불협화음을 조율하기 위해서 음악을 이상한 분류체계로 나누고 있다. 하지만 음악 분류는 여러 뮤지션의 창의성을 무너뜨리며 그들의 작업

표. 빌보드 1위에 오른 여성 아티스트의 비율(%)

| 시기 | 모든 장르 | 록 | 팝 | R&B/소울 | 디스코/댄스 | 힙합/랩 |
|---|---|---|---|---|---|---|
| 1960년대 | 15 | 1 | 20 | 9 | | |
| 1970년대 | 18 | 5 | 20 | 12 | 35 | |
| 1980년대 | 18 | 7 | 27 | 13 | 41 | 0 |
| 1990년대 | 32 | 11 | 54 | 10 | 48 | 10 |
| 2000년대 | 34 | 12 | 45 | 11 | 48 | 19 |

기회를 제한한다. 여성의 음악이 '록'이라는 장르에 덜 편입되는 이유가 음악의 질 때문인지 아니면 단지 여성이 만든 음악이기 때문인지 파악하기란 어렵다. 하지만 로큰롤이 폭발하면서 여성 뮤지션에게 로큰롤을 할 기회도 분명히 늘어났다.

1949년과 1953년 사이, 로큰롤이 음악 시장을 장악하기 직전에, 인기곡의 34퍼센트는 여성이 부른 것이었다. 하지만 1957년과 1960년 사이에는 록이 대중음악을 장악하면서 그 비율은 12퍼센트로 떨어졌다. 1960년대에 여성은 록 부분의 빌보드 1위곡들 중에서 오로지 1퍼센트를 차지할 뿐이었다. 그리고 이 수치는 최근에 겨우 12퍼센트로 늘어났다. 지난 20년간 빌보드 1위곡에서 여성 가수의 비율이 꽤 늘어난 이유는 록이 몰락했기 때문이다. 1960년대부터 80년대까지 빌보드 1위곡의 40퍼센트에서 50퍼센트가록이었지만, 1990년대는 그 비율이 10퍼센트로 줄었고, 2000년대에는 더 떨어졌다.

이 장에서 나는 성난 젊은 남성들이 그들의 진화적 의제를 실현시키기 위해서 주기적으로 음악을 이용해왔다고 주장하려 한다. 그리고 이런 일은 현재 랩 음악에서 다시 일어나고 있다. 랩 음악은 록이 주류에서 몰락할 때 가장 큰 수혜를 입은 장르 중 하나다. 이런 일이 일어난 것은 아마도 음악의 역사만큼이나 오래되었을 것이다. 재즈, 블루스, 레게가 나타날 때도 일어났다. 원조 로큰롤러였던 볼프강 아마데우스 모차르트를 탄생시킨 힘이었을 수도 있다. 이 가설은 스포츠나 문학 등 다른 연구 분야에도 적용될 수 있다. 하지만 록이 가장 재미있는 연구 주제다.

## 차이 La difference

나는 9장에서 음악을 만드는 능력이 부분적으로 성선택에 의해 진화했다고 주장했다. 음악을 하지 않는 사람에게도 음악을 듣고 음악에 맞춰 춤추는 것은 사랑을 표현하고 사랑을 배워가기 위한 필수 요소이다. 하지만 남자와 여자는 섹스, 사랑, 구애에 대해 서로 다른 의도를 갖고 있다. 이 차이는 작고 사소하지만, 화성과 금성만큼 멀리 떨어져 있는 것 같기도 하다. 적어도 화성과 금성 운운하는 자기계발서에서 다뤄지는 남녀 차이 정도는 말이다.

정말 다른 두 행성에서 온 사람들이 만나는 모습을 보고 싶다면 성차에 대한 문헌을 살펴보면 된다. 수성은 사회구성주의자가 사는 행성, 천왕성은 유전자결정론자가 사는 행성이라고 하자. 동물의 성선택을 공부하는 생물학자는 암수의 번식 방법의 차이가 행동과 해부 구조의 차이로 이어진다는 사실을 당연하게 생각한다. 하지만 천왕성의 느림보 유전자결정론자들은 동물에 대한 틀에 박힌 생각만 하며 인간에게 있어 '자연스러운 것'을 규정하려고 한다. 가끔 그들은 그들만의 동굴에서 나와 '여자는 지도를 읽지 못한다'거나 '남자는 한번에 여러 주제로 대화하지 못한다'라고 주장한다. 이런 과도한 단순화는 보통 상상력이 부족하기 때문이며, 또한 그들은 항상 틀린 주장만 한다. 나는 성차에 대한 그런 어설픈 설명 방식은 언급하고 싶지도, 칭찬하고 싶지도 않다.

안타깝게도 악마에게서 나온 아이디어라고 해서 그 아이디어가 반드시 거짓인 것은 아니다. 태양계의 한쪽 끝 수성에 사는 사회구성주의자들은 세상이 너무 변화무쌍해서 남녀 차이도 경험의 차이일 뿐이며, 성차는 사람들이 그들의 고정관념에 따라 남자아이와 여자아이를 대할 때 나타나는 사회적 구성물이라고 믿는다. 사람들은 사회구성주의자가 성차와 그것이 사회에 미치는 영향에 대해 더 깊이 이해하고 있다고 생각한다. 하지만 사회구성주의자는 유전과 환경이 어떻게 복합적으로 작용하는지를 이해하려고 노력하기보다는, '성차별주의'를 버리면서 인간의 생물학적 측면도 함께 내버리는 오류를 범하며 성은 생물학과 무관하다는 믿기 힘든 주장을 선호한다.

라디오 청취자들이 예전의 익숙한 노래를 좋아하는 것처럼, 언론 매체와 그 수용자들도 단순히 양측이 대립하는 예전의 익숙한 이야깃거리를 좋아한다. 변덕스러운 양육 대 불변하는 본성, 사회적으로 구성된 환경 대 진화한 유전자, 현대적 문화 대 원시적 진화에 대한 이야기는 잊을 만하면 다시 나오는 진부한 이야기 중 하나다. 남녀 차이가 고정된 것이라는 생물학적 입장과 언제든 바뀔 수 있다는 사회구성주의적 입장은 서로 으르렁거리기만 하고 가장 중요한 부분을 똑같이 놓치고 있다. 배아의 성을 결정하는 작은 유전적 스위치를 '발생 스위치developmental switch'라고 한다. 그 스위치는 배아는 물론 나중에는 아이, 청소년, 심지어 어른에 이르기까지 성장, 발달, 학습 과정을 결정한다. 그리고 이 과정들은 유전자와 환경, 생물학적 신체와 문화의 상호작용으로 나타난다. 이처럼 발생 과정에서의 상호작용은 개체가 발달하는 조건에 따라 신체 및 행동 레퍼토리를 구체적으로 발현시킨다.

밤마다 몇 시간 동안 노래하며 암컷을 유혹하는 수컷 귀뚜라미는 유전자와 환경의 상호작용을 분명하게 보여주고 있다. 우리 실험실의 마이클 카슈모빅Michael Kasumovic 박사는 여러 수컷의 노랫소리를 듣고 자란 어린 수컷 귀뚜라미일수록 다른 귀뚜라미에 비해 더 큰 몸집을 가지도록 성장하는데, 이것은 미래에 주변의 다른 수컷들과 경쟁할 수 있도록 에너지를 더 많이 저장하기 위해서라는 사실을 밝혀냈다. 수컷의 노랫소리를 적게 듣고 자란 어린 귀뚜라미는 그렇지 않은 귀뚜라미에 비해 2~3일 더 일찍 성체가 되었고, 주변에 경쟁자가 적을 때 노래를 부르며 암컷을 유혹하는 것을 선호했다. 하지만 암컷 귀뚜라미는 반대였다. 주변에 매력적인 수컷이 많다고 생각한 암컷은 빨리 성장했고, 수컷의 수가 적다고 생각한 암컷은 늦게 성체가 됐다. 여기서 볼 수 있듯이 귀뚜라미의 전략은 완전히 유전적이거나 완전히 환경에 의해서만 결정되는 것이 아니다. 자연선택은 주변에서 노래를 하는 수컷의 수와 그 귀뚜라미의 성 모두에 의존하여 발달 과정이 이루어지도록 유전자를 만들어왔다. 비슷하게, 남자와 여자도 서로 다른 방식으로 주어진 상황에서 최선을 다한다.

환경에 대한 행동의 반응에도 성차가 있다. 이 책에서 나는 우리의 진화된 생명 작용과 경제적 환경이 상호작용하여 가정에서의 성 역할, 결혼 방식, 이혼, 출생률, 비만, 아동 성비에 영향을 준다고 주장했다. 거의 대부분의 남녀의 행동은 서로 겹치는 부분이 많다. 또한 남녀가 일터, 가정, 사회에 대한 참여에 제약이 없고, 아이를 언제 얼마나 낳고 양육에 얼마나 노력을 쏟을지 등에 대한 협력적 갈등을 다루는 데 동등한 위치에 있다면, 평균적 성차는 정말 작다. 경제학자는 개개인의 행동이 더해져서 '총체적 결과aggregate outcome'라고 부르는 큰 규모의 패턴이 된다고 말한다. 진화생물학도 미시경제학처럼 각 개체가 태어난 환경에서 최선을 다할 때 상위 수준에서는 어떠한 총체적 결과로 나타나는지 설명하고 있다. 남녀 간 성차는 생태적·경제적·문화적 환경에 대해 진화해온 반응의 총합이다. 이것은 불변하고 불가피한 것은 아니다.

하지만 어떤 형질에 성차가 존재하더라도 그런 차이가 성차별을 정당화시키지는 못한다. 스티븐 핑커가 주장했듯이,

> 사실 페미니즘적 원칙과 남녀가 심리학적으로 동일하지 않다는 사실이 양립불가능한 것은 아니다. (중략) 평등은 모든 사람이 서로 교환될 수 있다는 경험적 주장이 아니다. 평등은 개인이 그 집단의 평균적 특질로 재단되면 안 된다는 도덕적 규칙이다.

남녀 간 성차가 완전히 사회적으로 구성되며 생물학과 무관하다는 극단적인 관점은 또 다른 관점, 즉 권력을 얻고 행사하는 것은 인간의 주된 사회적 동기라는 관점과도 관련이 있다. 마르크시즘과 포스트모더니즘에 푹 젖은 사회구성주의자들은 사회적 상호작용을 한 집단이 다른 집단에 권력을 행사하는 것으로 본다. 이 관점에서 볼 때 모든 성차별주의는 남성 집단이 여성에게 권력을 행사하는 것으로 나타난다. 사회구성주의적 관점이 진화적 관점과 분명하게 대비되는 것은 아니다. 자연선택은 대부분 개체 간 또는 유

전자 간 상호작용으로 나타난다. 내 주장의 핵심은, 로큰롤 같은 문화적 현상 그리고 성차와 같은 광범위한 패턴은 다수의 행위자의 행동에서 나온다는 것이다. 모든 행위자는 자신의 이해관계에 따라 행동한다. 그리고 이런 행동은 행위자들을 하향식으로 억압하지 않아도 일어난다.

하향식 억압이 없다는 말이 아니다. 나는 7장에서 권력을 얻은 남성이 자신의 이해관계에 따라 다른 여성과 남성을 억압하는 결혼 방식을 강요할 수 있다고 설명했다. 분명히 하향식 성차별주의는 음악에도 일부분 존재한다. 밴드의 미래를 결정하는 음반 회사의 경영진을 생각해보자. 이들은 주로 남자이며, 오랫동안 여성 아티스트에게 영향을 주어왔고, 록이라는 장르에 대한 여성의 기여를 왜곡하는 방식으로 여성의 취향을 해석해왔다. 패티 스미스를 47번째 불후의 아티스트로 명한 가비지Garbage의 셜리 맨슨 Shirley Manson은 '여성 그리고 반항아의 이미지에 대한 남성의 기업식 사고는 끔찍하게도 오늘날 최고의 지위에 오른 여성 아티스트들을 조종해왔다. 크리스티나 아길레라Christina Aguilera가 정말로 반항아의 이미지로 여겨진다면, 우리는 큰 문제에 봉착하게 된다.'라고 썼다. 펑크의 개척자이면서 록의 대모인 패티 스미스는 록을 통해서 그녀만의 반항적 기질을 표현하고 성차별이 극심한 장르를 극복했지만, 그녀는 정말 극소수의 여성 로커 중 하나다.

하지만 음반 산업이 로커의 남성 편향에 얼마나 기여했는지는 아직 확언하기 어렵다. 음모론이 나올 법도 한 상황이지만, 사실 시장 경제는 자연선택처럼 상향식으로 작동한다. 영악한 사업가처럼 음반사 관계자도 소비자의 성별이나 나이에 상관없이 돈은 모두 똑같다는 것을 알고 있다. 지난 30년 동안 음반사업가들은 여성 가수를 이용해 돈벌이를 해왔다. 예컨대 셜리 맨슨이나 크리스티나 아길레라 같은 여성 가수는 새로운 팬, 특히 여성 팬을 끌어들였다. 그러나 여성 가수가 돈벌이가 되는 영역은 대부분 록 이외의 장르였다.

아마도 여성 로커를 탄압한 자는 록의 역사를 쓴 사람들 중에 있을 것 같다. 여기서 말하는 것은 스타들의 화려한 이력만으로 자서전을 써주는 대필 작가가 아니라, 음악을 만들어낸 사람들과 그 배후의 복잡한 사건과 영향력을 알고 있는 음악비평가나 역사가를 말한다. 뮤지션이자 음악 역사가인 일라이자 월드Elijah Wald에 따르면, 재즈와 록을 포함해 20세기 대중음악을 통틀어서 "비평가는 항상 남자였다. 더 구체적으로 말하면 (중략) 그들 대부분은 음악에 맞춰 춤추기보다는 음악을 수집하고 음악에 대해 토론하는 사람이었다". 월드에 따르면 그들은 이런 활동을 통해 "자기가 어떤 음악을 좋아하는 이유와 어떤 음악은 싫어하는 이유를 파악하고자" 했다. 그 결과로 현재 엘비스는 당대에 똑같이 인기 있었던 팻 분Pat Boone보다 더 중요하게 다뤄진다. 문화학 박사 과정 학생들은 왜 벨벳 언더그라운드The Velvet Underground가 케이씨 앤 더 선샤인 밴드KC and the Sunshine Band보다 중요한지에 대해 논문을 쓴다. 월드가 옳다면, 닉 케이브Nick Cave는 훨씬 더 인기가 많았던 카일리 미노그Kylie Minogue보다, 제이지Jay-Z는 아내 비욘세Beyoncé보다 분명히 더 중요하게 여겨질 것이다.

비평가와 역사학자들의 이러한 편향은 록의 남성화를 더욱 부추긴다. 남성 가수를 띄워주고 그 가수가 뛰어난 이유를 분석한 글을 써서, 자신이 왜 그 가수를 좋아하는지 합리적으로 설명하고 싶은 남성 팬들의 욕구를 채워준다. 하지만 이것만으로는 설명이 부족하다. 우선, 비평가와 역사학자들은 왜 남성 가수들의 음악을 선호하는가?

이 장의 핵심은 남성들이 자신의 목표를 위해 록을 이용하기 때문에 록이 남성스러워졌으며, 이것이 록의 남성 편향을 이끌었다는 것이다. 남성의 목표는 그들이—특히 젊은 남성들이—맞닥뜨려야 했던 진화적 도전을 기반으로 한다. 동료에게 인정받고, 지위를 얻고, 나이 든 이의 권위에 도전하며, 장기적 관계를 맺을 여성뿐만 아니라 하룻밤을 즐길 여성을 유혹하는 일 말이다. 다른 음악 장르는 이러한 일과 무관하다거나 여성이 록에 기여한 바가 없다는 것이 아니다. 단지 남자는 로큰롤이 그들의 목적에 정확히 부합했기 때문에, 록으로 향하는 버스에 더 빨리, 더 많이 올라탔던 것뿐이다.

### 남부에서 태어난 It crawled from the South

로큰롤은 태동할 때부터 당시 백인들의 미국에서 나온 그 어떤 것보다 음란한 가사와 퍼포먼스로 가득 차 있었다. 심지어 그 이름도 외설스러웠다. 문화사학자 마이클 벤투라Michael Ventura에 따르면,

로큰롤이라는 단어는 남부의 주크 조인트Juke Joint(주크박스로 음악을 틀던 작은 클럽)에서 유래했다. 주로 40대들이 사용한 단어였다. 어느날 이 클럽에 재즈도, 블루스도, 케이전(블루스와 포크 음악이 혼합된 형태—옮긴이 주)도 아닌, 그 모든 요소가 다 혼합된 음악이 흘러나왔다. 아직 이 음악을 지칭하는 이름은 없었지만 사람들은 이 음악을 그냥 지나칠 수 없었다. 그 클럽에서 로큰롤은 음악 장르를 지칭한 것이 아니라, '섹스하고 싶어.'라는 의미였다.

이 음악이 백인 중산층의 라디오에서 흘러나오게 되면서 많은 노래들에 '로킹 앤드 롤링rocking and rolling'의 요소가 포함되기 시작했는데, 라디오 디제이는 그것을 로큰롤이라고 불렀다.

　　록은 처음부터 섹스와 함께했다. 섹시함의 아이콘 엘비스 프레슬리에 대한 FBI 보고서에는 엘비스가 '미국의 안전에 위해가 되는 자'라고 대놓고 쓰여 있으며, 실제로 미국은 좀 더 위험해졌다. 위대한 로커는 정말 섹시함이 온몸에서 철철 넘쳤다. 믹 재거의 냉소적인 음탕함, 스프링스틴의 블루칼라 특유의 남자다움, 닉 케이브의 음울한 어둠, 존 레넌의 위트와 지식, 스팅Sting의 담백한 허세 등이 그랬다. 일례로 프린스Prince는 남성미가 부족했고 '세계의 섹시한 남자'들처럼 키가 크지도 않았지만, 음악적 기량과 부드러운 춤, 특이한 의상으로 섹스 심벌이 되었다.

　　위대한 로커는 그냥 섹시해지는 것이 아니다. 그들은 섹시하게 록을 했고 록이 곧 섹스였기 때문에 숭배의 대상이 될 수 있었던 것이다. 언제나 유쾌한 문화이론가 카밀 파일리아Camille Paglia는 좀 우쭐대긴 했어도 제대로 이해했다. '로큰롤의 세계에 산다면 섹스와 남성의 욕정과 그에 흥분한 여성들의 실제 모습을 볼 수 있을 것이다. 로큰롤은 여성을 유혹한다. 그것은 절대 여성을 내치지 않는다'. 로큰롤이 섹스에 대한 것이라면, 우리는 진화생물학의 지적 영역 속에 로큰롤을 안전하게 포함시킬 수 있다. 결국, 다른 관계들에서처럼 섹스는 진화 과정에서 모든 것을 바꿔버린다.


## 섹스 머신 Sex machine

타이거 우즈가 얼마나 특별했는지 지금은 상상하기 어렵다. 우즈 이후, 골프는 걷기만 하는 지루한 운동에서 말끔한 프레피룩 차림의 선수들의 세련되고 재미있는 운동이 되었다. 우즈가 골프 대회에 참석하면 시청자와 갤러리 수가 두 배로 늘었다. 고인이 된 우즈의 아버지 얼 우즈Earl Woods는 타이거 우즈가 '인류의 역사를 바꾼 그 어떤 사람보다 큰 일을 해낼' 운명을 타고난 '선택된 자Chosen One'라고 했다. 하지만 우즈의 운명은 골프보다 다른 것을 바꾸는 데 있었다. 2009년 말 우즈의 엄청난 불륜 스캔들이 대중에게 알려진 이후, 그는 '구원자가 아니라 그냥 난봉꾼'일 뿐이라고 여겨지게 되었다.

타이거 우즈와 그의 옹호자들은 우즈가 섹스중독증에 걸렸으며 치료를 위해 재활센터를 알아보고 있다고 변명했다. 사람들은 언론과 스폰서, 행정관, 정치인들이 우즈를 열렬히 옹호하는 것을 보면서, 우즈가 희귀한 전염성 질환으로 고통받는, 원정 경기를 치른 첫 번째 스포츠 아이돌이라고 생각하게 되었다. 하지만 이는 사실이 아니다.

　호주의 위대한 크리켓 선수인 셰인 원Shane Warne은 경솔한 행동 때문에 선수로서의 업적을 망쳤고, 호주에서는 장관보다 명망 높고 영향력이 있는 것으로 여겨지는 국제 경기 주장직도 잃었다. 심지어 무슬림의 자랑이며, 미국에서 벌어진 인종차별을 반대하며 전면에서 싸웠던 무하마드 알리Muhammand Ali도 전설적인 오입쟁이였다. 알리는 공공연히 자신의 18세 정부를 데리고 다녔다. '마닐라의 전율Thrilla in Manila'로 알려진 알리와 조 프레이저Joe Frazier의 세 번째 대결 직전 말라카냥 궁을 방문한 자리에서 이멜다 마르코스Imelda Marcos는 알리의 정부를 부인으로 착각했다. 네 아이를 두고 있는 진짜 알리의 부인인 카릴라 알리Khalilah Ali 여사는 텔레비전에서 그 모습을 보고 격분하여 바로 마닐라로 날아가 알리 앞에 나타났다. 이 상황을 해명하기 위해 알리는 기자회견을 열었는데, 어떤 기자는 이것을 '유명 인사가 그의 혼외정사를 공표하기 위해 연 첫 번째 기자 회견'이라고 말했다. 분명한 것은 이것이 마지막 기자 회견은 아니라는 것이다.

　우즈—그리고 불륜을 저지른 모든 스포츠 스타—의 가식적인 태도와 그에 대한 맹렬한 비난이 매우 기이하다고 생각하는 사람이 나뿐일까? 불륜을 저지른 스포츠 스타가 사적으로 및 공적으로 수치를 당하고, 가족이 풍비박산 나는 것은 그들에게 엄청난 비극이다. 여기에서 나는 그들이 죄가 없다고 말하려는 것이 아니다.

하지만 부와 명성이 있고, 수없이 많은 매력적인 여성들이 접근해오는 남자가 때로는 그에 따르는 기회를 이용하기도 한다는 사실은 놀랍지 않다. 사실 그를 우상으로 삼았던 여러 운동 선수나 청소년에게, 여성에게 접근하고 여성의 눈길을 받는 것은 스타가 되려는 목적이자 특권이기도 하다.

성선택은 남녀에게 다르게 작용한다. 왜냐하면 성공적으로 번식하는 데 필요한 조건에 차이가 있기 때문이다. 남성에게 작용하는 성선택은 특히 강하다. 왜냐하면 어떤 남성은 징기스 칸과 그의 후손처럼 수천 명의 여성을 상대로 아이를 볼 수 있지만, 많은 남성은 결혼조차 못 해보기 때문이다. 현대에 와서 산아 제한이 가능해지면서 문란한 섹스에 대한 욕구와 진화적인 성공 간의 관계도 흐려졌다. 두 명의 아내와 두 명의 정부에게 여섯 명의 자식을 본 무하마드 알리와는 다르게, 불륜을 저지른 스타들은 그들의 매력이 자손 수로 나타나지 않는다. 적어도 공식적인 기록상에서는 그렇다. 매력적인 가임 여성과 가급적 많이 섹스를 하려는 충동은, 그런 충동을 느끼고 잘 조절하면 많은 자손을 통해 엄청난 진화적 보상을 누릴 수 있기 때문에 진화했다.

모두가 징기스 칸, 타이거 우즈, 셰인 원일 수는 없다. 또한 그들을 막을 수도 없다. 동시에 또는 연속적으로 여러 번 결혼을 하거나 혼외 관계를 통해 아이를 보는 남성은 결국 진화적 성적표에 '승리자'로 구분된다. 그런 남성이 우리의 조상이다. 그들 곁의 능력 없고, 성적으로 무관심했던 독신 남성은 우리 조상이 아니다. 섹시하지 않은 유전자는 그들과 함께 사라졌다. 물론 섹스 머신이 되는 것 말고도 진화적으로 성공하는 방법은 더 있다. 남자의 번식 전략은 수많은 노래들만큼이나 다양하다. 좋은 아버지가 되고 남편이 되는 것도 진화적으로 이득일 수 있다. 하지만 그것은 마치 직장인이 월급을 받는 수준이다. 진화적으로 대박을 터뜨리는 것은 위험하기도 하지만 그만큼 보상도 많이 따르는 전략이다.

고대 전사들과 오늘날의 유명 스포츠맨은 그들의 성적 욕망을 억누르지 않는다. 오늘날 성공한 사업가, 배우, 작가, 정치가는 신중하게 처신하려 한다. (때로는 찰리 쉰Charlie Sheen처럼 신중하지 않은 경우도 있다.) 하지만 지난 세기 중반부터 그들을 넘어서는 새로운 집단이 생겨났다. 바로 록 스타들이다. 진화심리학자 마틴 데일리와 마고 윌슨은 징기스 칸의 후손들이 꾸려가는 하렘을 '개인적인 권력의 제약에서 벗어난 남성 욕구의 표상. 잘 보호된 하렘은 남성 판타지의 실현'이라고 표현했다. 그들은 아마 록 스타덤에 대해서도 비슷하게 쓸 것이다. 왜냐하면 록도 징기스 칸 이래 사라졌던 성 정복을 위한 모든 요소를 담고 있기 때문이다. 스타에게 푹 빠진 팬들, 어색함을 누그러뜨릴 술과 마약, 선물을 사고 호텔의 스위트룸을 예약하고 때로는 입막음을 할 수 있는 돈, 그리고 성적 에너지로 끓어오르는 쇼가 있다. 다이어 스트레이츠Dire Straits가 록 스타는 돈도 벌고 덤으로 여자도 얻는다고 말한 것도 당연하다.

록 밴드는 엄청난 돈을 벌기 이전에, 이미 관중과 추종자를 몰고 다닌다. 성공의 첫 번째 보상은 가장 오래되고 기본적인 것이다. 《로큰롤 바빌론Rock 'n' Roll Babylon》을 쓴 개리 허먼Gary Herman은 다음과 같이 썼다.

로큰롤이 부리는 마법의 중심 어딘가에는 음악을 오르가즘으로 바꿔주는 열혈 여성팬들 – 이름 모를 팬이든 사교계의 유명 인사든 - 이 있었다. 그녀들은 (팬들은 거의 항상 여성이었다.) 록이라는 신앙과 전설의 중심 인물이다. 록 스타들이 거리낌 없이 여자를 탐할 수 있는 오늘날의 성배를 발견했다는 것도 팬과 대중에게 입증되었다.

키스 리처드의 성 생활은 1962년 롤링스톤스 결성으로 완전히 바뀌었다. '6개월 전만 해도 나는 섹스를 상상도 못했다. 돈을 내고서야 즐길 수 있었다. 1분 전에도 나에게 여자는 없었다. 섹스할 방법도 없었다. (중략) 하지만 이제는 여자들이 내 주위를 맴돈다.'

　　록은 거리낌 없는 문란한 섹스를 예술의 경지로 격상시켰지만, 오랫동안 함께할 짝을 고르는 데도 매우 효과적이었다. 키스 리처드에게 어떻게 브라이언 존스를 따돌리고 아니타 팔렌버그 Anita Pallenberg —리처드의 아이 세 명을 낳았다—를 유혹했는지 물어보면, 리처드는 그럴 능력이 없었다고 이야기했다.

　　나는 아니타를 유혹할 수 없었어. (중략) 나는 정말 어떻게 해야 할지 몰랐어. 내 본능은 항상 여자들에게 향했지. (중략) 난 말도 제대로 못했어. 내가 사귀었던 모든 여자들은 그들이 먼저 나를 유혹했던 것 같아.

록 스타가 되면 모든 것이 쉬워진다.

로큰롤의 악명 높은 생활 방식은 수백만 년 동안 남자에게 작용한 성선택이 오늘날 투영된 것이다. 재능 있는 남자 가수는 1950년대 미국, 1960년대 영국의 경제·문화적 환경이 만들어낸 기회를 잡았고, 진화적 판타지를 실현시키기 위해 음악적 재능을 사용했다. 하지만 섹스와 록의 관계에는 여성의 마음을 얻기 위한 남성의 노력 외에도 다른 것이 있다. 록은 또한 지위와 존경을 향한 남자들의 격렬한 경쟁으로 나타나기도 하는 것이다.

## 부자가 되거나 죽도록 애쓰거나 Get rich or die trying

여성을 유혹하려면 노래, 시 또는 화려한 말재간 이상의 것이 필요하다. 지금까지 여자는 지위와 부를 지닌 남자와 짝을 맺고 가정을 꾸리곤 했다. 남자는 위험을 감수하고 성공을 위해 노력하면서 더 많은 것을 얻으려 했다. 따라서 남자가 여자보다 더 위험한 행동을 하고 지위를 얻기 위해 더 달려드는 것은 당연하다.

하지만 항상 모든 상황에서 살아남고, 경쟁하고, 위험을 감수하기 위해 노력해야 하는 것은 아니다. 남성의 진화적 성공에 따른 차이가 크지 않고 여성도 그 어느 때보다 많은 부를 쌓을 수 있는 현대 산업 사회에서는, 위험을 감수하고 노력함에 있어서의 성차가 상대적으로 작아졌다. 7장에서 언급된 일부다처의 농업 사회와 비교하면 그 차이가 더욱 작아졌다. 남성의 경쟁심과 위험 감수를 결정하는 가장 중요한 요인은 그가 있는 곳의 불평등 수준이다. 부유한 자와 가난한 자의 차이가 클수록 자손을 남기지 못하는 이름 없는 남성이 될 위험은 커지고, 남녀 간 행동의 차이도 커진다.

다이어 스트레이츠는 그들의 노래 〈별 일도 안 했는데 돈이 벌리고Money for nothing〉와는 전혀 다른 삶을 살았다. 우리가 동경하는 백만장자 록 스타는 거대한 로큰롤 세계의 빙산의 일각일 뿐, 거기에는 수많은 아마추어 밴드, 프로 뮤지션들이 가득하다. 음악 산업에 있는 사람은 성공한 록 스타를 보고 '대가를 치렀다paid their due'라고 표현한다. 이것은 단지 세간의 관심을 받기 시작했다는 것보다는, 그들의 음악성으로 동료들의 인정을 받았을 뿐만 아니라 힘들고 가난했던 긴 기간을 헤쳐왔다는 것을 의미한다. 명성과 인지도와 부를 얻는 아티스트보다 이러한 고군분투를 견디지 못하고 그만두는 아티스트가 더 많다.

새로울 것은 없다. 푸치니Puccini의 오페라 〈라 보엠La Bohème〉과 록 오페라 〈렌트Rent〉의 원작이 되었던 소설 《보헤미안 삶의 정경Scènes de la Vie de Bohème》의 서문에서 앙리 뮈르제Louis-Henri Murger는 "보헤미아는 예술적인 삶을 위한 곳이다. 그곳은 아카데미, 병원 또는 영안실의 서문 같은 곳이다."라고 썼다. 우리는 〈라 보엠〉의 시인 로돌포Rodolfo나 뮈르제처럼, 적대적이고 타락한 음악 시장에서 뮤지션이 거래를 성사시키고 팬을 얻기 위해 고군분투하는 이야기에 익숙하다. 우리가 알고 있는 이야기는 모두 행복하게 끝난다. 왜냐하면 결국에는 성공한 뮤지션의 이야기만 남기 때문이다. 따라서 얼마나 많은 사람들이 음악의 꿈을 접거나 성공하지 못하고 결국 죽어버렸는지는 알 수 없다. 또는 AC/DC가 성공하기 한

참 전에 불렀던 노래처럼, "정상에 오르는 길은 멀다It's a Long Way to the Top(if you Wanna Rock 'n' Roll)".

음반 녹음과 재생 기술이 확산되면서 대중이 라이브로 음악을 듣는 빈도는 20세기 이후 꾸준히 줄어들었다. 축음기와 라디오가 나타나기 이전에, 대부분의 사람은 함께 악기를 연주하거나 오케스트라나 밴드가 공연하는 곳으로 가서 음악을 들었다. 많은 전문 뮤지션들은 일주일에 6일간 밤마다 연주를 하면서 나쁘지 않은 생활을 했다. 하지만 엄청난 부를 가져다줄 만큼 많은 관중을 두고 계속 연주하는 일은 없었다. 작곡가나 편집자는 단행악보sheet music를 팔아서 꽤 많은 돈을 벌었다. 아마추어는 집에서 유행 음악을 연주하기 위해 이 악보를 구입했다. 전문 뮤지션들은 콘서트장에서 오래된 유명 노래나 새로 유행하는 곡을 연주했을 것이다. 그러나 로큰롤 시대에 새로운 기술이 도입된 이후, 모든 사람들이 동일한 뮤지션이 연주한 노래의 동일한 버전을 들을 수 있게 되었다. 뮤지션은 음악과 완전히 똑같은 의미가 되었고, 이로써 뮤지션은 하룻밤 만에 세계적인 대스타가 되는 것이 가능해졌다.

그 결과 성공한 뮤지션과 성공하지 못한 뮤지션 사이의 격차가 커졌다. 실력 있는 뮤지션이 상대적으로 평범한 일을 하는 경우보다 더 그럴듯하게 살아갈 수 있는 기회는 줄어들었다. 전문 뮤지션이 담당하던 영역은 축소되어, 이제 뮤지션들은 한방을 꿈꾸며 분투하는 수밖에 없었다. 오로지 소수만이 슈퍼스타가 될 수 있다. 성공을 거두려면 노력에 대한 보상도 받지 못한 채 오랜 시간 동안 고군분투해야 한다. 오로지 운 좋은 소수만이 큰 클럽과 대형 공연장에 설 수 있고 전 세계를 순회하며 많은 이들이 꿈꾸는 부와 명예를 누린다.

사회적·경제적 불평등이 (특히 젊은 남자들의) 공격성, 위험 감수, 지위 추구, 연합으로 이어지는 것처럼, 뮤지션 간 상업적 성공의 불평등이 커지면 젊은 남성 뮤지션들이 위험을 무릅쓰고 경쟁만 하는 경우가 나타날 것이라고 진화론으로부터 예측할 수 있다. 록의 역사에서 불평등이 커지면 더 남성적이고 폭력적이며 여성혐오적인, 반사회적 남성성을 담은 하위 장르가 나타나곤 했다.

하드록과 헤비메탈은 이런 주제를 담고 있는 경우가 많다. 비슷한 경향이 갱스터 랩gangsta rap이라는 또 다른 장르에서도 나타난다. 헤비메탈과 갱스터 랩에서 나타나는 반사회적 극단성은 다른 남성을 밟고 서서라도 지위와 성공을 추구하려는 남자의 욕구가 과도하게 드러난 것이다. 하드록, 헤비메탈, 갱스터 랩은 앞날이 어두운 젊은 남성의 무력감과 사회적 소외를 표현한다. 평등한 사회에서 태어났거나, 평등한 사회가 아니더라도 앞날이 창창한 소년은 성공을 위해 도박을 하진 않는다. 하지만 미래가 어두운 청년은 한탕을 위한 기회를 노리면서 위험천만한 삶을 살며, 그만큼 요절해서 진화적 패배자들 중 하나가 될 위험도 커진다.

〈진화를 위한 랩 가이드Rap Guide to Evolution〉를 만든 영리한 캐나다 래퍼 바바 브링크먼Baba Brinkman은 몹 딥Mobb Deep의 "최적자 생존Survival of the Fittest(남자들의 패거리 폭력을 담은 뮤직 비디오)"의 리믹스 버전에서 이 현상을 랩으로 만들어 불렀다. 지위와 존경을 차지하려고 절망적으로 다투는 젊은 남성에게, 작은 모욕도 폭력 또는 치명적인 싸움으로 이어질 수 있다.

커티스 제임스 잭슨 3세Curtis James Jackson III는 평범한 청년이었다. 그는 뉴욕 시 퀸즈에서 자랐다. 그의 어머니는 10대 미혼모였으며 커티스가 12살 때 코카인을 팔다가 살해당했다. 그후 커티스는 조부모와 살며 돈을 벌기 위해 코카인을 팔았다. 그는 10대 시절 마약 및 무기 소지로 체포되어 6개월간 교도소에 있기도 했다. 그리고 2000년 5월 24일, 그는 할머니 집 밖의 차에서 아홉 발의 총알을 맞았지만 간신히 살아남았다.

피격 당하기 전에 잭슨은 50센트50cent라는 이름의 래퍼로 잘 나가고 있었다. 그는 런 디엠씨Run D.M.C.의 잼 마스터 제이Jam Master Jay에게 힙합을 배웠다. 그는 솔로 앨범을 통해 엄청난 입지를 다졌고, 5개월 동안의 회복 기간을 거쳐 앨범 〈부자가 되거나 죽도록 애쓰거나Get Rich or Die Tryin'〉를 발표했다. 이 앨범으로 50센트는 갑자기 백만장자가 되었고 가장 성공한 아티스트 중 하나가 되었다. 랩은 '죽기 살기로 부자가 되려는' 이야기를 가장 잘 보여주는 오늘날의 예술 형태다. 하지만 50센트의 성공은 음악 역사에서 흔히 다뤄지던 이야기의 현대적 버전일 뿐이다. 50센트의 이야기는 레이 찰스Ray Charles, 조니 캐쉬Johnny Cash, 엘비스, 프랭키 밸리 앤 포 시즌즈Frankie Valli and the Four seasons, 비틀즈, 밥 말리Bob Marley, AC/DC의 이야기다. 록, 그리고 오늘날의 랩은 청년들이 살아가는 경쟁적이고 폭력적이며 반항적이고 현란한 세계를 축소판으로 보여주고 있다. 찢어지게 가난했던 사람이 젊음과 부를 동시에 얻는 궁극의 판타지가 이루어지는 것도 가끔씩은 가능하다.

홀로서기로 성공하기가 항상 가능한 일이 아니다. 50센트도 지-유 닛the G-Unit이라는 그룹을 만들었던 적이 있다. 남자들은 함께 일하는 경우가 많다. 사냥 집단, 갱단, 군대, 로큰롤 밴드가 그렇다. 전쟁에 나가서 살아남은 남성—뉴 기니의 하이랜더나 징기스 칸의 몽골 족처럼—은 그의 지위를 높일 수 있고, 그 결과 다른 남성을 물리치고 땅과 재산을 빼앗고 그의 아내나 딸을 강간, 납치하고 때론 그의 가족을 노예로 만들며 진화적 적합도를 높일 수 있다. 과거의 수렵채집인 시절에 남자들은 집단을 구성해서 동물을 쫓고 사냥하는 데 힘을 모았다. 6장에서처럼 최고의 사냥꾼은 젊고 많은 아이를 낳을 수 있으며 열심히 일할 수 있는 여성을 아내로 맞을 수 있었고, 더 많은 아내를 얻거나 혼외 관계를 맺을 수도 있었다.

인도네시아 군도의 작은 섬 렘바타Lembata에 사는 라말레라 Lamalera 사람들은 전통적으로 생계를 위해 매우 독특하고 위험한 방법으로 사냥을 한다. 남자들은 팀을 이뤄 직접 만든 보트를 타고 바다로 나가서, 향유고래나 큰 쥐가오리manta ray, 상어를 잡는다. 각 팀에는 사냥 전문가가 있어 동물에게 손수 만든 작살을 꽂기 위해 물속으로 뛰어든다. 향유고래는 대왕오징어도 게걸스럽게 먹어버리는 무서운 포식자이기도 하다. 그런 향유고래를 물속에서든 나무로 된 조각배에서든 만나고 싶어하는 사람은 별로 없다. 그러므로 작살을 쥔 사람은 라말레라 마을의 고래잡이 팀에서 가장 중요한 역할을 하는 것이다. 또 그는 마을에서 높은 지위에 있는 사람이기도 하다. 그는 그 지위로 많은 아이를 볼 수 있다. 바다로 사냥을 나가지 않는 남자들은 평균 2.3명의 아이가 있는 반면에 작살꾼이나 이전에 작살꾼이었던 남자들은 평균 4.7명의 아이가 있고, 다른 선원들은 그 중간 정도의 번식 성공률을 누린다.

수컷이 함께 일하는 것은 사람에게서만 나타나는 현상은 아니다. 하지만 우리는 그런 협동을 가장 잘하는 종일 것이다. 이따금씩 두세 마리의 어린 사자가 연합해서 우두머리 수컷을 축출하고 그 영역 내의 암사자와 교미를 하기도 한다. 큰돌고래bottle-nosed dolphin 수컷들은 암컷을 무리에서 떼어내기 위해 동맹을 구축하고 무리에서 이탈시킨 암컷과 교미한다. 사자와 돌고래에서의 수컷들 간의 연합은 형제 혹은 사촌들끼리 동맹을 맺었을 때 더욱 강해진다. 이것은 진화적으로 설명 가능하다.

혈연 관계는 협동의 진화를 더 용이하게 만든다. 친족과는 공유하는 유전자가 많기 때문에 모르는 사람보다 친족을 돕는 것이 진화적으로 더 유리하다. 어떤 수컷이 형제를 도와주도록 하는 유전자를 갖고 있다면, 다른 형제가 그 유전자를 갖고 있을 확률은 50퍼센트, 사촌의 경우는 25퍼센트이다. 형제의 번식을 도운 수컷은 그 유전자의 적합도도 높아진다. 협동에 있어서, 피는 물보다 진하다.

사람은 협동을 구축하는 또 다른 힘을 만들어냈다. 우리는 상대방에게 보답을 기대하며 함께 일한다. 상호 호혜적일 때 협동은 강화되지만, 그렇지 않을 때 무임 승차자에게는 응징이 가해지고 그는 집단에서 축출된다. 우리의 뇌는 수백 명의 이름과 얼굴을 기억하고, 우리가 빚진 것과 상대방이 우리에게 잘못한 것을 기억하도록 훌륭하게 조직되었다. 뇌는 연합을 맺을 동지들을 기억하고, 그들과 사냥 집단, 스포츠 팀, 소대를 꾸리도록 만든다. 훌륭한 코치나 장군은 이것을 잘 알고 있었다. 그래서 셰익스피어의 헨리 5세는 아쟁쿠르에서 프랑스 군대를 치기 전에 수적으로 열세인 병사들의 사기를 끌어올리기 위한 연설에서 다음과 같이 말한다.

> 오늘부터 세상이 끝날 때까지,
> 사람들은 우리를 기억할 것이다.
> 우리는 소수이고, 행복한 소수이며, 형제이다.
> 오늘 나와 함께 피 흘리는 이들은
> 나의 형제이니라.

다른 남성과 연합하여 함께 일하는 것은 우리 조상의 삶에서도 매우 중요한 전략이었다. 그 결과로 나타난 남성의 행동은 운동선수들의 라커 룸부터 갱단의 수뇌부 같은 곳에서, 안타깝게도 때로는 사무실에서도 관찰할 수 있다. 록 밴드는 사냥 동맹이나 습격 동맹과 닮은 부분이 많다. 나는 오랜 기간 사냥이나 습격을 통해 진화한 사회적인 힘을 통해 록 밴드가 만들어졌다고 짐작한다. 세 명에서 일곱 명 정도의 남자 뮤지션들은 혼자 힘으로는 할 수 없는 무언가를 이루기 위해서 서로의 능력과 에너지, 공격성과 야망을 모은다. 밴드 구성원이 형제인 경우도 흔하다.

킹스 오브 리언Kings of Leon은 3명의 형제와 사촌으로 이루어진 로큰롤 가족 밴드다. 또 다른 유명한 로큰롤 형제로는 비치보이스The Beach Boys의 윌슨Wilson 형제, AC/DC의 영Young 형제, 인엑시스INXS의 패리스Farris 형제, 스플릿 엔츠Split Enz와 크라우디드 하우스Crowded House의 핀Finn 형제, 오아시스Oasis의 갤리거즈Gallaghers 형제, 굿 샬럿Good Charlotte의 매든Madden 형제, 에벌리 브라더스The Everly Brothers, 올먼 브라더스The Allman Brothers, 밴 헤일런Van Halens의 헤일런 형제, 크리던스 클리어워터 리바이벌Creedence Clearwater Revival의 포거티John Fogerty 형제가 있다. 또한 하트Heart라는 밴드의 앤 윌슨Ann Wilson과 낸시 윌슨Nancy Wilson도 유명한 로큰롤 자매들이다. 동지애는 로큰롤 연합의 핵심이다. 록 저널리스트인 앤서니 보자Anthony Bozza는 내가 제일 좋아하는 로큰롤 형제 맬컴 영Malcolm Young과 앵거스 영Angus Young에 대해 다음과 같이 말했다.

> 그들의 기타 연주가 바로 AC/DC이다. 그들은 곧 열정이며, 영감이며, 명분에 대한 헌신이다. 그 누구보다도 도달한 적 없는 최고의 소리를 만들기 위해 (중략) 그들은 그들이 원하는 음악을 하기 위해 온갖 악기를 섭렵했다.

하지만 형제가 아니라도, 아쟁쿠르에서 헨리 5세가 부르짖던 형제애처럼, 여러 위대한 록 밴드의 핵심에는 강한 동지애가 있었다. 단지 몇 년 동안이라도 말이다. 재거와 리처드는 자신들을 '글리머 트윈스Glimmer Twins'라고 불렀고, 때론 정말 형제처럼 행동하기도 했다. 존 레넌과 매카트니도 형제 같을 때가 있었다.

하지만 연합 행동은 수컷 간의 치열한 경쟁의 산물로서 진화한 인간 본성의 한 측면일 뿐이다. 모든 남자들이 자원을 얻고 여자를 유혹하기 위해 팀을 이뤄야 하는 것은 아니다. 당시의 상황에 따라 팀을 이룰 필요성은 커졌다 작아졌다를 반복한다. 적을 만났을 때 남자는 그에게 빚을 졌던 누군가에게 도움을 요청한다. 하지만 혼자서 더 잘할 수 있다고 생각되면 그는 도움을 바라지 않는다. 그리고 밴드의 어떤 멤버가 밴드를 떠나서 홀로서기를 결심하면, 그들은 그것을 '창조적 불화'라고 부른다. 멤버의 홀로서기는 마치 형제를 잃는 것과 같았다. 동맹이라는 마법은 보통 형제애로 나타난다. 재거와 리처드는 자기 일처럼 슬퍼했고, 레넌과 매카트니는 조금 덜했다.

## 소녀에 대해서 About a girl

> 무대 너머를 보면 환한 조명 뒤로 열광하는 여성들의 얼굴이 가득한 것을 볼 수 있다. 록이 문화적 표현의 매개체로서 힘을 가지는 데 있어서 여성 관객들의 집단적 참여가 중대한 역할을 했다는 사실은 부인할 수 없지만 자주 간과되는 사실 중 하나다.
> – 비비언 존슨Vivien Johnson

록 음악을 만들고, 록을 상품화하며, 록의 역사를 써내려간 것은 주로 남성들이었지만, 대부분의 록은 남성만큼이나 **여성을 위해서**

도 만들어진다. 음악을 듣고, 음반을 사고, 콘서트에 가는 여자들은 오늘날의 로큰롤을 만드는 데 있어 중요한 몫을 했다.

록의 남성성은 빠르고 시끄럽고 힘이 넘치는 하드록과 잘 어울린다. 연구 결과에 따르면 노래와 가사가 더 남자다울수록 전체 팬의 수는 줄어들며 여성 팬의 수는 더 빨리 줄어든다. 록의 남성성은 록이 더 하드할수록 그런 음악을 듣는 여성의 수가 줄어드는 이유를 어느 정도 설명한다. 아마도 하드록 계열의 여성 뮤지션은 비율이 더 적을 것이다. 왜냐하면 대부분의 여성 뮤지션들이 원하는 음악과 하드록은 양식적 측면에서 잘 맞지 않기 때문이다.

하지만 카밀 파일리아가 말한 것처럼 록은 남성의 섹스와 욕정을 위한 것인 동시에 그런 유혹에 넘어가는 여성을 위한 것이기도 하다. 관중 속에 여성이 없다면, 그 음악은 더 이상 섹스에 대한 것이 아니기 때문이다. M은 남성성machismo과 메탈metal을 의미하지만 자위 행위masturbation를 뜻하기도 한다. 가장 하드한 록(또는 가장 갱스터다운 랩)을 제외하면, 록의 불량스러움은 대중의 취향에 더 잘 맞고 더 섹시한 형태로 완화된다. 이러한 록 음악은 남성끼리의 경쟁보다는 여성의 짝 선택 때문에 발전하기 시작했다. 많은 여성에게 호소하기 위해서는 뮤지션의 섹시함, 끈끈한 형제애 또는 그의 차 이상의 것이 필요하다.

어떤 밴드는 소녀들을 위해 남성적인 하드록과 함께 감상적인 발라드를 몇 곡 끼워 넣기도 한다. 예를 들어 에어로스미스Aerosmith의 노래 중에는 달콤한 노래 〈아이 돈 원투 미스 어 띵I Don't want to miss a thing〉(우연하게도 여성 뮤지션인 다이앤 워런Diane Warrene이 작곡한 노래다.)도 있지만 여성혐오적인 노래인 〈랙 돌Rag Doll〉이나 〈워크 디스 웨이Walk this way〉 같은 노래도 있다. 가수가 전달하는 메시지는 곡마다 서로 다르다. 밴드는 여자친구를 위한 목소리와 주변의 상남자들을 위한 목소리를 모두 낼 수 있는 재주를 동시에 가질 수 있다. 그리고 그들은 꽉 끼는 가죽 바지를 입고서 별로 모순 같은 건 느끼지 않으면서 그렇게 한다. 하지만 이처럼 웃긴 모순이 겹겹이 쌓여 있는데도 불구하고 그런 전략은 상업적으로 성공한다. (이를 통해 모두가 가사를 듣는 것이 아니라는 점이 증명된다.)

음악과 가사가 남녀 모두에게 호소할 수 있는 일관된 음악적 태도를 취하는 것은 더욱 어렵다. 퀸즈 오브 더 스톤 에이지Queens of the Stone Age의 뮤지션 조시 호미Josh Homme에 따르면, '록은 남자를 위해서 헤비heavy해야 하지만 여자를 위해서 달콤하기도 해야 한다. 그래야 모두가 행복하고, 더 많은 이들이 파티를 즐길 수 있다'. 뮤지션은 복잡한 감정이나 성적 역학 관계를 노래 속에 세련되게 풀어냄으로써 이 일을 달성할 수 있다. 사랑에 대한 명곡들은 에어로스미스, 건즈 앤 로지즈, 본 조비의 뻔한 발라드보다 더 깊은 통찰력이 들어 있다. 더 폴리스The Police의 〈에브리 브레스 유 테이크Every Breath you Take〉나 R.E.M의 〈디 원 아이 러브The One I Love〉, U2의 〈원One〉을 생각해보자. 이 노래들은 연인의 복잡한 마음에 대해 놀라운 통찰을 보여준다. 이렇게 할 수 있는 밴드는 엄청난 인기를 누릴 수 있다. 왜냐하면 그들은 정당하게 남녀 팬을 모두 끌어들일 수 있기 때문이다. 바로 이것이 비틀즈를 그토록 위대한 밴드로 만들었다.

ooo

남녀가 좋아하는 음악이 다르므로 각각을 만족시키려면 다른 노래를 써야 한다는 것보다 더욱 젠체하는 행동이 있다면, 분명 그 것은 '여성이 록 음악에 기여한 바는 고작 관중석을 채워준 것뿐' 이라는 주장일 것이다. 나는 남성에게 작용하는 성선택을 통해 록 의 본성을 이해할 수 있다고 주장했다. 하지만 관객은 수동적이지 않다. 중요한 사실은 록의 힘이 여성 관객에서 나왔다는 것이다. 비비언 존슨은 록과 페미니즘의 제2의 물결이 상호 간에 공공연 한 반감을 보임에도 불구하고 서로에게 크게 신세지고 있다는 점 을 이야기했다. 존슨에 따르면, 1960년대 중반 롤링스톤스의 광적 인 소녀팬들은 "제2물결 페미니즘의 최우선적인 정치적 목표(여성 연대, 자율성, 그리고 무엇보다 자신의 신체에 대한 지배권)가 시사하는 바"와 마찬가지로 "원시적 공동체, (중략) 남성적 시선으로부터의 초월, (중략) 그리고 스스로의 내면에서 우러나오는 섹슈얼리티의 힘"을 경험했을 것이다.

초기의 록은 1940년대와 50년대의 건전하고 탈색된 문화 속 에서 살아온 젊은 여성에게 하나의 해방구가 됨으로써 그 힘을 얻 었다. 키스 리처드는 그것을 다음과 같이 잘 표현했다.

1950년대 당시 10대였던 소녀들은 모두 건전하게 성장하고 있었 지만, 가끔 그들은 자신을 놓아버리는 그런 순간이 있는 것 같았 다. 그런 경우가 점점 늘어났고, 아무도 그들을 멈출 수 없었다. 성

욕으로 가득했지만 그들은 어떻게 해야 할 줄 몰랐다. 그런데 갑자기 우리가 나타났다. 그들은 완전히 열광했다. 돌이켜보면 정말 엄청난 힘이었다.

젊은 베이비 붐 세대가 롤링스톤스와 비틀즈를 통해 그들의 힘을 발견하지 못했다면, 페미니즘의 제2물결이 일어날 수 있었을까?

남자에게 작용한 성선택이 록을 추동시켰다면, 여자에게 작용한 진화적인 힘들은 왜 그만큼 록을 변화시키지 못했을까? 여자들은 남자가 먼저 점유했던 분야도 잘 파고 들어가는데, 왜 록에는 그런 발자취를 남기지 못했을까? 먼저, 여성 뮤지션은 광범위한 대중음악에서 선풍적인 인기를 얻었다는 것을 기억해야 한다. 2009년의 빌보드 10위까지의 노래를 살펴보면 두 곡은 블랙아이드피즈Black Eyed Peas(네 명의 멤버 중에서 여자인 스테이시 퍼거슨 Stacy Ferguson이 가장 유명했다.), 두 곡은 양성애자인 레이디 가가Lady Gaga, 다른 곡은 각각 테일러 스위프트Taylor Swift, 비욘세, 그리고 남자 가수인 플로 리다Flo Rida, 제이슨 므래즈Jason Mraz, 카니예 웨스트Kanye West, 그리고 남자로 이루어진 그룹인 올 아메리칸 리젝츠 All-American Rejects의 곡이었다. 여성 뮤지션은 음악적 성공을 가로막는 장벽들을 계속 무너뜨려왔지만 유독 록에서는 두각을 나타내지 못했다. 그들은 주로 팝과 댄스 부문에서 선전했다. 지금도 록은 거의 변함이 없다. 2009년 말, 록 장르 부문 10위까지는 모두 남자 가수였다.

나는 이미 여성 뮤지션보다 남성 뮤지션이 더 많다는 가설을 기각했다. 록 이외의 장르에서 선전하고 있는 여성 뮤지션들이 이 것을 증명한다. 또한 여성의 선전은 남자가 최고에 오르기까지 긴 고난의 여정을 더 잘 견뎌내는 것은 아님을 뜻한다. 주로 남성에 의해 주도되었으며 성차별의 오랜 역사를 가진 록 문화에서 여성 이 선전하지 못한 것은, 이 장르에서는 여성 뮤지션이 다른 장르에 서보다 중도에 그만두는 경우가 더 많다는 것을 의미한다.

하지만 록의 거칠고 블루스적인 면모는 여자보다 남자들이 말하고 싶은 것에 더 적합한 음악 미학적 특성이다. 그래서 많은 여성들이 록에서 멀어졌다. 몇몇 여성이 남자들처럼 멋진 록을 만 들고 즐기고 있긴 하지만, 록에서 나타나는 남성 편향은 상대적으 로 그런 여성의 수가 적다는 것을 의미한다. 마찬가지로, 레이디 가가, 새라 맥클라클란Sarah McLachlan, 나탈리 머천트Natalie Merchant를 좋아하는 사람은 남자보다 여자가 더 많다.

남성의 진화적 의제는 '록'이라는 음악 장르를 만들었고, 여성 은 새로운 성적 페르소나를 찾고 표현하고 정당화시키는 새로운 길을 개척해나가고 있다. 여성의 페르소나에서 표현되는 선정성 을 보려면 1980년대의 마돈나 오늘날의 비욘세를 보면 된다. 너 무 큰 기대를 해선 안 될 테지만, 핑크P!nk처럼 록의 주류 문화에서 성공한 여성은 더 많아질 것이다. 30년 전에, 블론디Blondie의 싱어 이자 가장 눈에 띄는 여성 로커 중 한 명이었던 데버러 해리Deborah Harry는 록에서의 성의 역할을 인정했고, 미래에는 더 많은 여성 페 르소나가 등장할 것이라고 했다. "성은 팔리는 것이다. 나도 내 섹 슈얼리티를 이용한다. (중략) 여성 엘비스가 새롭게 나타날 것이다.

그게 로큰롤이 나아갈 수 있는 유일한 길이다. 록에서 새로운 것을 표현할 수 있는 사람은 이제 여성과 게이뿐이다." 우리는 여전히 최초의 여자 엘비스를 기다리고 있다. 개인적으로, 나는 키스 리처드에 버금가는 여성 록 스타가 나타난다면 기꺼이 그녀에게 열광할 것이다.

# 불멸성

**Immortality**

음악 산업은 잔인하리만치 얕게 파인 참호 같고, 도둑과 포주들이 날뛰고
착한 사람들이 개죽음 당하는 긴 플라스틱 복도 같다. 이것 말고 부정적인 면은 더 있다.

– 헌터 톰슨(Hunter S. Thompson), 1988

록 스타는 곱게 늙는 법이 없다.

그들은 요절하거나, 사라지거나, 결국 박살나거나,

완전히 망가져서 텔레비전 리얼리티 쇼에 나온다.

이미 고인이 되었거나 나이 든 록 스타를 보면,

왜 어떤 사람은 생을 일찍 마감하고

다른 사람은 오래도록 잘 사는지,

왜 우리의 몸과 마음은

나이가 들면서 쇠락해가는지 이해할 수 있다.

커트 코베인Kurt Cobain은 우리 세대를 정의하는 음악을 만들고 1980년대의 침체된 록을 구원한 기념비적인 인물이다. 하지만 대중적 명성 뒤에는 약물 중독과 우울증이라는 지옥이 그를 괴롭히고 있었다. 그는 27세의 젊은 나이에 샷건으로 자살했고, 닐 영Neil Young이 〈마이, 마이, 헤이 헤이My, My, Hey Hey (Out of the Blues)〉에서 노래한 구절을 유언으로 남겼다. "사그라지는 것보다 한 번에 타버리는 게 낫다는 것을." 록 스타에게 죽느냐 아니면 사라지느냐의 선택은 잔인하게 보인다. 하지만 이것은 모두에게 마찬가지다. 이 장에서 나는 짧은 인생과 쇠락하는 긴 인생, 죽음과 노화에 대해 다룰 것이다. 로큰롤의 방탕한 생활 방식은 죽음과 노화를 촉진한다. 어쨌거나 모든 사람은 젊을 때 죽거나 늙어서 죽거나, 둘 중 하나이다. 록은 진정 음량을 최대로 키운 삶이다.

로큰롤에서 살아남은 이들은 이제 그 나이를 실감하고 있다.

척 베리는 84세, 리틀 리처드는 78세, 매카트니와 딜런과 다른 롤링스톤스 멤버는 70에 가까운 나이에도 아직 정정하다(2011년 기준—옮긴이 주). 그들의 음악을 듣고 자란 베이비 붐 세대도 똑같이 나이가 들었다. 지금 정치인들은 베이비 붐 세대가 은퇴하고 건강이 악화되면서 의료 서비스와 사회 보장에 대한 부담을 키울 것이라고 전망한다. 1950년대와 60년대에 태어났던 엄청난 수의 아이들은 이전 세대보다 더 잘 살아남았고, 예방 접종 프로그램, 위생시설의 개선, 풍부한 식량, 낮은 사망률 등의 혜택을 받았다. 서구사회에서는 65세 이상의 인구가 전례 없이 늘어났고, 그들은 지금 노인성 질병에 걸리고 있다.

유년기와 청년기, 중년기의 사망률을 감소시킨 놀라운 발전덕택에, 오늘날 사망 원인은 100년 전과 완전히 달라졌다. 1907년에는 호주인의 20퍼센트가 심장질환으로 사망했고 8퍼센트만이 암으로 죽었다. 2000년에 그 비율은 각각 39퍼센트, 28퍼센트로 올랐다. 노인 인구가 늘어남에 따라, 이제 노인성 질환이 가장 큰 사망 요인이 되었다. 85세 이상 미국인의 절반은 치매로 고통받는다. 알츠하이머병은 가장 큰 사망 요인이다. 인류가 한 세대 만에 치매에 무릎을 꿇고, 죽을 권리에 대해 격렬한 논쟁을 벌일 줄 상상이나 할 수 있었겠는가?

죽음은 언젠가 일어나는 일이며, 오래 살면 노화는 피할 수 없다. 여기에서의 노화는 단순히 나이가 든다는 의미가 아니다. 시간이 흐름에 따라 우리 신체가 약화되고, 죽을 가능성이 점점 커지는 것을 말한다. '우리는 왜 죽나요?' '우리가 운 좋게 오래 산다면, 죽기 전까지는 꼭 나이가 들며 몸이 약해져야 하나요?' 이런 물음은 어린아이들이나 하는 질문 같을 수 있다. 하지만 아이들의 질문이 정말 좋은 질문인 경우도 많다. 나는 여기에서 노화와 죽음의 진화적 원인을 살펴고자 한다. 노화가 어떻게 진화했는지를 이해하는 것은 우리가 오랫동안 행복하고 건강하게 사는 데 꼭 필요하다.

### 상상해보라. 모든 사람들이… Imagine all the people

죽음과 노화에 대한 물음에는 두 가지 오류가 있다. 하나는 인간은 어떻게든 죽어야 한다는 것이고, 다른 하나는 나이에 따른 쇠락이 필연적이라는 것이다. 죽음은 우리가 음식과 공간, 산소와 같은 중요한 자원들을 다 써버리지 않고 후손에게 물려줄 수 있게 만든다는 점에서 적응적이라고 생각하기 쉽다. 그러나 이런 설명은 '우리가 왜 늙고 죽는지'라는 물음에 대한 대답이라기 보다는 '노화와 죽음을 어떻게 받아들여야 하는가'라는 물음에 대한 대답으로 더 적합해 보인다.

정해진 수명까지 살면 다음 세대를 위해 너그럽게 물러나야 하는 세상을 상상해보자. 조화로운 세상처럼 보이지만, 사기꾼이 나오기 꽤 쉬운 환경이다. 제한된 수명보다 몇 년 더 세상에 머무르는 사람들은 아무것도 잃을 것이 없지만 얻는 것은 많다. 예를 들어 그들은 손자를 키우는 데 도움을 줄 수도 있고, 아들과 딸이 더 큰 가족을 갖게 해줄 수 있다. 수명을 늘리는 유전자는 제한된 수명이 다하면 사라지는 유전자를 몇 세대 만에 추월할 것이다. 오래 사는 돌연변이를 유지하는 비용은 모두가 분담해야 하는 외부 효과지만, 적합도 증가에 따른 이득은 오로지 그 돌연변이에게만 돌아간다. 오래 살고 죽는 것은 적응이 아니다. 오히려 자연선택의 우연하고 불운한 결과이다.

우리는 죽을 필요가 없으며 실제로 우리는 불멸의 존재다. 적어도 우리 조상의 유전자는 지금까지 사라지지 않고 있다. 오늘날 살아 있는 모두는 가장 성공적인 선조에서 수천 수만 세대를 이어져 내려온 후손들이다. 우리의 조상은 지구에 나타난 첫 생명체까지 거슬러 올라갈 수 있다. 첫 조상은 후손에게 유전 정보를 물려주었고, 그 정보는 손자에게 계승되는 방식으로 계속 이어졌다. 그리고 매 세대마다 돌연변이라고 부르는 작은 오류들이 나타났다. 어떤 돌연변이는 단백질의 총체적 작용 방식을 바꾸었고, 그 결과 세포가 만들어지고 몸이 만들어졌다. 대부분의 변화는 파국을 초래했고, 그런 돌연변이를 물려받은 개체는 그 돌연변이를 후대에 전달하기도 전에 죽었다. 하지만 몇몇 돌연변이는 자손이 번식하는 방법을 더욱 개선시켰고, 다음 세대로 전달됐다.

오늘을 살아가는 모든 개체는 최초 생명체의 DNA 분자를 물려 받았다. 그 분자는 복제되고, 잘못 복제되고, 늘어나고, 수십억 년 동안의 돌연변이와 자연선택에 의해 계속 변화해왔다. 그 결과 지금 우리 모두는 태초의 DNA와는 매우 다른 DNA 서열을 가지게 되었다. 진화의 이야기는 곧 DNA 정보의 이야기다. 정보가 어떻게 신체와 행동을 만들었는지는 정말 재미있는 이야기다.

부모로부터 자손에게 정보가 복제되고 전달되는 과정이 40억 년 동안 진행됐지만, 우리의 유전 정보는 마모로 망가지지 않았다. 유전자에 일어났던 여러 오류들이 DNA 자신의 수리 메커니즘에 의해 고쳐지고, 자연선택에 의해 사라지거나 존재하게 되었다. 오늘날 우리 세포의 DNA와 미생물, 식물, 다른 동물 세포의 DNA는 잘 살아남았고, 끊임없이 이어졌다. 오류가 수정되기도 하고, 또 정보가 성공적으로 복제되기도 하고, 부분적으로는 행운에 의해 지금의 모습이 됐다. 이처럼 우리의 유전 정보는 40억 년이라는 지구 생명 역사를 견뎌왔지만, 우리의 신체는 그보다 약하다.

유전 정보와는 달리 우리의 몸은 일시적이다. 불필요한 마모가 일어나는 것이 바로 우리의 몸이다. 말미잘과 그 사촌 뻘인 작고 투명한 히드라*Hydra*는 단순히 몸에서 혹을 떼어내는 출아법으로 번식한다. 히드라는 특별한 번식 기관이 없다. 히드라의 노화에 대한 세계적인 권위자 대니얼 마르티네스*Daniel Martinez*에 따르면, 성체는 '영원한 배아 상태'이다. 마르티네스는 "발생을 조절하는 유전자는 계속해서 몸을 젊은 상태로 되돌린다."라고 했다. 즉, 히드라는 전혀 나이를 먹지 않는 것 같다. 히드라만큼 작은 (몸 길이 2.5센티미터 이하) 다른 동물은 노화가 일어나기도 전에 몇 주도 못 살고 죽는다. 하지만 마르티네스가 4년 동안 실험실에서 연구한 수많은 히드라 중에 죽은 히드라는 거의 없었으며 죽은 히드라도 노화 때문에 죽은 것은 아니었다. 사망률은 증가하지 않았고, 새로운 혹을 만드는 속도도 느려지지 않았다.

히드라는 출아법이 번식에 효과적이었기 때문에 스스로 회춘

하는 능력을 진화시켰다. 히드라 폴립polyp에서 떨어져 나간 부분은 완전히 새로운 히드라로 자라난다. 폴립은 몸의 한쪽에서 다른 폴립을 키워서 번식할 준비가 되어 있다. 몸 전체가 번식을 위해 질서 정연하게 유지되고 있다면 가능한 일이다. 인간과 다른 대부분의 동물에게, 새로운 생명을 만들어내는 것은 클론을 떼어내는 것보다 더욱 복잡하다. 우리는 번식을 위한 기관을 진화시켰고, 그 기관에는 난자와 정자를 만드는 특별한 세포가 있다. 생식세포라고 불리는 그 특별한 세포 안의 유전 정보만이 다음 세대로 전달되었고, 자손은 그 정보를 물려받았다. 따라서 신체가 생식세포를 강박적으로 보호하는 것은 당연하다. 그들이 곧 미래니까.

몸은 포식자, 기생충, 질병 때문에 죽거나, 사고로 죽을 수도 있다. 최고의 상태로 유지되던 몸도 영원히 살 수는 없다. 몸의 내구성에 대한 투자 때문에 유전 정보를 새로 복제하는 중요한 일을 소홀히 하게 되면, 영원한 몸을 만드는 것은 아무런 의미가 없다. 히드라와 다르게, 대다수 동물의 몸은 유전 정보를 만들고 퍼뜨리는 데 사용되는 일회용 하드웨어일 뿐이다. 개체가 얼마나 오래 살고 얼마나 빨리 퇴화할지는 전적으로 그 일회용 몸에 달려 있다.


## 단순한 손상 이상의 것 More than just reasonable wear and tear

8년 된 내 자동차 스바루Subaru는 노화의 징후를 보이고 있다. 최근에 나는 클러치를 교체하기 위해 현재 차 시세의 5분의 1이 되는 수리비를 지불했다. 그 외에도 망가진 자동차 창문 모터와 조명 부품들이 나를 귀찮게 하고 있다. 해마다 나는 이 차를 정비하고 유지하는 데 점점 더 많은 비용을 쓰고 있다. 나는 차가 영원히 굴러가진 않는다는 사실을 받아들이고 싶었지만, 나보다 오래된 보잉 747 비행기도 있다는 사실을 알고 나서 마음이 바뀌었다. 비행기가 추락 사고 없이 40년 동안 유지될 수 있다면, 자동차는 왜 수십 년 동안 아무 문제 없이 굴러가지 못할까?

항공사의 운영에는 수백만 달러가 필요하며, 작은 안전 사고도 사업에 치명적이다. 그래서 항공사는 꼼꼼하게 비행기를 정비한다. 비행기에 비해 자동차는 훨씬 저렴하고 사고가 나도 덜 치명적이다. 그래서 사람들은 콴타스Quantas 항공사 직원들만큼 성실하고 꼼꼼하게 자동차를 정비하지 않는다. 비행기와 자동차는 항상 신경 쓰고 잘 정비해주면 최고의 상태를 유지할 수 있다. 하지만 정비에 따른 이익과 오작동으로 인한 손해가 비행기만큼 크지 않기 때문에, 차는 계속 마모된다.

자동차처럼 우리의 몸도 나이가 듦에 따라 축적되는 손상 때문에 고생한다. 노화를 우리 몸에 어쩔 수 없이 축적되는 여러 오류로 생각하기 쉽다. 하지만 헌신적인 수리공들이 팀을 이뤄 비행기를 수리하는 것처럼, 우리 몸도 손상을 막고 고칠 수 있는 방어 기제를 갖고 있다. 세포는 감염에 대처하고, 외부 유입물을 제거하고, 활성 산소를 흡수하고, 해독하고, 상처를 치료하고, DNA에 일어난 복제 오류를 복구하기 위한 수백 가지 분자 도구를 갖고 있다. 장수하는 동물과 단명하는 동물을 비교했을 때, 수명의 차이는 동물마다 지니고 있는 복구 메커니즘이 얼마나 잘 작동하는지의 차이 때문으로 나타났다. 장수하는 동물은 단명하는 동물보다 더 나은 복구 메커니즘을 갖고 있었다.

복구 메커니즘은 동물이 삶을 살아가는 방식에 맞추어 진화했다. 하지만 왜 그 메커니즘은 항상 최대로 작동하지 않을까? 매번 비행이 끝날 때마다 모든 비행기를 정비하는 것은 불필요할 뿐만 아니라 수지도 맞지 않는 것처럼, 신체도 항상 완벽한 복구 메커니즘을 사용하려면 너무 많은 비용이 든다. 그리고 이것은 부분적으로 노화의 원인이기도 하다. 젊었을 때는 복구 메커니즘이 활발히 작동되지만, 나이가 들수록 복구 메커니즘은 효율성이 떨어진다. 이것은 마치 우리가 처음 차를 샀을 때는 정비에 공을 들이지만 시간이 흐르고 차의 중고값이 떨어짐에 따라 정비에 게을러지는 것과 같다. 자연선택은 진화 과정에서 젊은 개체를 최상의 상태로 유지시키는 유전자를 나이 든 몸이 더 손상되지 않도록 하는 유전자보다 더 선호했다. 왜일까?

## 나이가 들면 자연선택도 약해진다 Selection gets weaker with age

난 내 아이폰을 정말 아낀다. 아이폰은 단아한 디자인, 영특한 기능성과 똑똑한 어플리케이션을 제공한다. 물론 나는 내 아이폰이 영원할 것이라고 기대하지 않는다. 정말 짜증나게도, 내 아이폰은 계약 기간이 끝나기도 전에 망가져 버리곤 한다. 전화기 내부에 많은 먼지가 들어가서 화면이 안 보이게 되거나, 배터리 수명이 짧아져서 '모바일'이라는 수식어가 무색해지는 것이다. 왜 휴대전화는 계약기간보다 오래 살아남지 못할까?

간단히 답하면, 휴대전화는 마모되어 부서지기 때문이다. 하지만 이것은 또 다른 물음을 낳는다. 왜 휴대전화는 일반적으로 5년은 사용할 수 있도록 생산되지 않는가? 이 물음에 부분적으로나마 답하기 위해, 조립 라인에서 만들어진 이후 우리의 서랍 구석에서 녹슬게 될 때까지 10만 개의 휴대폰에 일어날 수 있는 일들을 생각해보자. 하자가 있는 몇몇 기기는 출고될 수 없다. 어떤 기기는 어쩌다 분실되거나 공급 체인에서 잘못 놓여지기도 한다. 이러한 모든 문제 때문에 5퍼센트 정도의 휴대폰(대략 5천 개 정도)은 출고가 되지 않는다. 제조업자가 출고되지 않는 기기의 비율을 줄이려고 하는 것은 당연하다.

하지만 2년의 보상 기간 동안 문제가 생긴 휴대폰은 수리 또는 교체를 해주어야 하기 때문에, 이것 또한 제조업자에게 손해가 된다. 그렇다면 그들은 조립/분배 과정에서 생기는 문제는 신경쓰면서 구매 후 1년 뒤에 생기는 문제는 왜 그만큼 신경 쓰지 않을까? 남아 있는 휴대폰을 살펴보자. 휴대폰을 잃어버리거나 도둑맞는 경우도 있다. 내 친구들과 나는 휴대폰을 절벽 아래로 떨어뜨려서 잃어버리거나, 자동차 타이어에 깔려서, 변기 속에 빠뜨려서, 주머니에 넣은 채로 모르고 수영하다가 망가뜨려서 다신 사용하지 못한다. 얼리어답터early adopter는 흥미가 오래가지 않기 때문에 휴대폰을 금방 바꾸고, 채 보상 기간이 끝나기 전에 이전 휴대폰을 기억 속에서 지운다. 그 결과, 2년 이상 사용되는 휴대폰은 3만 개 정도 밖에 남지 않는다. 이 단계까지 살아남은 휴대폰도 5퍼센트는 기타 문제 때문에 망가져서 수리 또는 교체가 필요하게 되지만, 이제 그 수는 1,500개에 지나지 않는다. 이 수치는 처음 휴대폰이 출시될 때 사라진 기기의 수(5,000개)에 비하면 훨씬 적은 수치다.

물론 이것은 지어낸 이야기이다. 하지만 이 이야기는 노화에 대한 중요한 사실을 설명하고 있다. 2년 뒤에 20개 중 하나 꼴로 휴대폰이 망가지는 문제는 회사에게 중대한 문제가 아니다. 오히려 새 휴대폰이 20개 중 하나 꼴로 망가지는 것이 더 큰 문제다. 왜냐하면 2년이 지나기 전에 정말 많은 휴대폰이 분실되거나, 도난당하거나, 망가지거나, 그냥 버려지기 때문이다. 이와 같은 방식으로, 20세가 되기 전 사망률이 1퍼센트에 이르는 암을 생각해보자. 이 암은 50세 전에는 절대 나타나지 않는 다른 암보다 훨씬 더 많은 사람을 희생시킬 것이다. 하지만 50세까지 살아남은 사람 중의 1퍼센트는 그보다는 적은 수치다.

유전적 돌연변이 때문에 생기는, 젊은 사람이 걸리는 암이 있다고 가정하자. 이와 비슷하게, 노인 암을 일으키는 유전적 돌연변이도 가정할 수 있다. 이제 자연선택은 어떻게 일어날까? 젊은 사람에게 암을 발병시키는 돌연변이의 경우, 그 돌연변이를 갖고 있는 사람은 20세가 되기 전에 죽고 단지 소수만이 그 돌연변이를 후대에 전달한다. 이들은 젊어서 병에 걸리기 때문에 아이를 많이 가지지 못할 것이다. 그 결과 그 돌연변이를 갖고 태어난 아이는 다음 세대에 극히 소수가 된다. 자연선택은 번식 성공도를 낮추는 유전자를 없애는 일에 정말 끈질기게 집요하다. 특히 어른이 되기 전, 아이에게 치명적인 유전자들이 그 대상이 된다. 이것은 아동과 청소년에게 나타나는 유전적 질병이 매우 희귀한 이유다. 자연선택은 그런 유전자를 항상 없애왔기 때문이다.

반면에, 뒤늦게 발현되는 암 유전자는 자연선택에서 더욱 잘 살아남는다. 50세 정도가 되면, 대부분의 부모는 아이를 더 이상 낳지 않고 키운 자식을 독립시키기도 한다. 20세에 죽는 것보다 50세 이후에 죽는 것은 부모의 진화적 적합도에 미치는 영향이 훨씬 적다. 50세 이후에 죽는 남성은 하나 혹은 두 명의 아이를 더 가질 수 있는 기회를 잃는 것일 수도 있으며, 남녀 모두는 아이를 독립시키고 그 아이가 가족을 꾸리는 데 도움을 줄 기회를 날리는 것이 된다. 하지만 이러한 적합도 손해도 번식 전에 죽는 것만큼 큰 문제는 아니다.

50세는 20세보다 남은 번식 기회가 훨씬 적을 뿐만 아니라 20세와 50세 사이의 많은 사람들은 암이 아닌 다른 이유로 죽는다. 그래서 50세 이상에 나타나는 암 유전자에 대한 자연선택은 어린 나이에 나타나는 암 유전자에 대한 자연선택만큼 강력할 수 없다. 나이가 들며 몸이 약화되는 것은 나이가 들며 자연선택의 힘도 줄어들기 때문일 것이다.

나이에 따라 암이 나타날 확률은 내 주장을 뒷받침한다. 호주에서는 매년 15세 이하 어린이 10만 명 중 스무 명의 어린이에게 암이 발생한다. 하지만 암 발병률은 계속 증가해서 60세 이상의 호주인 1퍼센트는 해마다 새롭게 암 판정을 받는다. 60세 이상의 노

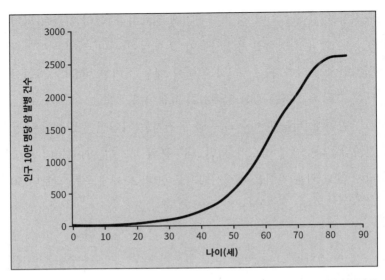

나이에 따라 암이 발병할 확률은 증가한다. 이 그래프는 2005년 호주인을 대상으로 한 자료를 참고했다.

인은 어린이보다 500배, 70세 이상은 어린이보다 1,000배 더 암 발병률이 높다.

암을 유발할 수 있는 DNA 손상을 막고 치료하는 메커니즘, 그리고 암이 되려는 세포를 없애고 억제하는 메커니즘은 나이 든 사람보다 젊은 사람에게 더 활발하게 작용한다. 암에 대한 방어 메커니즘에 문제가 있으면 번식하기 이전에 죽어버리기 때문에, 자연선택은 정교하게 그런 메커니즘들을 조율해왔다. 나이가 들어서 암에 대한 방어 메커니즘을 고장 내는 유전자를 갖고 있는 노인들은 암이 나타나기 전에 이미 부모 또는 조부모가 된다.

자연선택은 유전병을 없애고, 신체를 잘 유지시키고, 아이를 낳을 때까지 암을 제어하면서 수명을 늘려왔다. 자연선택의 힘은 나이가 들면서 감쇠한다. 그래서 우리를 노쇠하게 만드는 유전자는 자연선택에 의해 사라지지도 않고 개선되지도 않는다. 우리 조상들이 아이를 낳고 자식이 손자를 낳는 것을 도와줄 수 있었던 나이가 지나면, 선택은 약할 대로 약해진다. 이것은 자연선택의 그늘에 깊게 파여 있는 계곡이다. 그 계곡은 노화에 따른 피해를 완화시킬 수 있는 진화의 힘이 미치지 못하는 곳이다.

## 지금 신나게 살고, 나중에 늙자 Thrive now, age later

우리를 노쇠하게 만드는 유전자가 사라지지 않는 것은 단지 자연선택의 영향을 덜 받기 때문만은 아니다. 이들 중 어떤 유전자는 어릴 때의 적합도에 도움이 되는 것들도 있다. 노화는 단지 불행한 부작용일 뿐이다. 어릴 때 이익이 되는 유전자는 다음 세대로 더 잘 전달될 수 있기 때문에, 그러한 유전자는 꽤 흔하다. APOE라고 불리는 유전자는 아포지방단백질 EApolipoprotein E를 만들어낸다. 이 단백질은 몸에 축적되는 복합 분자를 분해하는 매우 중요한 역할을 맡고 있다. APOE 유전자는 서른 가지 이상의 형태가 있는데, 그중 ApoE-ε3, ApoE-ε2, ApoE-ε4가 가장 흔하게 나타나는 형태다. 단백질이 문장이고 아미노산이 단어라면, 아포지방단백질은 299개의 단어로 이루어져 있다. 이것은 지금 이 문장보다는 길지만, 단백질 중에서는 짧은 편이다. ε2(엡실론 2), ε4(엡실론 4) 형태의 유전자에서 만들어진 단백질은 오류가 하나씩 있다. 299개의 아미노산 단어 중 딱 하나가 틀린 것이며, 이 작은 오류는 큰 결과로 이어진다. 엡실론 4 형태의 유전자에 나타나는 오류를 살펴보자.

엡실론 4는 콜레스테롤과 다른 지방 분자들이 쌓여서 동맥의 벽이 두꺼워지는 병인 죽상동맥경화증atherosclerosis이나 알츠하이머병과 관련이 있다. 알츠하이머병은 노인성 치매의 가장 흔한 원인으로, 뇌세포가 퇴화되는 난치병이다. 또한 알츠하이머병은 잘 알려진 노인성 질환으로, 65세 이후에 주로 나타난다. 즉, 이미 아이를 다 키우고 손자까지 키웠을 나이에 발병한다. 알츠하이머병은 가장 잔인한 질병 중 하나인데, 새로운 기억을 형성하는 능력을 빼앗고, 이전의 모든 기억과 자의식을 점차적으로 지워가며, 결국 품위도 떨어뜨린다. 전 미국 대통령인 로널드 레이건Ronald Reagan이나 배우 찰턴 헤스턴Charlton Heston, 철학자이자 작가였던 아이리스 머독Iris Murdoch의 목숨을 앗아간 질병이기도 하다. 내가 좋아하는 소설가인 테리 프래쳇Terry Pratchett은 알츠하이머병의 초기 증세를 겪었고, 그의 사투가 다큐멘터리로도 만들어졌다. 왜 자연선택이 엡실론 4와 같은 유전자를 없앨 수 없는지에 대한 이유를 설명한 사람들보다 더욱 천재적이고 뛰어난 지성인이었던 조지 윌리엄스George C. Williams도 2010년에 알츠하이머 선고를 받았다.

넷 중 한 명 정도는 엡실론 4 유형의 유전자 하나와 다른 형태의 복제본을 가지고 있는데, 이런 사람들은 엡실론 4 유전자가 전혀 없는 사람에 비해 알츠하이머 발병율이 다섯 배나 높다. 50명 중에 한 명 정도는 엡실론 4를 두 개 모두 갖고 있고, 이런 사람은 일반인보다 알츠하이머병에 걸릴 확률이 20배나 높다. DNA구조를 발견한 제임스 왓슨James Watson이나 심리학자 스티븐 핑커처럼 자신의 완전한 게놈 서열을 알고 있는 사람들은 자신이 APOE 유전자의 어떤 버전을 갖고 있는지 공개되지 않도록 했다. 이 사실은 알츠하이머병의 오싹한 위험성을 생각하면 당연하게 느껴진다. 엡실론 4의 영향을 치료할 수 있는 효과적인 기술이 발달할 때까지 차라리 모르고 있는 편이 낫다고 생각하는 사람들이 더 많을 것이다. 반면에 게놈의 개척자인 크레이그 벤터Craig Venter는 공공연하게 그에게 엡실론 4가 하나 있다며 말하고 다닌다. 그는 이미 동맥경화를 예방하기 위해 콜레스테롤 수치를 떨어뜨리는 약을 복용하고 있으며, 만약 콜레스테롤이 엡실론 4와 알츠하이머병의 연결 고리의 일부라면, 그는 아마 치매에 걸리지 않을 수도 있다.

상상하기 어렵겠지만, 엡실론 4는 좋은 점도 있다. 최근 몇몇 연구에 따르면, 엡실론 4 유전자를 한두 개 갖고 있는 청년이 지적 능력 테스트 및 기억력과 주의력 테스트에서 더 뛰어난 성적을 거두었다. 체코에서의 연구에 따르면 엡실론 4가 있는 사람이 학교를 중퇴할 가능성이 더 낮고 대학에 가는 비율이 더 높다고 한다. 엡실론 4는 젊을 때 좋은 기억력과 지능, 중요한 정보에 집중할 수 있는 능력을 갖게 하여 삶의 전반부에 실제로 도움이 되고 있을 수도 있다. 늦게 발현되는 엡실론 4는 치명적이고 회복이 불가능하지만, 알츠하이머병이 주로 발병하는 65세 이상의 노인들에게 작용하는 선택압은 상당히 약하다. 반면에 젊은 사람에게 작용하는 선택압은 매우 강하다. 왜냐하면 엡실론 4가 있다고 해서 젊을 때 죽은 사람은 없고, 오히려 번식에 도움이 되기 때문이다. 지능에 영향을 미치는 다양한 종류의 선택압 중 어느것이 더 중요한지에 대해서는 논란이 많지만, 아무튼 똑똑하면 여러 방면에서 좋다. 그래서 지능과 기억력에 미치는 작은 영향은 엡실론 4가 노년에 미치는 엄청난 영향을 상쇄할 수 있다.

APOE처럼 대부분의 유전자는 몸의 서로 다른 부분의 몇몇 생화학 과정에 관여한다. 유전자의 발현을 그 유전자가 작용하는 특정 기능이나 그 돌연변이로 생기는 특정 문제로만 바라보는 것은 잘못된 시각이다. 어떤 유전자로 인해 번식 이후의 노년 시절에 보는 손해보다 젊은 시절에 얻는 적합도 이득이 더 큰 경우가 많다. 그 결과로, 엡실론 4 같은 변형 유전자는 개체군 내에 불안할 정도로 가득할 수 밖에 없다.

## 죽음은 번식의 부작용이다 Death is a side effect of reproduction

엡실론 4, 젊은 시절의 지능, 노년기의 동맥경화와 알츠하이머병 간의 관계는 매우 미묘하다. 하지만 그 관계의 진화적 시나리오는 꽤 단순하다. 자연선택은 젊었을 때의 적합도를 높이는 유전자를 선호하지만, 그 이득에 대한 대가는 나중에 치른다. 우리 신체는 이와 비슷한 수백 가지의 거래를 하며, 수명을 줄여서라도 성인기의 번식에 더 많은 투자를 한다. 이런 거래의 일부는 우리의 행동으로 나타난다.

심지어 사랑도, 특히 번식도, 공짜가 아니다. 모든 단계마다 번식은 대가를 치르게 된다. 한 번에 10만 개의 알을 낳는 암컷 수수두꺼비, 해변을 지배하기 위해 다른 모든 수컷과 싸우는 수컷 코끼리물범, 여덟 마리 이상의 새끼를 갖기 위해 몸무게가 두 배로 늘어난 쥐, 20년 동안이나 딸을 양육해야 하는 어미 코끼리를 생각해보자. 이런 비용 때문에 사망률은 순간 크게 증가한다. 출산 문제는 인류 역사 대부분의 기간 동안 성인 여성의 주요 사망 요인이었다. 아직도 세계 여러 곳에서 그렇다.

번식에는 에너지와 단백질, 그리고 신체를 유지하고 복구하는 데 쓰이는 여러 영양분이 필요하기 때문에, 번식에 따른 비용으로 노화가 빨라진다. 항공사가 수익성을 위해 정비 비용을 낮춘다면, 비행기는 더 빨리 마모될 것이다. 그 결과, 비행기는 교체 시기 훨씬 이전에 망가질 것이고, 끔찍한 결과로 이어질 수도 있다. 같은 방식으로, 몸을 유지시키는 것보다 번식을 위해 영양분을 과도하게 사용하면, 신체적 피해가 회복되지 못할 수도 있다. 그 결과는 노화로, 때로는 이른 죽음으로 나타난다.

740년과 1876년사이에 태어난 영국의 귀족을 조사했을 때, 첫 아이를 빨리 가진 여성은 60세가 넘어서까지 사는 경우가 적었다. 하지만 80세를 넘겼던 여성은 아이가 없는 경우가 많았으며, 일찍 사망한 여성보다 아이가 더 적었다. 임신이 여성의 수명에 미치는 영향은 지금도 나타나고 있다. 내 동료인 알렉시 마클라코프 Alexei Maklakov가 세계 205개국을 대상으로 진행한 조사에서, 여성이 일생 동안 갖는 아이의 수는 0.9명(홍콩과 마카오)에서 7.1명(니제르와 기니비사우)이었다. 여성의 수명이 긴 국가의 여성은 아이를 더 적게 낳았다. 이 결과는 알렉시가 평균 소득, 인구밀도 등의 다른 변인을 통계적으로 조절했을 때도 똑같았다. 산업 사회에 살고 있는 우리는 여성의 수명이 남성보다 몇 년 더 길다는 사실에 익숙하다. 하지만 아프가니스탄, 니제르, 미크로네시아 연방공화국처럼 출생률이 높은 곳은 남성이 여성보다 오래 산다.

신체의 관점에서, 미래는 현재만큼의 가치가 없다. 그래서 우리는 번식 결정을 함에 있어서 미래를 고려하지 않는다. 하지만 얼마나 미래가 찬란할지는 개인의 상황에 달려 있다. 변화하는 환경에 민감하면 결국 도움이 된다. 전망이 안 좋을 때는 미래를 포기하고, 장수와 번영이 약속된다면 미래에 희망을 건다. 인류학자이자 심리학자인 대니얼 네틀Daniel Nettle에 따르면, 이런 일이 오늘날 영국에서 일어나고 있다. 영국은 가난한 곳의 주민이 부유한 곳의 주민보다 약간 더 이른 나이에 죽지만 건강하게 사는 기간은 25년이나 짧다. 가난한 동네에서, 여성은 첫 아이를 평균 22세에 낳는다. 하지만 부유한 동네에서 여성이 첫 아이를 가지는 나이는 평균 28세 이상이다. 가난한 여성은 낳는 아이 수도 적고, 2개월 이내로 모유 수유를 끝내지만, 부유한 여성은 평균 4개월 이상 모유 수유를 한다. 건강을 기대할 수 없는 여성은 더 일찍 번식을 시작하고 아이에 대한 투자는 덜하는 것 같다.

이른 임신이 건강 악화와 가난의 악순환으로 이어지는지 여부는 아직 논란의 여지가 있다. 하지만 독일에서의 최근 연구는 그럴 가능성을 제시한다. 2차 세계대전 이후, 연합군이 독일을 동독과 서독으로 나눔에 따라 흥미로운 자연 실험 조건이 만들어졌다.

동독은 정책상 아이를 낳도록 장려했고, 출산 후 복직이 가능했다. 따라서 편모도 서독보다 훨씬 살아가기 쉬웠다. 반면 서독의 세금과 사회 보장 제도는 '남자는 돈을 벌고, 여자는 집안 살림을 하는 역할 분담'을 촉진했다. 그 결과로, 동독 여성은 대부분 아이가 있었으며, 서독 여성보다 더 어린 나이에 첫 아이를 가졌고 양육과 함께 일을 병행했다. 이러한 차이의 결과는 통일이 된 지 16년이 지난 2006년에도 나타난다. 서독 지역에서 네 아이 이상을 키운 부모는 두 아이를 키운 부모보다 건강 상태가 좋았다. 하지만 동독 지역의 여성은 건강 상태가 안 좋았고, 아이가 많을수록 건강 상태도 나쁘고 수명이 짧았다.

## 매력의 비용 The price of attraction

임신, 출산, 모유 수유에 따르는 비용은 명백하다. 그러나 수컷이 들이는 비용—짝을 찾고 유혹하며 경쟁자를 물리치는 데 드는 비용도 암컷이 들이는 비용에 못지 않다. 동물의 구애 행동은 죽을 위험을 높인다. 암컷이 다가오리라는 간절한 희망으로 밤새 우는 수컷 개구리는 올빼미나 뱀, 박쥐에게 잡아먹힐 수 있는 치명적인 위험 속에 놓인다. 심지어 그날 밤 살아남았더라도 100데시벨 이상의 울음으로 기력이 다 빠져버릴 수도 있다. 수컷 긴꼬리천인조 long-tailed widow bird는 꼬리가 몸보다 네 배나 길어서 세울 수도 없이 그냥 질질 끌고 다닌다. 하지만 암컷은 그런 수컷의 수고를 알아채고는, 근처에 보금자리를 마련한 뒤 가장 긴 꼬리의 수컷과 교미를 한다. 성선택은 너무 강력해서 성적 신호에 따르는 비용이 걷잡을 수 없을 때까지 그 신호 형질을 과장시킨다.

물론 느리고 꾸준한 전략이 더 나을 때도 있다. 구애 행동이 과하면 죽을 수도 있고, 너무 오래 울어서 회복할 수 없을 지경이 되거나, 먹이를 찾으러 멀리 날아갈 수도 없을지 모른다. 어떤 개체는 꼬리를 적당한 길이로 성장시키거나 하룻밤에 단 몇 시간만 노래를 하기도 한다. 살아 돌아갈 수 있다는 희망을 갖고 그렇게 하는 것이다. 하지만 매일 같이 반복되는 이런 삶은 수컷을 점점 죽음으로 몰고 간다. 그래서 나이 많은 수컷은 매력적으로 보이기 위해 때때로 그들이 젊었을 때보다 더 노력을 쏟기도 한다. 무리해도 잃는 것은 적으니까.

하지만 항상 그렇지는 않다. 일찍 죽을 가능성이 높아지면 짧고 굵은 삶을 보내려고 한다. 비록 그 삶이 바람에 깜박이는 촛불처럼 곧 꺼져버릴지라도 말이다. 우리 연구팀의 존 헌트John Hunt가 진행한 연구에 따르면, 암컷 귀뚜라미는 먹이를 잘 먹을수록 더 많은 알을 낳고 오래 산다. 하지만 잘 먹고 자란 수컷은 너무 열심히 노래를 하며 자신을 불사르고, 못 먹고 자란 수컷보다 오히려 일찍 죽었다. 못 먹고 자란 수컷 귀뚜라미는 밤마다 단지 몇 분간만 울 뿐이었다.

먹이를 잘 먹인 수컷 귀뚜라미는 1949년 영화 〈노크 온 애니 도어Knock on Any Door〉에서 어린 불량배로 나온 로마노Romano와 같은 좌우명을 품고 살았다. 로마노는 '난 방탕하게 살다가 일찍 죽을 거야. 그리고 근사한 시체를 남겨야지.'라고 했다. 젊은 남성은 여성보다 훨씬 더 큰 위험을 감수하며, 그 결과 죽거나 사고가 나거나 싸움으로 다치는 경우가 더 많다. 또한 남자는 자살할 확률이 네다섯 배나 더 높고, 질병에 걸려 죽을 가능성도 높다. 다른 포유류에서 전염병으로 죽을 위험성은 암컷을 두고 벌어지는 수컷 간의 경쟁 정도와 관련이 있다. 질병과 경쟁 간의 관계는 수컷의 테스토스테론 때문에 나타난다. 테스토스테론은 수컷의 공격성이 나타나는 시기와 정도를 조절하며 면역 체계를 억제시키기도 한다. 테스토스테론은 무모한 행동, 공격성, 자살, 질병에 걸릴 위험성 등 여러 부작용도 있다. 이 호르몬 때문에 남성은 여성보다 심장병, 동맥경화, 다른 노인성 질환에 더 잘 걸린다.

이러한 남성 질환들이 모든 나라에서 항상 똑같이 나타나는 것은 아니다. 미시간 대학교의 댄 크루거Dan Kruger와 랜덜프 네스는 동유럽 14개국에서 시장 경제로의 전환이 일어나기 전(1985~89), 일어날 때(1990~94), 일어난 뒤(1995~99) 시기의 자료를 연구했다. 시장 경제로의 전환은 진취적이고 의욕이 있는 사람에게 새로운 경제적 기회를 부여했으며, 그로 인해 지위와 소득의 불평등은 더욱 커졌다. 이러한 변화로 사람들은 큰 위험을 감수하고 자신을 혹사시키고 엄청난 스트레스를 받게 된다. 진화 이론은 여성보다 남성이 이런 변화에 더욱 시달릴 것으로 예측한다. 그리고 그런 일은 실제로 일어났다. 남자는 여자에 비해 전환기 혹은 전환기 이후에 수명이 더 짧았다. 하지만 서유럽의 경우, 같은 시기 동안 그런 사망률 변화 패턴이 나타나지 않았다.

## 암흑 속으로 Into the black

그래서 다시 로큰롤을 살펴보게 된다. 나는 10장에서 록과 여러 대중음악에서 흔히 볼 수 있는 남성의 무모한 허세에 대해 설명했다. 그것은 바로 성공과 명성, 부, 여성과의 섹스를 위한 끈질긴 노력에 다름 아니었다. 하지만 남성의 허세가 그것 때문만은 아니다. 그만큼 중요하며, 또한 진화의 중요한 원리를 구체적으로 나타내는 다른 이유가 있다. 바로 미래는 현재만큼 중요하지 않다는 원리다. 짐 모리슨Jim Morrison이 강조한 것처럼, "앞으로 무슨 일이 일어날지 모르겠어. 하지만 나는 세상이 다 타버리기 전에 스릴을 느껴보고 싶어".

역사를 통틀어서, 빈민가의 가난한 남성은 미래를 생각하지 않고 진화적 대박을 터트릴 수 있는 작은 가능성을 위해 모든 위험을 감수하곤 했다. 그런 남성들은 블루스의 개척자인 로버트 존슨Robert Johnson(1911~38)처럼 분노와 야망과 창의성으로 끓어올랐다. 음악 저널리스트 스티븐 데이비스Stephen Davis는 다음과 같이 썼다.

로버트 존슨이 태어난 미시시피 강의 삼각주에서, 그들은 말했다. 만약 달빛 없는 칠흑 같은 밤, 인적 없는 마을 길의 귀퉁이에 어느 열성적인 블루스맨이 기다리고 있다면, 악마가 다가와서 기타를 튜닝해주고 블루스맨의 영혼에 서약하며 평생의 돈과 여자와 명성을 보장했을지도 모른다고. 바로 로버트 존슨이 그렇게 길 옆에서 기다리다가 튜닝된 기타를 받았다고, 그들은 말했다.

파우스트처럼 거래를 해서 얻었든, 그냥 열심히 해서 얻었든지 간에, 존슨의 기타 연주와 그로 인한 혁명은 그를 전설로 만들었다. 하지만 그는 애인의 질투심, 술, 스트리크닌strychnine(독성 물질. 미량을 쓰면 중추신경흥분제로 작용한다—옮긴이 주) 때문에 27세라는 나이에 불행하게도 고인이 됐다. 성선택된 깃털, 울음소리, 페로몬, 수컷이 짝과 영역을 지킬 때 사용하는 무기와 공격 능력처럼, 동물들이 짝을 유혹할 때 사용하는 형질에는 비용이 든다. 마찬가지로, 뮤지션도 성공에 대한 큰 대가를 치르곤 한다.

젊은 로커, 래퍼, 블루스 뮤지션 등 많은 연예인은 스타덤, 지위, 성공을 누린다. 하지만 이를 얻기 위해서는 미래를 포기해야 한다. 그들은 밤낮으로 열심히 일하고, 항상 위험 속에서 산다. 많은 이가 잠잘 준비를 하다가 죽음을 맞곤 했다. 또한 그들은 마약을 하고, 과음하고, 과속 운전을 하고, 무기를 소유하며, 동년배의 평범한 사람들보다 더 많은 적을 둔다

로버트 존슨, 커트 코베인, 브라이언 존스 외에도 최고의 위치에서 죽음을 맞은 위대한 록 스타는 더 있다. 사실 지미 헨드릭스, 재니스 조플린Janis Joplin, 짐 모리슨과 그레이트풀 데드Greatful Dead의 멤버인 론 '피그펜' 매커넌Ron "Pigpen" Mckernan, 최근에는 에이미 와인하우스Amy Winehouse까지 모두 27세의 나이로 사망했다. 그러나 27이라는 수에는 특별한 것은 없다. 20대는 록 스타에게 위험한 시기이며, 그 뒤에도 상황은 그다지 개선되진 않는다. (388쪽의 그래프를 보라.)

최근에 리버풀 존 무어스 대학의 마크 벨리스Mark Bellis와 그의

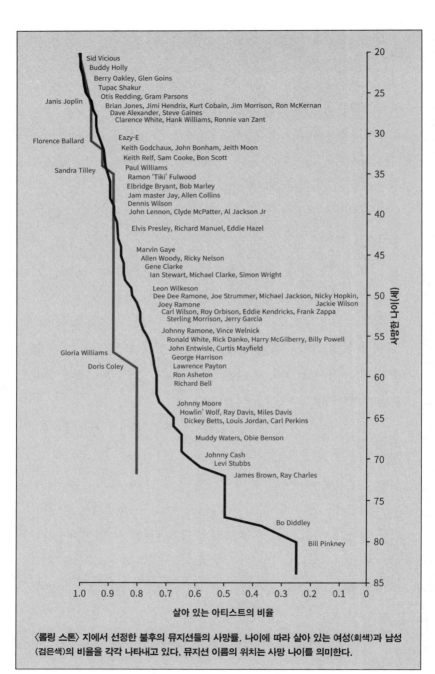

20

Sid Vicious
Buddy Holly
Berry Oakley, Glen Goins
Tupac Shakur
25
Otis Redding, Gram Parsons
Janis Joplin
Brian Jones, Jimi Hendrix, Kurt Cobain, Jim Morrison, Ron McKernan
Dave Alexander, Steve Gaines
Clarence White, Hank Williams, Ronnie van Zant
30
Florence Ballard
Eazy-E
Keith Godchaux, John Bonham, Jeith Moon
Keith Relf, Sam Cooke, Bon Scott
Sandra Tilley
Paul Williams
35
Ramon 'Tiki' Fulwood
Elbridge Bryant, Bob Marley
Jam master Jay, Allen Collins
Dennis Wilson
John Lennon, Clyde McPatter, Al Jackson Jr
40

Elvis Presley, Richard Manuel, Eddie Hazel

Marvin Gaye
45
Allen Woody, Ricky Nelson
Gene Clarke
Ian Stewart, Michael Clarke, Simon Wright

Leon Wilkeson
50
Dee Dee Ramone, Joe Strummer, Michael Jackson, Nicky Hopkin,
Joey Ramone                                                    Jackie Wilson
Carl Wilson, Roy Orbison, Eddie Kendricks, Frank Zappa
Sterling Morrison, Jerry Garcia

Johnny Ramone, Vince Welnick
Ronald White, Rick Danko, Harry McGilberry, Billy Powell
55
John Entwisle, Curtis Mayfield
Gloria Williams
George Harrison
Doris Coley
Lawrence Payton
Ron Asheton
60
Richard Bell

Johnny Moore
Howlin' Wolf, Ray Davis, Miles Davis
65
Dickey Betts, Louis Jordan, Carl Perkins

Muddy Waters, Obie Benson

Johnny Cash
70
Levi Stubbs
James Brown, Ray Charles

75

Bo Diddley
80
Bill Pinkney

85

1.0   0.9   0.8   0.7   0.6   0.5   0.4   0.3   0.2   0.1   0

살아 있는 아티스트의 비율

사망한 나이(세)

〈롤링 스톤〉 지에서 선정한 불후의 뮤지션들의 사망률. 나이에 따라 살아 있는 여성(회색)과 남성
(검은색)의 비율을 각각 나타내고 있다. 뮤지션 이름의 위치는 사망 나이를 의미한다.

동료는 록과 팝 분야의 역대 음반 1000위에 속하는 뮤지션을 대상으로 조사를 진행했다. 유명해진 뒤 3년에서 25년 사이의 뮤지션들은 같은 나이의 미국인이나 유럽인보다 1.7배나 죽을 확률이 높았다. 그들은 마약이나 술(31퍼센트), 사고(16퍼센트), 폭력이나 자살(9퍼센트), 심장병(14퍼센트), 암(20퍼센트) 등의 요인으로 사망했다. 록, 랩, 재즈, 블루스와 같은 대중음악은 진화 역사상 가장 훌륭한 구애 신호이며, 가장 위험한 신호이기도 하다.

　록을 하다가 죽지 않으면, 그냥 나이가 들 것이다. 키스 리처드를 제외하고, '어둠의 왕자Prince of Darkness' 만큼 로큰롤 생활로 피폐해진 몸을 잘 나타내는 표현도 없다. 오지 오스본Ozzy Osbourne은 스스로를 의학계의 기적이라고 불렀다. 그는 40년간을 알코올 및 마약 중독자로 살았고, 4륜 오토바이 사고로 목이 부러지고, 두 번이나 죽을 고비를 넘겼다. 또한 그의 기타리스트 랜디 로즈Randy Rhoads가 탄 경비행기가 로큰롤의 객기를 부리며 오스본의 투어 버스 위로 멋지게 지나가려다가 그 버스와 추돌한 사고가 있었다. 그 사고로, 경비행기에 탄 모든 사람이 죽었지만 오스본은 아무 탈 없이 살아남았다. 그의 삶을 다룬 TV 프로그램을 보면, 오스본이 청각을 잃고 지난 40년간의 고생 때문에 보기에도 많은 상처를 입은 것을 알 수 있다. 오지 오스본은 살아남은 록 스타지만 상처가 남았다.

　흥미롭게도, 오지가 그런 고난에도 어떻게 살아남았는지 알아내기 위해 최근 그의 게놈 서열이 분석되었다. 개인 게놈 분석에 있어서 정말 기발한 섭외였다. 오지 오스본의 결과는 다음과 같다.

다른 사람보다 나는 알코올 중독자가 될 가능성이 평균 6.13배 더 높다. (음, 그래.) 또 코카인 중독자가 될 가능성도 1.31배 높고. (이건 헛소리이다. 왜냐하면 나만큼 코카인을 많이 하면 누구라도 코카인에 중독될 걸.) 대마초를 피우고 환각에 빠질 가능성도 2.6배 높다. (이 부분은 이해가 된다. 비록 내가 한번에 너무 많은 것을 하는 편이지만, 내가 뭘 하고 있는지 모를 때가 많다.)

유전체학genomics이 오지가 어떻게 살아남은 록 스타가 되었는지 이해할 수 있는 가장 유익한 도구인지는 두고 보아야 한다. 하지만 그는 분명히 생물학적 역경을 잘 이겨냈다.

로버트 존슨, 브라이언 존스, 지미 헨드릭스, 재니스 조플린, 짐 모리슨, 커트 코베인은 모두 27세에 죽었다. 하지만 그들이 이뤄낸 것은 사라지지 않고 있다. 우리의 기억 속에 그들은 최고의 전성기 시절의 모습—젊고 창조적이며 비극적인—으로 오래도록 남을 것이다. 슈퍼스타들이 마지막 숨을 거둔 이후 앞으로 태어날 세대가 얼마나 많이 헨드릭스, 도어스, 너바나의 티셔츠를 입을지에 상관없이, 그 뮤지션들은 결코 빛을 잃지 않을 것이다.

이런 아티스트는 믹 재거처럼 70세가 되어서도 연주를 하고 활동을 하며 공연장에서 춤을 추거나 포즈를 취할 필요가 없을 것이다. 또는 텔레비전 패러디물에서 모욕을 당하거나, 연예 잡지의 지면을 채워줄 필요도 없을 것이다. 그들의 불빛은 계속 타오를 것이며, 그들의 재능도 위축되지 않을 것이다. 그리고 동맥경화, 파킨슨병, 암, 알츠하이머병 때문에 연주를 못하거나 노래를 못하게 될 일도 없다. 하지만 그러한 불멸성의 영예를 얻기 위해서, 꼭 로버트, 브라이언, 지미, 재니스, 짐, 커트처럼 될 필요는 없다. 닐 영이 〈마이, 마이, 헤이 헤이〉를 부르며 강조했던 것처럼, '죽으면 다시 돌아올 수 없으니까'.

# 감사의 글

나는 그토록 꿈에 그리던 일을 하고 있다. 나는 우리가 생각할 수 있는 가장 중요한 아이디어에 대해 궁리하며, 우리가 품은 가장 흥미로운 물음에 답하기 위해 애쓰고 있다. 그리고 나는 섹스에 대해 묻고 생각한다. 새로운 무언가를 가르치고 배우고 발견하는 것이 나의 일이라는 사실은 엄청난 영광이며 기쁨이다. 나의 일이 돈벌이가 되거나 지구를 구할 만한 일이기 때문에 영광인 것이 아니다. 단지 흥미롭다는 이유로 이 일을 할 수 있다는 것이 나에게는 더 큰 기쁨이다. 진화에 대해 우리가 알고 있는 대부분의 사실은 단순히 과학자의 흥미로 인하여 밝혀진 것이다. 나는 이 책을 읽은 여러분이 진화생물학의 매력을 조금이나마 느꼈기를 바란다. 또한 이 책이 진화적인 세계관의 중요성을 좀 더 부각시켰기를 바란다. 흥미로운 주제를 연구할 수 있도록 과학자를 지원해줄 수 있는 나라는 많지 않다. 하지만 감사하게도 호주연구위원회The Australian

Research Council는 1999년부터 내 연구를 꾸준히 지원하고 있으며, 그 펠로우십으로 내게 지난 6년 동안의 연봉을 지급했다. 호주연구위원회는 나에게 연구에 집중할 수 있는 시간과 여유를 주었고, 나는 정말 흥미로운 사실들을 많이 찾아냈다. 지적 활기가 넘치는 사회를 만들려면 호기심에 기반한 연구가 더 활성화되어야 한다. 하지만 안타깝게도 여러 나라에서 그런 기초 과학 연구는 제대로 지원받지 못하고 있다. 나는 이 책이 정부 지원 연구로 나타나는 혜택을 조금이나마 보여줄 수 있기를 희망한다.

나는 10년이 넘도록 뉴사우스웨일즈 대학UNSW에서 일하면서 진화생물학연구센터Evolution & Ecology Research Centre와 생명지구환경과학과School of Biological, Earth and Environmental Sciences에서 항상 도움을 아끼지 않고, 유쾌하며, 따뜻한 동료들과 함께했다. 그들은 체계가 부족했던 내 생각을 책으로 정리할 수 있도록 도와주었다. 우리 실험실 사람들은 랩미팅에서 또는 커피를 마시면서 이 책의 내용을 꼼꼼히 살펴주었다. 이러한 대중적 글쓰기는 우리가 주로 하는 프로젝트나 논문과는 또 다른 노력과 시간을 필요로 했지만 우리 실험실 사람들은 이러한 모습을 잘 이해해주었다.

실험실 연구원과 내 친구들은 이 책에 대한 이야기를 들어주었고 또 초고를 검토해주었다. 그들의 예리한 충고와 따뜻한 응원, 따끔한 직언이 없었다면 나는 이 책을 끝맺지 못했을 것이다. 엠마 존스턴Emma Johnston, 샘 머레시Sam Maresh, 앨릭스 조던Alex Jordan, 이디스 앨로이시 킹Edith Aloise King, 러셀 본두리안스키Russell Bonduriansky, 레이 블릭Ray Blick, 마고 애들러Margo Adler, 마이크 제

니언스Mike Jennions, 마이클 카슈모빅Michael Kasumovic, 베스 카슈모
빅Beth Kasumovic, 카를라 아보리오Carla Avolio, 사이먼 그리피스Simon
Griffith, 매튜 홀Matt Hall, 제너비브 퀴글리Genevieve Quigley, 빌 폰 히펠
Bill von Hippel, 브렌던 지치Brendan Zietsch, 엘키 벤스트라Elke Venstra, 제
마 스마트Gemma Smart, 줄리엣 셸리Juliette Shelly, 에일린 리Aileen Lee가
바로 그들이다. 줄리엣 셸리는 〈www.robbrooks.net〉이라는 멋
진 웹사이트를 만들어주기도 했다. UNSW 사회정책연구센터Social
Policy Research Centre의 린 크레이그Lyn Craig의 논문은 안타깝게도 이
책의 최종판에 실리지 못했지만, 남녀가 가계에 기여하는 정도를
논의하기 위해 그녀는 나에게 기꺼이 시간을 할애해주었다.

우리 실험실의 연구조교였던 니콜 스피로우Nicolle Spyrou는 〈롤
링 스톤〉 지의 불멸의 가수들에 대한 정보나 지난 55년 동안의 빌
보드 1위 곡에 대한 정보 등 내가 필요로 하는 여러 정보를 취합해
주었다. 또 니콜은 7년 동안이나 실험실을 아무 탈 없이 잘 관리해
주었다. 나는 니콜과 함께 그녀의 뒤를 이어 실험실을 관리해준 엘
키 벤스트라Elke Venstra, 헤더 트라이Heather Try에게도 감사의 말을
전한다.

스티븐 핀콕Stephen Pincock이 맨 처음 이 책을 제안했고, 뉴사우
스북스 출판사의 편집장은 나에게 책의 출판을 설득하며 착수 및
진행 과정을 도와주었다. 비록 그는 이 책이 절반쯤 완성되었을 때
출판사를 떠났지만, 제인 매크레디Jane McCredie가 침착하게 그 자리
를 대신했다. 제인은 필요한 부분을 수정하도록 나를 재촉했지만
항상 내 원고를 신뢰했고 나에게 자신감을 심어주었다. 스티븐의

응원이 없었다면 나는 아마 이 책을 시작하지도 못했을 것이다. 또 제인의 믿음이 없었다면 나는 이 책을 마무리 짓지 못했을 것이다. 나는 책을 처음으로 펴내면서 많은 걱정에 사로잡혔지만, 팀 풀러턴Tim Fullerton은 끈기와 집중력을 갖고 내 원고를 검토해주었고 그의 유익한 조언을 통해 나는 더 나은 원고를 써낼 수 있었다. 또한 그는 잘 진행되고 있다며 계속 나를 다독여주었다.

나의 부모님 벤Ben과 패티Patti는 어린 나에게 글을 읽는 법을 알려주셨고, 내가 고등학교를 졸업할 무렵에는 어떻게 하면 글을 잘 쓸 수 있는지도 가르쳐주셨다. 부모님은 내가 좋아하는 일을 할 수 있도록 격려해주셨고, 그로 인해 지금의 내가 되었다. 책이 한창 진행되고 있을 무렵 어머니가 아프셨고 그래서 우리 가족은 두 달 동안 집안에만 머물러야 했지만, 부모님께서는 내가 일을 지속할 수 있도록 나를 위해 공간을 마련해주었다. 또한 그들은 정말 빠르게 이 책의 초고를 검토해주었고 조언을 아끼지 않았다.

내 아내 재키 코글런Jacqui Coughlan은 내가 이 책을 위해 1년 반 동안 집중할 수 있도록 단 한마디 불평도 없이 배려해주었다. 아내는 나 대신 가사를 도맡았고 내가 협력적 갈등과 외로움에 대한 부분을 쓰느라 저녁 내내 아무런 말도 하지 않았을 때도 이해해주었다. 또 아내는 원고를 읽고 모든 부분에서 훌륭한 통찰을 주었고, 내 자신과 책을 쓰는 이유에 대해 집중할 수 있도록 힘썼으며, 관심을 보이는 모든 주변인에게 책을 소개하곤 했다. 아내가 없었어도 이 책은 세상에 나왔을 것이다. 하지만 아내가 함께했기 때문에 이 책이 의미가 있는 것이다.

## 참고

책 이름과 저자가 본문에 언급된 경우는 여기에서 다루지 않고 참고문헌 목록에만 두었다.

### Prologue

대니얼 데닛Daniel Dennett은 책 《다윈의 위험한 생각Darwin's Dangerous Idea》(1995)에서 진화를 '인류가 생각해낸 가장 중요한 아이디어'라고 말했다. 네스Nesse와 스턴스Sterns의 2008년 논문은 다윈 의학에 대한 좋은 소개서다. 굴드Gould와 르원틴Lewontin은 1979년 그들의 논문 〈산 마르코 성당의 스팬드럴과 팡글로시안 패러다임 The Spandrels of San Marco and the Panglossian Paradigm〉에서 사회생물학, 적응주의, 그럴싸한 이야기, 팡글로시즘 등을 비판했다. 그럴싸한 이야기를 가설로 삼는 부분은 데이비드 켈러David Queller의 1995년 반박 논문 〈성 마르크스의 스팬드럴과 팡글로시안 패러독스 The Spaniels of St Marx and the Panglossian Paradox〉에서 빌려왔다. 나는 저명한 생태학자 제임스 브라운James H. Brown과 이야기를 하다가 로버트 맥아더Robert MacArthur의 말을 처음 전해 들었다. 그 말은 브라운의 논문(Brown, 1999)에도 인용되어 있다. 마이클 셔머Michael Shermer의 2007년 저서인 《경제학이 풀지 못한 시장의 비밀The Mind of the Market》은 진화와 경제학의 공통점을 멋지게 설명한 개괄서다.

### 1  우리 조상의 몸무게

비만 및 과체중 인구의 수는 2015년에 23억의 성인이 과체중이 되고 7억

명이 비만이 될 것이라는 세계보건기구World Health Organization의 2006년 예측으로부터 내삽한 것이다. 영양실조 상태의 인구수는 UN식량농업기구Food and Agricultural Organization의 2008년 보고서를 참고했다. 영양실조로 인한 사망에 대한 장 지글러Jean Ziegler의 언급은 그가 UN에 제출한 음식에 대한 권리를 다룬 2001년 보고서에서 인용했다.

코빗Corbett과 그의 동료들은 여성의 번식력에 대한 강한 선택압은 만연한 비만 현상을 겪은 민족에서 다낭성 난소 증후군과 불임이 연관되어 있을 가능성을 처음으로 제시했다(Corbett et al., 2009).

유인원의 식단에서 식물이 얼마나 차지하는지에 대해서는 밀턴의 논문(Milton, 2003)을 참고했다. 이튼의 논문(Eaton, 2006)은 인류 식습관의 진화 및 화식의 이득에 대한 훌륭한 참고문헌이며, 큰 뇌와 몸집의 진화에 따라 사냥이 공진화했다는 가설을 설명하고 있다. 수렵채집인 및 현생 인류의 식단에서 다량영양소의 조성에 대한 자료는 이튼의 논문과 두 개의 다른 논문(Cordain et al., 2000, Eaton et al., 1996)을 참고했다.

톰 스탠디지Tom Standage의 2009년 책《식량의 세계사An Edible History of Humanity》는 먹거리의 역사를 다룬 훌륭한 개론서다. 그 책에서 '인류 역사상 최악의 실수'라는 말을 빌려오기도 했다. 나는 톰의 책과 1997년에 펴낸 마크 쿨란스키Mark Kurlansky의 훌륭한 책《대구: 세계의 역사와 지도를 바꾼 물고기의 일대기Cod: A Biogeography of the Fish that Changed the World》를 주로 참고하며 설탕 생산 및 무역의 산업화를 다루었다. 이 장과 다음 장에서 다루는 프렌치프라이, 감자 농업, 패스트푸드 산업 등에 대한 자료는 에릭 슐로서Eric Schlosser의 2001년 책《패스트푸드의 제국Fast Food Nation》을 참고했다.

탄수화물이 많은 먹이에 대해 비만에 대한 저항성을 진화시키는 애벌레를 다룬 실험은 워브릭스미스, 베머, 리, 라우벤하이머, 심슨의 2006년 연구를 참고했다.

## 2  모두가 비만 위험에 처한 것은 아니다

비만과 가난, 성별, 인종, 교육 간의 관계는 여러 자료에서 나타난다 (Drewnowski and Specter, 2004; Paeratakul et al., 2002; McLaren, 2007). 우마미의 화학적 요소를 다룬 키쿠네 이케다Kikunae Ikeda의 논문의 영어 번역본도 접할 수 있다(Ikeda, 2002).

73쪽 표의 자료는 BMI에 대한 많은 조사와 연구 결과를 담고 있는 세계보건기구의 데이터베이스에서 비만 데이터를 표준화시킨 것이다. 책에서는 오로지 1998년 이후의 조사 결과만 나타내며, 1998년 이후 여러 조사 결과가 있는 국가의 경우 가장 최근 조사 결과를 이용했다. 자료는 세계보건기구가 성인 비만이라고 정의한 국제 표준인 BMI 수치가 30 이상인 성인 남녀의 비율을 나타내고 있다.

페루거미원숭이의 연구는 펠튼Felton과 그의 연구진이 〈행동생태학 저널Behavioral Ecology〉에 펴낸 논문을 참고했다(Felton et al., 2009). 스위스 알프스에서의 단백질 및 탄수화물 식단에 대한 실험 연구는 심슨의 논문 (Simpson et al., 2003)에 나와 있으며, 단백질 영향 가설은 심슨과 라우벤하이머(Simpson & Raubenheimer, 2005)의 논문에 잘 기술되어 있다. 우리가 단백질 1킬로줄을 섭취하지 못할 때마다 추가적으로 53킬로줄의 탄수화물을 섭취한다는 내용은 쳉, 심슨, 라우벤하이머가 함께 쓴 논문을 참고했다(Cheng, Simpson & Raubenheimer, 2008).

영양분 밀도, 음식 가격, 비만 간의 관계를 다루기 위해 여러 논문 (Drewnowski & Darmon, 2004a; 2004b; Monsivais & Drewnowski, 2009) 과 크리스티앙, 라사드가 함께 쓴 논문(Christian & Rasad 2009)에서 다뤄진 음식 가격 추이 분석을 참조했다. 탄수화물에 상대적인 단백질 가격에 대한 심슨과 라우벤하이머 그리고 나의 공동 연구는 〈비만 리뷰 저널 Obesity Reviews〉에서 찾을 수 있다(Brooks et al., 2010).

비만에 따른 의료 비용에 대한 자료는 핀켈스타인의 논문

(Finkelstein et al., 2009)을 인용한 것이다. 란간의 연구(Rangan et al., 2007, 2008)는 호주인의 비만 위험에 대해 탄수화물이 많은 식단의 중요성을 다루고 있다. 또한 버테니언의 논문(Vartanian et al., 2007)은 탄산음료에 대한 미국 정부의 시각을 다루고 있다. 탄산음료의 수요 탄력성에 대한 자료는 탄산음료에 대한 세금을 다룬 브라우넬과 프리든의 논문(Brownell & Frieden, 2009)에 인용된 음료 산업 뉴스레터를 참고했다.

맥도널드의 영양 정보는 2011년 3월 2일자 맥도널드 홈페이지(mcdonalds.com.au)를 참고했다. 호주 뉴사우스웨일즈주 킹스포드 Kingsford에서의 가격은 2011년 3월 4일자 가격이다. 코슈라이 섬과 다른 태평양 섬에서 나타나는 비만의 경제적·정치적 원인에 대한 증거의 대부분은 캐슬의 논문(Cassels, 2006)을 참고했다.

## 3 대량 소비의 무기

크루거 국립 공원의 코끼리에 의한 식생 피해에 대한 나의 의견은 관리인이었던 론 톰슨(Ron Thomson, 1988)의 온라인 의견을 기초로 했다. 오언-스미스 등의 논문(Owen-Smith et al., 2006)은 코끼리의 살처분에 대한 과학적 찬반 양론을 다루고 있다.

세계 인구 예측은 미국 통계국US Census Bureau의 세계 인구 시계 World Population Clock를 참고했다. 미국과 중국의 온실가스 배출에 대한 자료는 세계자원연구소World Resource Institute의 기후 변화 계측 도구(Climate Analysis Indicators Tool, cait.wri.org)를 참고했다.

에드워드 윌슨E. O. Wilson의 말은 그의 책《생명의 다양성The Diversity of Life(1992)》328~329쪽에 나와 있으며, 개럿 하딘Garrett Hardin의 논문 〈공유지의 비극The Tragedy of the Commons〉은 1968년 〈사이언스Science〉 지에 실려 있다.

## 4 출산 감소

조지 부시George H.W. Bush의 말은 피오트로Piotrow의 책(1973)에 그가 쓴 서문에서 인용했다. 7만 년 전에 인구가 2천 명 정도로 감소했다는 증거는 베하Behar 등이 쓴 논문(Behar et al., 2008)의 미토콘드리아 DNA 증거에서 알 수 있다. 고대 인구 측정치는 데이비스의 논문(Davis, 1986)을 참고했다. 인류의 오 분의 일이 하루에 1달러도 벌지 못하는 삶을 살고 있다는 주장은 세계자원연구소World Resource Institute의 보고서를 참고했다(WRI, 2005).

대부분의 농업 사회에서 상대적으로 부유한 가정만이 계속 아이를 낳고, 가난은 진화적으로 막다른 길이라는 주장은 하펜딩과 코크런의 책(Harpending & Cochran, 2009)을 참고했다. 농업, 도시의 성장, 질병 간의 관계는 재러드 다이아몬드(Diamond, 1998)가 깔끔하게 설명했다.

오늘날의 출생률 자료는 CIA World Factbook(http://www.cia.gov/library/publications/the-world-factbook)을 참고했다. 미국인의 지난 출생률 자료는 헤인스의 논문(Haines, 2008)에 잘 정리되어 있다. 다윈 가족의 번식에 대한 맬컴 포츠의 분석(Malcolm Potts, 2009)은 인구 성장에 대한 특별호의 에필로그에 나와 있다. 다윈의 후손을 조사한 데일리 메일 Daily Mail 기사는 온라인에서도 볼 수 있다(Dunk & Dennison, 2009).

!쿵 족의 모유 수유가 피임 수단으로 작용하는 부분에 대한 조사는 코너와 워스만의 논문(Koner & Worthmann, 1980)에서 찾을 수 있다. 루스 메이스는 논문(Ruth Mace, 2000)에서 재산, 경쟁, 출산률 감소 등의 관계를 포함하여 인류 생활사의 진화적 배경을 다루었다. 처음에 나는 1996년 캔버라에서 있었던 학회에서 패티 고와티Patty Gowaty의 발표를 듣고 성갈등과 인구학 간의 연관성에 대해 생각하기 시작했다. 계속 찾아봤지만 그녀는 그 아이디어를 논문 등으로 발표하지 않았다. 그 가설은 비록 다른 이도 다루긴 했지만 그녀의 발표만큼 분명하게 제시된 적은 없었다.

신딩Sinding은 2009년 논문에서 재산과 출산의 인과관계와 함께 개발도상국에서 원치 않는 임신과 낙태가 얼마나 일어나고 있는지 밝혔다. 개발도상국에서 가족계획과 낙태에 대한 끊임없는 필요성에 대한 이야기는 포츠의 논문(Potts, 2009)을 참고했다. 이란에서 교육이 어떻게 출산에 영향을 주었는지는 러츠의 논문(Lutz, 2009)에 나와 있다.

미셸 골드버그(Michelle Goldberg, 2010)의 책《번식의 여러 수단들 The Means of Reproduction》은 낙태 및 가족계획에 대한 미국과 바티칸의 정책 분석뿐만 아니라 여성의 지위와 출산 간의 관계에 대한 중요한 통찰을 담고 있다. 나는 4장에 대한 초고를 쓰고 나서야 미셸의 책을 접했고, 그 책이 담고 있는 메시지와 내가 말하려는 부분이 비슷해서 정말 놀랐다. 그리고 나는 그녀가 인용한 자료를 찾아서 사용하기도 했다. 4장 결론의 인용 부분은 미셸의 책 234쪽에 나오는 부분이다.

## 5  셰익스피어식 사랑

남방코끼리물범 수컷의 번식 행동은 매캔의 논문(McCann, 1981)에 잘 서술되어 있으며, 북방코끼리물범의 행동에 대해서는 더 많이 알려져 있다 (Leboeuf, 1974).

사이먼 그리피스Simon Griffith의 2002년 논문은 조류에서 나타나는 혼외정사의 증거를 종합했다. 예쁜꼬마굴뚝새의 정절에 대한 연구는 마이크 더블과 앤드루 콕번(Double & Cockburn, 2000)의 논문을 참고했다.

인간에서 나타나는 성 갈등에 대한 흥미로운 리뷰는 뮐더르와 라우흐의 논문(Mulder & Rauch, 2009)이 좋은 참고문헌이다.

앨런 딕슨은 2009년 논문(Dixson, 2009)에서 유인원의 발정기에 대한 자료를 정리했다. 숨겨진 배란과 발정기의 진화에 대한 대부분의 가설, 그리고 여성의 가임기를 감지하는 남성의 능력은 갱기스태드와 손힐의 논문(Gangestad & Thornhill, 2008)에 잘 요약되어 있다. 랩 댄스 연구에 대한 자료는 밀러, 타이버, 조던의 2007년 논문을 참고했다.

사랑에 관여하는 호르몬에 대한 자료는 대부분 제키의 리뷰 논문 (Zeki, 2007)에 잘 요약되어 있다.

## 6 꼼짝없이 잡혔네

제프 오길비Geoff Ogilvy의 말은 2010년 1월 6일자 〈시드니 모닝 헤럴드 Sydney Morning Herald〉의 AAP 기사에서 빌려왔다(Both, 2010).

빈대의 외상 정액 주입traumatic insemination은 스투트와 시바조티의 논 문(Stutt & Siva-Jothy, 2001)에서 나타난 기술을 참고했다. 이 모습은 이사 벨라 로셀리니Isabella Rosselini의 동영상에서 볼 수 있다. 〈www.youtube. com/warch?v=MakIB_IJnu0〉

에이드리언 저메인Adrienne Germain의 모든 말들은 레베카 샤플스 Rebecca Sharples의 인터뷰 원문을 참고했다(Sharples, 2003). 가족 내 협력적 갈등에 대한 아마티아 센의 가설(Amartya Sen, 1986)은 아이린 팅커Irene Tinker의 책에 그가 쓴 부분에서 잘 나타난다.

거벤Gurven의 논문(Gurven et al., 2009)에서 설명된 모델은 개체가 각자 업무를 효율적으로 분담하면서 역할이 어떻게 특화되는지를 다루 고 있다. 메르 섬 사람들 간의 분업과 어업에 대한 레베카 블라이즈 버드 Rebecca Bleige Bird의 연구(Bird, 2007)는 〈미국 인류학회American Anthropologist〉 지에 발표되었다. 크리스틴 호크스Kristen Hawkes는 1990년 논문(Hawkes, 1990)에서 남성은 보이기 위해 사냥을 한다는 가설을 제시하고 유행시켰 다. 그리고 호크스와 버드(Hawkes & Bird, 2002)는 이 가설을 2002년 리 뷰 논문에서 종합했다.

메히나쿠Mehinaku 족의 삶에 대한 설명은 1985년 그레고어Gregor가 펴낸 책을 참고했다. 아체 족의 삶과 결혼에 대한 자료는 힐과 우르타도 의 논문(Hill & Hurtado, 1996)을 참고했다.

바리Bari 등의 곳에서 나타나는 나누어지는 부성partible paternity에 대한 자료는 베커먼과 밸런타인의 논문(Beckerman & Valentine, 2002)을 참고했다. 길딩(Gilding, 2005)은 현대사회에서 나타나는 혼외정사율을 심도 있게 재평가하고 있으며, 혼외정사가 만연한 것은 믿거나 말거나 하는 이야기라는 생각을 제시하고 있다.

섹스 계약을 가장 잘 다룬 자료는 헬렌 피셔Helen Fisher의 1983년 책과 1992년 책《왜 사람은 바람을 피우고 싶어할까The Anatomy of Love》가 대표적이다. 호주 가정의 남녀 역할에 대한 정보는 백스터의 논문(Baxter et al., 2005)을 참고했다. 뎀프시의 책(Dempsey, 1997)은 결혼에서의 불평등에 대한 사회학적 개괄과 함께, 오늘날 결혼이 더욱 평등해지려는 경향이 나타나는지 여부를 다루고 있다. 모거제, 부거제, 유인원과 인간의 성 갈등 간의 관계 등 6장에서 다룬 여러 주제는 허디Hrdy가 그녀의 책《어머니와 타인Mothers and Others》(Hrdy, 2009)에서 다룬 것들이다. 이로쿼이Iroquois 족의 모거제와 농업에 대한 사례는 하트의 논문(Hart, 2001)을 참고했으며, 이로쿼이 족에 대한 유럽 정착민의 의견은 하빌랜드 등이 쓴 교과서(Haviland et al., 2007)를 참고했다.

## 7  전쟁 같은 사랑

데이비드 바래시David Barash와 주디스 이브 립턴Judith Eve Lipton의 책《일부일처제의 신화The Myth of Monogamy》(Barash & Lipton, 2001)와 라이언Ryan과 제타Jethá의 책《왜 결혼과 섹스는 충돌할까Sex at Dawn》(Ryan & Jethá, 2010)는 인간의 결혼 체계를 다룬 가장 인기 있는 책이다. 1992년에 출판된 헬렌 피셔의《왜 사람은 바람을 피우고 싶어할까》도 좋은 참고서이지만, 조금 예전 내용을 다루고 있다. 일부일처제에 대한 피셔의 말은 72쪽에 나와 있다.

음식이 풍부한 열대 사회에서 일부다처제가 더 일반적이라는 증거,

그리고 일부다처제는 폭력이나 전쟁과 연관된다는 증거는 프랭크 말로 Frank Marlowe의 2003년 논문에서 나타난다.

아넴Arnhem 지역에서의 강간과 일부다처에 대한 해설은 치즘과 버뱅크의 논문(Chrisholm & Burbank, 1991)에 기초했다. 농업이 부의 불평등에 미치는 영향에 대해서는 셍크의 논문(Shenk et al., 2009)을 참고했다.

징기스 칸의 말은 하펜딩과 코크런의 책(Harpending & Cochran, 2009)에서 빌려왔고, 그 책에서 인류 역사에서 부와 적합도 간의 관계에 대한 자료를 참고하기도 했다. 징기스 칸의 Y염색체에 대한 자료는 제르잘의 논문(Zerjal et al., 2003)을 참고했다. 마틴 데일리Martin Daly와 마고 윌슨Margo Wilson의 1988년 책《살인Homicide》은 그들의 연구를 잘 요약해놓은 책이다. '빈번한 경쟁의 참혹한 결과'라는 말은 146쪽에 나온다. 미국과 캐나다의 수입 불평등에 대한 그들의 연구는 숀 바스댑Shawn Vasdev과 함께 발표되었다(Daly et al., 2001).

일부다처에 대한 조지 버나드 쇼George Bernard Shaw의 가설은 그의 희곡《인간과 초인Man and Superman》(1903)의 부록으로 편찬된《혁명론자를 위한 격언Maxims for Revolutionists》에서 찾을 수 있다. 여성은 그들이 얻을 수 있는 자원을 최대화한다는 것으로 일부다처를 설명할 수 있다는 모델은 가나자와Kanazawa와 스틸Still이 1999년 논문에서 제시했다.

질병 스트레스가 높을 때 일부다처가 흔하게 나타난다는 것을 보인 바비 로우Bobbi Low의 분석 결과는 〈미국 동물학자American Zoologist〉 학회지에 발표된 그녀의 논문(Low, 1990)에서 찾을 수 있다. 최근 그녀가 마틴과 캐럴 엠버Carol Ember와 함께 쓴 리뷰 논문은 질병 스트레스와 전쟁이 일부다처와 함께 연관되어 있다는 것을 보이고 있다(Ember et al., 2007).

일부다처제의 아이가 일부일처제의 아이보다 좋지 않은 상황에 처한다는 사실은 얀코비아크Jankowiak 등이 쓴 논문(Jankowiak et al., 2005)에서 찾을 수 있다. 일부다처 결혼을 한 아프리카의 여성이 일부일처 결혼을 한 여성보다 좋지 않은 상황에 처한다는 사실은 보브Bove와 발레기 Valeggi의 논문(Bove & Valeggi, 2009)에서 인용했다.

일부다처와 민주주의에 대한 리처드 알렉산더Richard Alexander의 가설 (Alexander, 1979)은 그의 강연을 묶은 책《다위니즘과 우리 세상Darwinism and Human Affairs》을 참고했다. 결혼에 대한 가톨릭의 입장은 신문 〈더 오스트레일리안The Australian〉에서 추기경 조지 펠George Pell의 논평을 참고했다 (Pell, 2010).

케이트 주마Kate Zuma의 유서와 제이콥 주마Jacob Zuma의 말은 여러 뉴스 기사를 참고했다. 남아프리카공화국의 〈선데이타임즈Sunday Times〉의 기사(Molele, 2007)에서 얻기도 했다. 얀코비아크 등의 연구(Jankowiak et al., 2005)는 모르몬교 일부다처주의자들이 특정 아내를 선호하는 성향을 서술하고 있다. 쇼펜하우어의 말은 그의 1851년 책《비관주의 연구Studies in Pessimism》의 에세이 〈여성에 대하여On Women〉에서 빌려왔다.

## 8 어린 소녀들은 다 어디로 갔나?

나는 8장과 10장에서 페미니즘의 제1, 제2의 물결을 다루었다. 페미니즘의 제1물결은 대략적으로 1848년부터 1920년까지이며, 이 시기에 여러 국가의 여성은 선거권, 정규 교육 과정을 받을 권리, 이혼을 할 수 있는 권리, 결혼 관계에서 재산을 취할 권리 등을 얻게 되었다. 페미니즘의 제2물결은 1970년에 정점에 달했으며, 가정에서 여성의 역할에 변화가 일어났을 뿐만 아니라, 일터에서, 전문직에서, 정부 및 공공 기관에서도 그 물결이 전파되었다. 또한 성별에 따른 이중 잣대, 여성에 대해 만연한 학대, 폭력 등에 대한 관심도 늘어났다.

센의 에세이 〈사라진 1억 명의 여성들 100 Million Women are Missing〉(Sen, 1990)은 격주간지 〈뉴욕 리뷰 오브 북스The New York Review of Books〉에서 찾을 수 있다. 중국의 성비는 2005년 인구조사를 참고했으며(Zhu et al.,

2009), 인도인의 수는 2001년 인구조사를 참고했다(Gupta et al., 2002).

트리버스Trivers와 윌라드Willard의 사이언스 논문(Trivers & Willard, 1973)은 트리버스-윌라드 가설을 가장 명확하게 설명해주는 문헌이다. 암말벌이 성비를 조작하는 사례는 에릭 차노브Eric Charnov 등이 함께 쓴 논문(Charnov et al., 1981)에서 찾을 수 있다. 붉은 사슴의 성비 자료는 클러튼-브록의 연구를 참고했다 (Clutton-Brock et al., 1984). 포유류에서 나타난 트리버스-윌라드 효과와 포도당이 연관되어 있을 것이라는 예측은 캐머런Cameron의 메타분석에서 찾을 수 있다(Cameron, 2004). 〈포브스Forbes〉지에 실린 억만장자에 대한 연구는 캐머런과 델러룸의 논문을 참고했다 (Cameron & Dalerum, 2009). 일부다처적인 르완다에서의 성비 연구는 폴릿Pollet 등이 쓴 논문을 참고했다(Pollet et al., 2009).

리첸Leezen 지역의 사례는 볼런드Voland의 논문(Voland, 1984)을 참고했으며, 크룸호른Krummhorn 지역의 사례는 볼런드와 던바Dunbar의 논문을 참고했다(Voland & Dunbar, 1995).

지참금에 대한 미셸 골드버그의 말은 《번식의 여러 수단들》의 178쪽을 참고했고, 'khanya bhronn hatya'의 번역은 이 책의 184쪽에 나온다. 인도 마을에서 일어나는 부거제와 신부 스와핑에 대한 자료는 허드슨Hudson와 덴 보어den Boer의 논문을 참고했다(Hudson & den Boer, 2004). 인도와 중국인의 가정과 한국인의 남아 선호에 대한 통찰은 굽타의 논문을 참고했다(Gupta et al., 2002).

미국의 베이비붐 세대의 여초 현상에 대한 통찰은 피더슨의 논문(Pedersen, 1991)과 구탠타그와 세코드의 논문(Guttentag & Secord, 1983)에서 찾을 수 있다. 크루거Kruger와 슐레머Schlemmer는 오늘날 미국 도시에서 성비가 결혼에 미치는 영향을 분석했고(Kruger & Schlemmer, 2009), 미주에 대한 1910년 연구는 폴릿과 네틀Nettle의 연구에서 찾을 수 있다(Pollet & Nettle, 2008).

발지트 싱Balijeet Singh과 소나 카툼Sona Khatum에 대한 내용은 2010년 3월 6일자 〈이코노미스트The Economist〉의 기사를 참고했다. 그 이슈의 기사를 통해 나는 여아 문제를 깨달았고, 그 기사들이 이 장의 주된 참고 자료가 되었다.

## 9 롤링스톤스에게 돌을 던져라!

하치너A.E. Hotchner는 책 《블로운 어웨이Blown Away: The Rolling Stones and the Death of the Sixties》에서 브라이언 존스Brian Jones가 그의 집에서 열었던 파티에서 죽었고, 아마도 그의 집을 지었고 파티에도 손님으로 초대되었던 건축가가 존스를 살해했을 것이라는 혐의를 제기했다(Hotchner, 1990). 몇몇 저널리스트는 하치너의 주장을 뒷받침하는 증거를 보였고, 2009년에는 서섹스Sussex 주 경찰이 존스 사건을 다시 조사하기 시작했다.

저메인 그리어Germaine Greer의 말은 책 《여성 거세당하다The Female Eunuch》(Greer, 1970)를 참고했다. 키스 리처드Keith Richards의 모든 말은 그의 전기 《삶Life》(Richards & Fox, 2010)을 참고했다. 제프리 밀러의 말은 음악을 주제로 다룬 그의 책(Miller, 2010)을 참고했으며, 그의 책은 이 장에 풀어낸 내 생각들에 큰 영향을 주었다.

춤추는 남자의 움직임을 애니메이션으로 만든 연구는 니브Neave와 연구진이 한 연구를 참고했다(Neave et al., 2010). 음악의 추억 범프에 대한 얀센Janssen의 연구(Janssen, 2007)는 학술지 〈기억Memory〉에 실려 있다. '음악은 거친 영혼을 진정시킨다'라는 어구의 원문은 윌리엄 콩그리브William Congreve의 책 《슬픔에 빠진 신부The Mourning Bride》에서 빌려왔다(Congreve, 1697).

성인이 음악을 통해 서로를 어떻게 알아가는지에 대한 렌트프로우Rentfrow와 고슬링Gosling의 연구는 그들의 2006년 논문에 나와 있으며, 음악 취향과 성격의 5대 요소에 대한 연구는 그들의 2003년 논문을 참고했다(Rentfrow & Gosling, 2003). 음악 취향이 잡식성인 이들이 더욱 사회적이며 높은 지위에 있는 경우가 많다는 자료는 태너Tanner 등의 연구를 참고했다(Tanner et al., 2008). 장년의 삶에서 음악의 역할은 호주의 연구를 참고했다(Hays & Minichiello, 2005). 티머시 가튼 애쉬Timothy Garton Ash의 말은《현재의 역사History of the Present》에 실린 에세이 〈마르타와 헬레나 Marta and Helena〉를 참고했다(Ash, 2001).

## 10 소년에 대하여

맷 캐머런Matt Cameron의 말은 〈롤링 스톤〉 지에 실린 〈1990년대: 록으로 들끓었던 시대의 이야기 The '90s: The Inside Stories from the Decade that Rocked〉의 '그런지Grunge' 장의 서문에서 빌려온 것이다.

밀러는 소년과 소녀 간의 음악적 능력이나 악기를 시작할 가능성에 차이가 없다는 증거를 논문에서 보였다(Miller, 2008). 빌보드 1위 곡에 대한 모든 분석은 저작권과 무관한 내 조사 결과다. 1954년 전후 여성 가수에 대한 자료는 윌킨슨Wilkinson의 글을 참고했다(Wilkinson, 1976).

귀뚜라미를 대상으로 한 마이클 카슈모빅Michael Kasumovic의 실험은 〈진화생물학회지Journal of Evolutionary Biology〉에 실려 있다(Kasumovic, 2011).

핑커Pinker의 말은 그의 저명한 책《빈 서판The Blank Slate》을 참고했다(Pinker, 2002). 사회구성주의와 페미니즘에 대해 묘사한 부분은 그 책의 도움을 받았다.

셜리 맨슨Shirley Manson의 말은 2004년 〈롤링 스톤〉 지에 나온다. 일라이자 월드Elijah Wald의 말은 책《비틀즈는 어떻게 로큰롤을 망쳤나 How the Beatles Destroyed Rock 'n' Roll》에서 나온다(Wald, 2009). 부제 '남부에서 태어난It crawled from the South'은 R.E.M에 대한 마커스 그레이Marcus Gray의 저명한 책의 제목을 따온 것이다. 마이클 벤투라Michael Ventura의 에세이 〈긴

뱀의 울음에 귀 기울여라Hear That Long Snake Moan〉(Ventura, 1985)는 절판되었지만 다음 사이트에서 다운로드 받을 수 있다〈www.michaelventura.org/writing/EB2.pdf〉.

엘비스Elvis의 FBI파일에 대한 주장은 펜시의 책(Fensch, 2001)을 참고했다. 카밀 파일리아Camille Paglia의 말은 책《섹스와 예술과 미국문화Sex, Art, and American Culture》 59쪽을 참고했다(Paglia, 1992). 얼 우즈Earl Woods의 말은〈스포츠 일러스트레이티드Sports Illustrated〉지에서 개리 스미스Gary Smith가 쓴 기사(Smith, 1996)를 바탕으로 했다. 무하마드 알리의 기자 회견에 대해서는 알리에 대한 하우저Hauser의 전기를 참고했다(Hauser, 2004). 데일리와 윌슨의 말은 책《살인》(Daly & Wilson, 1988)을 참고했다. 개리 허먼Gary Herman의 소녀팬에 대한 언급은 그의 책《로큰롤 바빌론Rock 'n' Roll Babylon》의 115쪽을 인용했고, 데버러 해리Deborah Harry의 말은 그 책 126쪽에서 인용했다.

라말레라 고래 사냥꾼에 대한 적합도 분석은 스미스의 논문(Smith, 2004)을 참고했다. 패커Packer의 논문(Packer et al., 1991)은 사자의 연합을, 코너Conner의 논문(Conner et al., 1992)은 돌고래의 동맹을 다루고 있으며, 크뤼첸Krutzen의 논문(Krutzen et al., 2003)은 동맹 구성원이 서로 유전적으로 연관되어 있다는 사실을 밝히고 있다.

앤서니 보자Anthony Bozza의 말은《AC/DC가 중요한 이유Why AC/DC Matters》를 참고했다(Bozza, 2009). 비비언 존슨Vivien Johnson의 말은 호주의 대중음악에 대해 그녀가 헤이워드Hayward의 책에 쓴 장을 참고했다(Johnson, 1992). 록이 더 하드해지면서 여성팬이 감소한다는 자료는 밀러의 2008년 논문을 참고했다(Millar, 2008).

## 11 불멸성

헌터 톰슨Hunter S. Thompson의 말은 마치 DNA에 변형이 이뤄진 것처럼, 원래 언급과는 다르게 인용되어 사용되고 있는 말이다. 데이비드 에머리David Emery가 설명한 것처럼(http://urbanlegends.about.com/od/dubiousquotes/a/hunter_thompson.htm), 톰슨이 책《바보들의 시대 Generation of Swine》의 43쪽에서 텔레비전 사업에 대해 언급한 부분이 왜곡되어 전해지는 어구들 중 하나이다(Thompson, 1988).

호주인의 사망 원인(AIHW, 2006)과 암 관련 통계(AIHW, 2010)는 오스트레일리아 건강복지기관Australian Institute of Health and Welfare의 보고서를 참고했다. 대니얼 마르티네스Daniel Martinez의 말은 〈포모나 대학신문 Pomona College Magazine〉(2009년 3월)에 나와 있다. 히드라는 노화가 일어나지 않는다는 그의 논문은 학술지 〈실험 노인학Experimental Gerontology〉에 실려 있다(Martinez, 1998). 노화에서 다면발현pleiotropy의 역할을 다룬 조지 윌리엄스George Williams의 1957년 논문은 그 주제에 대해 가장 분명하고 예리하게 분석한 논문이다. 〈뉴사이언티스트New Scientist〉에 실린 캘러웨이 Callaway의 기사(Callaway, 2010)는 알츠하이머병과 지능 간의 상충 관계를 다룬 좋은 자료다. 또 그 자료는 제임스 왓슨James Watson, 스티븐 핑커, 크레이그 벤터Craig Venter에 대한 내 주장의 기반이기도 하다. 또한 후바체크 Hubacek의 논문(Hubacek et al., 2011)과 마천트Marchant의 논문(Marchant et al., 2010)도 참고했다. 베스터도르프Westerdorp와 커크우드Kirkwood는 영국의 귀족을 분석한 자료를 펴내기도 했다 (Westerdorp & Kirkwood, 1998). 마클라코브Maklakov의 논문(Maklakov, 2008)은 학술지 〈진화와 인간 행동 Evolution and Human Behaviour〉에서 찾을 수 있다. 현대 영국 가정에 대한 네틀의 연구는 학술지 〈행동생태학Behavioural Ecology〉에서 찾을 수 있다(Nettle, 2010). 동독과 서독 간의 비교 연구는 행크Hank의 논문을 참고했다(Hank, 2010).

짧고 굵은 생을 보내는 귀뚜라미에 대한 추천 자료는 헌트Hunt의 논문이다(Hunt et al., 2004). 무어Moore와 윌슨Wilson은 감염성 질환과 수컷 간 경쟁의 정도의 관계를 살피는 개론으로 적절하다(Moore & Wilson, 2002). 동유럽이 시장경제로 변모하는 과정에 대한 크루거와 네스의 연구(Kruger & Nesse, 2002)는 학술지 〈진화심리학Evolutionary Psychology〉에서 찾을 수 있다. 〈롤링 스톤〉 지가 발표한 불멸의 아티스트의 사망률에 대한 도표는 위키피디아Wikipedia 등 공표된 정보를 통해 스스로 분석한 것이다. 역대 음반 1000위에 속하는 아티스트를 분석한 부분은 벨리스Bellis 등의 연구를 참고했다 (Bellis et al., 2007).

짐 모리슨Jim Morrison의 말은 도어스Doors의 앨범 〈아메리칸 프레이어 American Prayer〉에서 '로드 하우스 블루스Road House Blues'의 라이브 버전 직후에 나온다. 로버트 존슨Robert Johnson에 대한 말은 레드 제플린Led Zeppelin에 대한 스티븐 데이비스Stephen Davis의 책 《신의 망치Hammer of the Gods》 (1985)를 참고했다. 오지 오스본Ozzy Osbourne의 말은 그를 칭송하기 위해 쓰여진 〈선데이 텔레그래프Sunday Telegraph〉 기사를 참고했다.

"사그라지는 것보다 한 번에 타버리는 게 낫다는 것을"과 "죽으면 다시 돌아올 수 없으니까"라는 말은 닐 영Neil Young의 앨범 〈러스트 네버 슬립스Rust Never Sleeps〉에 실린 곡 〈마이, 마이, 헤이 헤이My, My, Hey Hey (Out of the Blues)〉에서 빌려왔다. 그 곡은 실버 피들 뮤직사Silver Fiddle Music에서 나온 것이다. 작사와 작곡은 닐 영과 제프 블랙번Jeff Blackburn이 참여했다.

## 참고문헌

Australian Institute of Health and Welfare (2006) *Mortality over the twentieth century in Australia: trends and patterns in major causes of death*, Canberra, Australian Institute of Health and Welfare.

―――― (2010) Australian Cancer Database, Canberra, Australian Institute of Health and Welfare.

Alexander, R. D. (1979) *Darwinism and human affairs*, Seattle, WA, University of Washington Press.

Barash, D. P & Lipton, J. E. (2001) *The Myth of Monogamy: Fidelity and Infidelity in Animals and People*, New York, W.H. Freeman and Company.

Basu, A. M. (1992) *Culture, the Status of Women, and Demographic Behavior*, Oxford, Oxford University Press.

Baxter, J., Hewitt, B., & Western, M. (2005) Post-familial families and the domestic division of labour, *Journal of Comparative Family Studies*, 36, 583-604.

Behar, D. M., Villems, R., Soodyall, H., Blue-Smith, J., Pereira, L., Metspalu, E, Scozzari, R., Makkan, H., Tzur, S., Comas, D., Bertranpetit, J., Quintana-Murci, L., Tyler-Smith, C., Wells, R. S. & Rosset, S. (2008) The dawn of human matrilineal diversity, *The American Journal of Human Genetics*, 82(5), 1130-1140.

Bellis, M. A., Hennell, T., Lushey, C., Hughes, K., Tocque, K., & Ashton, J. R. (2007) Elvis to Eminem: Quantifying the price of fame through early mortality of European and North American rock and pop stars, *Journal of epidemiology and community health*, 61(10), 896-901.

Bird, R. B. (2007) Fishing and the sexual division of labor among the Meriam, *American Anthropologist*, 109(3), 442-451.

Both, A. (2010) Fans will want Tiger back: Ogilvy. *Sydney Morning Herald*, Sydney, Fairfax Media.

Bove, R., & Valeggia, C. (2009) Polygyny and women's health in sub-Saharan Africa, *Social Science & Medicine*, 68(1), 21-29.

Bozza, A. (2009) *Why AC/DC Matters*. New York, William Morrow.

Brooks, R. C., Simpson, S. J., & Raubenheimer, D. (2010) The price of protein: combining evolutionary and economic analysis to understand excessive energy consumption, *Obesity Reviews*, 11(12), 887-894.

Brown, J. H. (1999) The legacy of Robert MacArthur: from geographical ecology to macroecology, *Journal of Mammalogy*, 80(2), 333-344.

Brownell, K. D., & Frieden, T. R. (2009) Ounces of prevention—the public policy case for taxes on sugared beverages, *New England Journal of Medicine*, 360(18), 1805-1808.

Callaway, E. (2010) Alzheimer's gene makes you smart, *New Scientist*, 13 February, 12-13.

Cameron, E. Z. (2004) Facultative adjustment of mammalian sex ratios in support of the Trivers-Willard hypothesis: evidence for a mechanism, *Proceedings of the Royal Society of London, Series B: Biological Sciences*, 271(1549), 1723-1728.

Cameron, E. Z., & Dalerum, F. (2009) A Trivers-Willard effect in contemporary humans: male-biased sex ratios among billionaires, *PLoS One*, 4(1), e4195-e4195.

Cassels, S. (2006) Overweight in the Pacific: links between foreign dependence, global food trade, and obesity in the Federated States of Micronesia, *Globalization and Health*, 2(1), 10.

Charnov, E. L., Los-den Hartogh, R. L., Jones, W. T., & van den Assem, J. (1981) Sex ratio evolution in a variable environment, *Nature*, 289, 27.

Cheng, K., Simpson, S. J., & Raubenheimer, D. (2008) A geometry of regulatory scaling, *The American Naturalist*, 172(5), 681-693.

Chisholm, J. S., & Burbank, V. K. (1991) Monogamy and polygyny in southeast Arnhem Land: Male coercion and female choice, *Ethology and Sociobiology*, 12(4), 291-313.

Christian, T., & Rashad, I. (2009) Trends in US food prices, 1950–2007, *Economics & Human Biology*, 7(1), 113-120.

Clutton-Brock, T. H., Albon, S. D., & Guinness, F. E. (1984) Maternal dominance, breeding success and birth sex ratios in red deer, *Nature*, 308(5957), 358-360.

Connor, R. C., Smolker, R. A., & Richards, A. F. (1992) Two levels of alliance formation among male bottlenose dolphins (Tursiops sp.), *Proceedings of the*

*National Academy of Sciences of United States of America*, 89(3), 987-990.

Corbett, S. J., McMichael, A. J., & Prentice, A. M. (2009) Type 2 diabetes, cardiovascular disease, and the evolutionary paradox of the polycystic ovary syndrome: a fertility first hypothesis, *American Journal of Human Biology*, 21(5), 587-598.

Cordain, L., Miller, J. B., Eaton, S. B., & Mann, N. (2000) Macronutrient estimations in hunter-gatherer diets, *The American Journal of Clinical Nutrition*, 72(6), 1589-1590.

Daly, M., & Wilson, M. (1988) *Homicide*, New Brunswick, NJ, Transaction Publishers.

Daly, M., Wilson, M., & Vasdev, S. (2001) Income inequality and homicide rates in Canada and the United States, *Canadian J. Criminology*, 43, 219-236.

Darwin, C. (1859). *On the Origins of Species by Means of Natural Selection or the Preservation of Favoured Races in the Struggle for Life*, London, Murray.

—— (1871) *The descent of Man, and Selection in Relation to Sex*, London, Murray.

Davis, K. (1986) The history of birth and death, *Bulletin of the Atomic Scientists*, 42(4), 20-23.

Davis, S. (2008) *Hammer of the Gods: The Led Zeppelin Saga*, New York, William Morrow & Co.

Dempsey, K. (1997) *Inequalities in marriage: Australia and beyond*, Oxford University Press.

Dennett, D. C. (1995) *Darwin's Dangerous Idea: Evolution and the Meanings of Life*, New York, Simon and Schuster.

Diamond, J. M. (1998) *Guns, Germs, and Steel: A Short History of Everybody for the Last 13,000 Years*, London, Vintage.

—— (2005) *Collapse: How Societies Choose to Fail or Succeed*, New York, Viking.

Dixson, A. F. (2009) *Sexual Selection and the Evolution of Animal Mating Systems*, New York, Oxford University Press.

Double, M., & Cockburn, A. (2000) Pre–dawn infidelity: females control extra-pair mating in superb fairy–wrens, *Proceedings of the Royal Society of London B: Biological Sciences*, 267(1442), 465-470.

Drewnowski, A., & Darmon, N. (2005) The economics of obesity: Dietary energy density and energy cost, *Symposium on Science-based Solutions to Obesity*, Anaheim, CA.

───── (2004b) Food choices and diet costs: An economic analysis, *Symposium on Modifying the Food Environment*, Washington, DC.

Drewnowski, A., & Specter, S. E. (2004) Poverty and obesity: the role of energy density and energy costs, *The American Journal of Clinical Nutrition*, 79(1), 6-16.

Dunk, M. & Dennison, M. (2009) The descent of man: We trace those who claim Charles Darwin as an ancestor, *Daily Mail*, London, Associated Newspapers Ltd.

Eaton, S. B. (2006) The ancestral human diet: what was it and should it be a paradigm for contemporary nutrition?, *Proceedings of the Nutrition Society*, 65(01), 1-6.

Eaton, S. B., Konner, M. J. & Shostak, M. (1996) An evolutionary perspective enhances understanding of human nutritional requirements, *Journal of Nutrition*, 126(6), 1732-1740.

Ember, M., Ember, C. R., & Low, B. S. (2007) Comparing explanations of polygyny. *Cross-Cultural Research*, 41(4), 428-440.

Food and Agriculture Organization (2008) *The State of Food Insecutiry in the World 2008*, Rome, Food and Agriculture Organization of the United Nations.

Farber, B. A. (2007) *Rock 'n' Roll Wisdom: What Psychologically Astute Lyrics Teach about Life and Love*. Westport, CT, Praeger Publishers.

Felton, A. M., Felton, A., Raubenheimer, D., Simpson, S. J., Foley, W. J., Wood, J. T., Wallis, I. R. & Lindenmayer, D. B. (2009) Protein content of diets dictates the daily energy intake of a free-ranging primate, *Behavioral Ecology*, 20, 685-690.

Fensch, T. (2001) *The FBI Files on Elvis Presley*, The Woodlands, TX, New Century Books.

Finkelstein, E. A., Trogdon, J. G., Cohen, J. W., & Dietz, W. (2009) Annual medical spending attributable to obesity: payer-and service-specific estimates, *Health Affairs*, 28(5), w822-w831.

Fisher, H. E. (1982) *The Sex Contract: The Evolution of Human Behavior*, New York, William Morrow &Company.

───── (1992) *Anatomy of Love*, New York, Fawcett Columbine.

Gangestad, S. W., & Thornhill, R. (2008) Human oestrus, *Proceedings of the Royal Society of London B: Biological Sciences*, 275(1638), 991-1000.

Garton Ash, T. (2009) *History of the Present: Essays, Sketches, and Dispatches from Europe in the 1990s*. New York, Vintage.

Gilding, M. (2005) Rampant misattributed paternity: the creation of an urban myth, *People and place*, 13(2), 1-11.

Goldberg, M. (2010) *The Means of Reproduction: Sex, Power and the Future of the World*, London, Penguin Books.

Gould, S. J., & Lewontin, R. C. (1979) The spandrels of San Marco and the Panglossian paradigm: a critique of the adaptationist programme, *Proceedings of the Royal Society of London B: Biological Sciences*, 205(1161), 581-598.

Greer, G. (1971) *The Female Eunuch*, London, MacGibbon and Kee.

Gregor, T. (1987) *Anxious pleasures: The sexual lives of an Amazonian people*, Chicago, University of Chicago Press.

Griffith, S. C. (2002) Extra pair paternity in birds: a review of interspecific variation and adaptive function, *Molecular Ecology*, 11(11), 2195-2212.

Gupta, D. M., Jiang, Z., Li, B., Xie, Z., Chung, W., & Bae, H. (2002) Why is son preference so persistent in East and South Asia? A cross-country study of China, India and the Republic of Korea, *World Bank Policy Research Working Paper No. 2942*, available at http://ssrn.com/abstract=636304, Washington, The World Bank.

Gurven, M., Winking, J., Kaplan, H., Von Rueden, C., & McAllister, L. (2009) A bioeconomic approach to marriage and the sexual division of labor, *Human Nature*, 20(2), 151-183.

Guttentag, M., & Secord, P. F. (1983) *Too Many Women? The Sex Ratio Question*. Beverly Hills, Sage.

Haines, M. (2008) Fertility and mortality in the United States, in Whaples, R. (ed.), *EH. Net Encyclopedia*.

Hank, K. (2010) Childbearing history, later-life health, and mortality in Germany, *Population Studies*, 64(3), 275-291.

Hardin, G. (1968) The Tragedy of the Commons, *Science*, 162, 1243-1248.

Harpending, H. & Cochran, G. (2009) *The 10,000 Year Explosion: How Civilization Accelerated Human Evolution*, New York, Basic Books.

Hart, J. P. (2001) Maize, matrilocality, migration and Northern Iroquoian evolution, *Journal of Archaeological Method and Theory*, 8. 151-182.

Hauser, T. (2004) *Muhammad Ali: His Life and Times*, London, Robson Books.

Haviland, W. A., Prins, H. E. L., Walrath, D. & McBride, B. (2007) *Cultural Anthropology: The Human Challenge*, Belmont, CA, Thomson Learning.

Hawkes, K. (1990) Why do men hunt? Benefits for risky choices, in Cashdan, E. (ed.), *Risk and Uncertainty in Tribal and Peasant Economies*, Boulder, CO, Westview Press.

Hawkes, K. & Bird, R. B. (2002) Showing off, handicap signaling, and the evolution of men's work, *Evolutionary Anthropology*, 11, 58-67.

Hays, T. & Minichiello, V. (2005) The contribution of music to quality of life in older people: An Australian qualitative study, *Ageing and Society*, 25, 261-278.

Herman, G. (1982) *Rock 'n' Roll Babylon*, London, Plexus Publishing.

Hill, K. & Hurtado, A. M. (1996) *The Ecology and Demography of a Foraging People*, New York, Aldine de Gruyer.

Holland, B. & Rice, W. R. (1999) Experimental removal of sexual selection reverses intersexual antagonistic coevolution and removes a reproductive load, *Proceedings of the United States of America*, 96, 5083-5088.

Hotcher, A. E. (1990) *Blown Away: The Rolling Stones and the Death of the Sixties*, New York, Simon & Schuster.

Hrdy, S. B. (2009) *Mothers and Others: The Evolutionary Origins of Mutual Understanding*, Cambridge, MA, Harvard University Press.

Hubacek, J., Pitha, J., Skodová, Z., Adámková, V., Lánská, V. & Poledne, R. (2001) A Possible role of apolipoprotein E polymorphism in predisposition to higher education, *Neuropsychobiology*, 200-203.

Hudson, V. M. & den Boer, A. M. (2004) *Bare Branches: The Security Implications of Asia's Surplus Male Population*, Cambridge, MA, MIT Press.

Hunt, J., Brooks, R., Smith, M. J., Jennions, M. D. Bentsen, C. L. & Bussière, L. F. (2004) High quality male field crickets invest heavily in sexual display but die young, *Nature*, 432, 1024-1027.

Ikeda, K. (2002) New seasonings, *Chemical Senses*, 27, 847-849.

Jankowiak, W., Sudakov, M. & Wilreker, B. C. (2005) Co-wife conflict and cooperation, *Ethnology*, 44, 81-98.

Janssen, S. M. J., Chessa, A. G. & Murre, J. M. J. (2007) Temporal distribution of favorite books, movies, and records: Differential encoding and re-sampling, *Memory*, 15, 755-767.

Johnson, V. (1992) Be my woman rock 'n' roll, in Hayward, P. (ed.), *From Pop to Punk to Postmodernism: Popular Music and Australian Culture from the 1960s to the 1990s*, North Sydney, allen & Unwin.

Kanazawa, S. & Still, M. C. (1999) *Why monogamy? Social Forces*, 78, 25-50.

Kasumovic, M. M. & Hall, M. D. & Brooks, R. C. (2011) The importance of listening, *Journal of Evolutionary Biology* (in press).

Konner, M., Sherwin, W. B., Conner, R. C., Barre, L. M., Van de Casteele, T., Mann, J. & Brooks, R. (2003) Contrasting evolutionary strategies within a population of bottlenose dolphins (Tursiops sp.), *Proceedings of the Royal Society of London, Series B, Biological Sciences*, 270, 497-502.

Kruger, D. J. Nesse, R. M. (2007) Economic transition, male competition, and sex differences in mortality, *Evolutionary Psychology*, 5, 411-427.

Kruger, D. J. & Schlemmer, E. (2009) Male scarcity is differentially related to male marital likelihood across the life course, *Evolutionary Psychology*, 7, 280-287.

Kurlansky, M. (1997) *Cod: A Biography of the Fish that Changed the World*, New York, Walker Publishing Inc.

Lawrence, P. R. & Nohria, N. (2002) *Driven: How Human Nature Shapes our Choices*, San Francisco, CA, Jossey-Bass.

Leboeuf, B. J. (1974) Male-male competition and reproductive success in elepahnt seals, *American Zoologist*, 14, 163-176.

Levitt, S. D. & Dubner, S. J. (2005) *Freaknomics: A Rogue Economist Explores the Hidden Side of Everything*, New York, William Morrow.

Low, B. S. (1990) Marriage systems and pathogen stress in human societies, *American Zoologist*, 30, 325-339.

Lutz, W. (2009) Sola schola et sanitate: Human capital as the root cause and priority for international development? *Philosophical Transactions of the Royal Society of London, Series B. Biological Sciences*, 364, 3031-3047.

Ma. J. (2009) The immortal *Hydra, Pomona College Magazine*, 45: www.pomona.edu/Magazine/PCMWin09/NKdanielmartinex.shtml.

McCann, T. S. (1981) Aggression and Sexual-activity of male southern elephant seals, Mirounga Leonina, *Journal of Zoology*, 195, 295-310.

Mace, R. (2000) Evolutionary ecology of human life history, *Animal Behaviour*, 59, 1-10.

McLaren, L. (2007) Socioeconomic status and obesity, *Epidemiologic Reviews*, 29, 29-48.

Maklakov, A. A. (2008) Sex difference in life span affected by female birth rate in modern humans, *Evolution and Human Behaviour*, 29, 444-449.

Malthus, T. R. (1798) *An Essay on the Principle of Population*, London, J. Johnson.

Manson, S. (2004) The Immortals-The Greatest Artists of All Time: 47 (Patti Smith), *Rolling Stone*, 15 April, 138.

Marchant, N. L., King, S. L., Tabet, N. & Rusted, J. M. (2010) Positive effects of cholinergic stimulation favor young APOE ε4 carriers, *Neuropsychopharmacology*, 35, 1090-1096.

Marlowe, F. W. (2003) The mating system of foragers in the standard cross-cultural sample, *Cross-Cultural Research*, 37, 282-306.

Martinez, D. E. (1998) Mortality patterns suggest lack of senescence in Hydra, *Experimental Gerontology*, 33, 217-225.

Millar, B. (2008) Selective hearing: Gender bias in the music preferences of young adults, *Psychology of Music*, 36, 429-445.

Miller, G. F. (2000) Evolution of human music through sexual selection, in Wallin, N. L., Merker, B. & Brown, S. (eds), *The Origins of Music*, Boston, MIT Press.

—— (2001) *The Mating Mind*, New York, Anchor Books.

Miller, G. , Tybur, J. M. & Jordan, D. J. (2007) Ovulatory cycle effects on tip earnings by lap dancers: Economic evidence for human estrus? *Evolution and Human Behavior*, 28, 375-381.

Milton, K. (2003) The critical role played by animal source foods in human (*Homo*) evolution, *Journal of Nutrition*, 133, 3886S-3892S.

Molele, C. (2007) South Africa: So who will the polygamous Zuma's First Lady be? London, *Sunday Times*, 23 December.

Monsivais, P. & Drewnowski, A. (2009) Lower-energy-density diets are associated with higher monetary costs per kilocalorie and are consumed by woman of higher socioeconomic status, *Journal of the American Dietetic*

*Association*, 109, 814-822.

Moore, S. L. & Wilson, K. (2002) Parasites as a viability cost of sexual selection in natural populations of mammals, *Science*, 297, 2015-2018.

Mulder, M. B. & Rough, K. L. (2009) Sexual conflict in humans: Variations and solutions, *Evolutionary Anthropology*, 18, 201-214.

Neave, N., McCarty, K., Freynik, J., Caplan, N., Hönekopp, J. & Jink, B. (2010) Male dance moves that catch a woman's eye, *Biology Letters*, doi: 10.1098/rsbl.2010.0619.

Nesse, R. M. & Stearns, S. C. (2008) The great opportunity: Evolutionary applications to medicine and public health, *Evolutionary Applications*, 1, 28-48.

Nettle, D. (2010) Dying young and living fast: Variation in life history across English neighborhoods, *Behavioral Ecology*, 21.

Osbourne, O. (2010) Deepest secrets of the Prince of Darkness, Sydney, *Sunday Telegraph*, 31 October.

Owen-Smith, N., Kerley, G. I. H., Page, B., Slotow, R. & Van Aarde, R. J. (2006) A scientific perspective on the management of elephants in the Kruger National Park and elsewhere, *South African Journal of Science*, 102, 389-394.

Packer, C., Gilbert, D. A., Pusey, A. E. & O'Brien, S. J. (1991) A molecular genetic analysis of kinship and cooperation in African lions, *Nature*, 351, 562-565.

Paeratakul, S., Lovejoy, J. C., Ryan, D. H. & Bray, G. A. (2002) The relation of gender, race and socioeconomic status to obesity and obesity comorbidities in a sample of US adults, *International Journal of Obesity*, 26, 1205-1210.

Paglia, C. (1992) *Sex, Art, and American Culture*, New York, Vintage Books.

Pedersen, F. A. (1991) Secular trends in human sex ratios: Their influence on individual and family behaviour, *Human Nature*, 2, 271-291.

Pell, G. (2010) Relationships market after 50 years on the Pill, *Australian*, News Limited, 25 September.

Pinker, S. (1997) *How the Mind Works*, New York, W. W. Norton and Company.

—— (2002) *The Blank Slate: The Modern Denial of Human Nature*, New York, Viking.

Piotrow, P. T. (1973) *World Population Crisis: The United States Response*, New York, Praeger Publishers.

Pollan, M. (2008) *In Defence of Food: An Eater's Manifesto*, New York, Penguin Press.

Pollet, T. V., Fawcett, T. W., Buunk, A. P. & Nettle, D. (2009) Sex-ratio biasing towards daughters among lower-ranking co-wives in Rwanda, *Biology Letters*, 5, 765-768.

Pollet, T. V. & Nettle, D. (2008) Driving a hard Bargain: Sex ratio and male marriage success in a historical US population, *Biology Letters*, 4, 31-33.

Potts, M. (2009) Where next? *Philosophical Transactions of the Royal Society, Series B, Biological Sciences*, 364.

Queller, D. C. (1995) The spaniels of St Marx and the Panglossian paradox: A critique of a rhetorical programme, *The Quarterly Review of Biology*, 70, 485-489.

Rangan, A., Hector, D., Randall, D., Gill, T. & Webb, K. (2007) Monitoring consumption of 'extra' foods In the Australian diet: Comparing two sets of criteria for classifying foods as 'extras', *Nutrition & Dietetics*, 64, 261-267.

Rangan, A. M., Randall, D., Hector, D. J., Gill, T. & Webb, K. (2008) Consumption of 'extra' foods by Australian children: Types, quantities and contribution to energy and nutrient intakes, *European Journal of Clinical Nutrition*, 62, 356-364.

Rentfrow, P. J. & Gosling, S. D. (2003) The do re mi's of everyday life: The structure and personality correlates of music preferences, *Journal of Personality and Social Psychology*, 84, 1236-1256.

———— (2006) Message in a ballad – The role of music preferences in interpersonal perception, *Psychological Science*, 17, 236-242.

Richards, K. & Fox, J. (2010) *Life*, London, Little, Brown and Company.

Ryan, C. & Jethá (2010) *Sex at Dawn: The Prehistoric Origins of Modern Sexuality*, Melbourne, Scribe.

Schlosser, E. (2001) *Fast Food Nations: The Dark Side of the American Meal*, Boston, Houghton Mifflin.

Schopenhauer, A. ([1851] 2010) *Studies in Pessimism*, Adelaide, ebooks@Adelaid.

Sen, A. (1986) Gender and cooperative conflicts, in Tinker, I. (ed.), *Persistent Inequalities: Women and World Development*, Oxford, Oxford University Press.

———— (1990) More than 100 million women are missing, *New York Review of*

*Books*, 37.

Sharples, R. (2003) transcript of interview with Adrienne Germain, *Population and Reproductive Health Oral History Project*, Northampton, MA, Sophia Smith Collection, Smith College.

Shaw, G. B. (1903) *Man and Superman*, Westminster, Archibald Constable & Co.

—— (1908) *Getting Married*, public domain available from Project Gutenberg.

Shenk, M. K., Mulder, M. B., Beise, J., Clark, G., Irons, W., Leonetti, D., Low, B. S., Bowles, S., Hertz, T., Bell, A. & Piraino, Pl. (2009) Intergenerational wealth transmission among agriculturalists: Foundations of agrarian inequality, *Current Anthropology*, 51, 65-83.

Shermer, M. (2007) *The Mind of the Market: Compassionate Apes, Competitive Humans and Other Tales from Evolutionary Economics*, New York, Times Books.

Simpson, S. J., Batley, R. & Raubenheimer, D. (2003) Geometric analysis of macronutrient intake in humans: The power of protein? *Appetite*, 41 ,123-140.

Simpson, S. J. & Raubenheimer, D. (2005) Obesity: The protein leverage hypothesis, *Obesity Reviews*, 6, 133-142.

Sinding, S. W. (2009) Population, poverty and economic development, *Philosophical Transactions of the Royal Society, Series B, Biological Sciences*, 364, 3023-3030.

Smith, A. (1776) *An Inquiry into the Nature and Causes of the Wealth of Nations*, London, W. Strahan & T. Cadell.

Smith, E. A. (2004) Why do good hunters have higher reproductive success? *Human Nature*, 15, 342-363.

Smith, G. (1996) The chosen one, *Sports Illustrated*, 23 December, 31.

Standage, T. (2009) An Edible History of Humanity, New York, Walker.

Stutt, A. D. & Siva-Jothy, M. T. (2001) Traumatic insemination and sexual conflict in the bed bug *Climex lectularius, Proceedings of the National Academy of Sciences of the United States of America*, 98, 5683-5687.

Tanner, J., Asbridge, M. & Wortley, S. (2008) Our favourite melodies: Musical consumption and teenage lifestyles, *British Journal of Sociology*, 59, 117-144.

Thompson, H. S. (1988) *Generation of Swine: Tales of Shame and Degradation in the '80s*, New York, Summit Books.

Thomson, R. (2009) On elephant numbers in Kruger, Siyabona Africa Travel (Pty)

Ltd, www.krugerpark.co.za/krugerpark-times-23-elephant-numbers-18006. Html, accessed 13 September.

Trivers, R. L. & Willard, D. E. (1973) Natural selection of parental ability to vary the sex ratio of offspring, *Science*, 179, 90-92.

Vartanian, L. R., Schwartz, M. B. & Brownell, K. D. (2007) Effects of soft drink consumption on nutrition and health: A systematic review and meta-analysis, *American Journal of Public Health*, 97, 667-675.

Ventura, M. (1985) Hear that long snake moan, *Shadow Dancing in the USA*, Los Angeles, Tarcher's/St Martin's Press.

Voland, E. (1984) Human sex-ratio manipulation: Historic data from a German parish, *Journal of Human Evolution*, 13, 99-107.

Voland, E. & Dunbar, R. I. M. (1995) Resource competition and reproduction- The relationship between economic and parental strategies in the Krummhorn population (1720-1874), *Human Nature*, 6, 33-49.

Voltaire (1759) *Candide: or, All for the Best*, Paris, Sirène.

Wald, E. (2009) *How the Beatles Destroyed Rock 'n' Roll: An Alternative History of American Popular Music*, New York, Oxford University Press.

Warbrick-Smith, J., Behmer, S. T., Lee, K. P., Raubenheimer, D. & Simpson, S. J. (2006) Evolving resistance to obesity in an insect, *Proceedings of the National Academy of Sciences of the United States of America*, 103, 14045-14049.

Westendorp, R. G. J. & Kirkwood, T. B. K. (1998) Human longevity at the cost of reproductive success, *Nature*, 396, 743-746.

World Health Organization (2006) *World Health Organization Fact Sheet No. 311: Obesity and Overweight*, Geneva, World Health Organization.

Wilkinson, M. (1976) Romantic love: The great equalizer? Sexism in popular music, *The Family Coordinator*, April, 161-166.

Williams, G. C. (1957) Pleiotropy, natural selection, and the evolution of senescence, *Evolution*, 11, 398-411.

Wilson, E. O. (1992) *The Diversity of Life*, New `York, W. W. Norton and Company.

World Resources Institute (WRI) in collaboration with United Nations Development Programme, United Nations Environment Programme, and World Bank (2005) *World Resources 2005: The Wealth of the Poor - Managing Ecosystems to Fight Poverty*, Washington, DC, WRI.

Xinran (2010) *Message from an Unknown Chinese Mother: Stories of Loss and Love*, Sydney, Random House Australia.

Zeki, S. (2007) The neurobiology of love, *FEBS Letters*, 581, 2575-2579.

Zerjal, T., Xue, Y. L., Bertorelle, G., Wells, R. S., Bao, W. D., Zhu, S. L., Qamar, R., Ayub, Zu., Mohyuddin, A., Fu, S. B., Li, P., Uuldasheva, N., Ruzibakiev, R., Xu, J. J., Shu, Q. F., Du, R. F., Yang, H. M., Hurles, M. E., Robinson, E., Gerelsaikhan, T., Dashnyam, B., Mehdi, S. Q. & Tyler-Smith, C. (2003) The genetic legacy of the mongols, *American Journal of Human Genetics*, 72, 717-721.

Zhu, W. X., Lu, L. & Hesketh, T. (2009) China's excess males, sex selective abortion, and one child policy: Analysis of data from 2005 national intercensus survey, *British Medical Journal*, 338: b1211.

Ziegler, J. (2001) *The right to food*, Report by the Special Rapporteur on the right to food, Mr Jean Ziegler, submitted in accordance with Commission on Human Rights resolution 2000/10, Heneva, United Nations.

# 찾아보기

# 매일 매일의 진화생물학
진화는 어떻게 인간과 인간의 문화를 만들었는가

| | |
|---|---|
| 초판 1쇄 발행 | 2015년 11월 20일 |
| 개정판 1쇄 발행 | 2022년 12월 20일 |

| | |
|---|---|
| 지은이 | 롭 브룩스 |
| 옮긴이 | 최재천, 한창석 |
| 책임편집 | 박선진 |
| 디자인 | 주수현, 정진혁, 이상재 |

| | |
|---|---|
| 펴낸곳 | (주)바다출판사 |
| 주소 | 서울시 종로구 자하문로 287 |
| 전화 | 322-3675(편집), 322-3575(마케팅) |
| 팩스 | 322-3858 |
| e-mail | badabooks@daum.net |
| 홈페이지 | www.badabooks.co.kr |

| | |
|---|---|
| ISBN | 979-11-6689-133-5 03470 |